普通高等教育人工智能系列教材

机器学习简明教程

——基于 Python 语言实现

高延增　侯跃恩　罗志坚　编著

机械工业出版社

本书图文并茂、深入浅出地介绍了机器学习算法所需的数学、Python 语言编程基础知识，以及回归模型、K 近邻、K 均值、决策树、弱学习器集成、人工神经网络、深度学习等常用的机器学习算法。全书共 10 章，每章习题中都配套了实验练习环节，实验内容包括 Python 开发环境配置、机器学习算法的实际应用等，所有实验都配有 Jupyter 的 Python 代码，从而使读者既能掌握算法理论原理，又能进行实际应用。

本书适合作为普通高等院校本科或研究生阶段的人工智能、机器学习、数据挖掘等课程的教材，也适合作为自学的参考书。

本书配有 PPT 课件、开源代码和习题答案等教学资源，欢迎选用本书作教材的教师在 www.cmpedu.com 上注册后下载。

图书在版编目（CIP）数据

机器学习简明教程 ：基于Python语言实现 / 高延增，侯跃恩，罗志坚编著. -- 北京 ：机械工业出版社，2024. 5 (2026.2重印). -- (普通高等教育人工智能系列教材).
ISBN 978-7-111-76100-6

Ⅰ. TP181

中国国家版本馆 CIP 数据核字第 2024GP7251 号

机械工业出版社（北京市百万庄大街22号　邮政编码100037）
策划编辑：吉　玲　　责任编辑：吉　玲　张翠翠
责任校对：张勤思　张雨霏　景　飞　　封面设计：张　静
责任印制：张　博
北京机工印刷厂有限公司印刷
2026年2月第1版第2次印刷
184mm×260mm・13.75印张・339千字
标准书号：ISBN 978-7-111-76100-6
定价：48.00 元

电话服务	网络服务
客服电话：010-88361066	机　工　官　网：www.cmpbook.com
010-88379833	机　工　官　博：weibo.com/cmp1952
010-68326294	金　书　网：www.golden-book.com
封底无防伪标均为盗版	机工教育服务网：www.cmpedu.com

前言

PREFACE

2023 年伊始，OpenAI 研发的聊天机器人程序 ChatGPT 迅速走红，它能够像真人一样理解人类的语言，并与人类进行交流，甚至能完成邮件、代码、文案的撰写以及专业文献的翻译等任务，继 2016 年 3 月 AlphaGo 以 4∶1 的成绩战胜当时的围棋世界冠军、职业九段棋手李世石之后，人工智能又一次引起了人们的广泛关注。街头巷尾都在谈论人工智能，更多的人开始笃信人工智能最终会在各个领域超越人类智能。对于人工智能是否能超越甚至取代人类智能这一问题，我们无法给出准确预测，但毋庸置疑的是人工智能将会在各个领域承担越来越重要的角色。

人工智能时代已经来临，而智能时代的弄潮儿属于少数能熟练掌握机器学习技术的人。因此，在各类本科、研究生层次的各专业中增设机器学习课程已成为众多高校教学管理人员的共识。

在此背景下，本书作者根据多年的工作和学习经验，融合各种公开发表的参考资料，将机器学习中基础的、常用的一些常识、算法、工程实践经验归纳整理、编写成本书。

本书共 10 章，第 1 章首先通过一个电影推荐的案例引导读者开启对机器学习的理解，然后介绍机器学习的相关概念。此外，本章还概要介绍了机器学习应用于生产场景中的一般流程，使读者在后续的算法学习过程中思考对应的应用场景；最后介绍了本书所用到的 Python 编程开发环境的配置。

第 2 章概要地介绍机器学习中常用的一些数学基础知识、Python 编程语言基础知识，内容包括线性代数、概率与统计的基础知识，以及 Python 编程语言及其常用工具包的基础知识。

第 3 章介绍回归模型。首先介绍模型的一般概念，然后分别介绍线性回归和逻辑回归。回归模型是机器学习模型的基础，简单易用且易于解释。

第 4 章介绍基于距离的算法，包括 K 近邻的分类算法和 K 均值的聚类算法。本章首先从距离的一般概念讲起，然后讲述常用的数值向量距离和布尔向量距离，并很自然地过渡到基于距离的 K 近邻算法和 K 均值算法。

第 5 章介绍决策树算法。从决策树的一般概念切入，然后介绍信息熵、信息增益的概念，以此引出决策树的一般生长过程。在此基础上，引入实际中常用的 ID3、C4.5、CART 算法。

第 6 章讲解弱学习器集成算法。首先从思想、原理层面讲解 3 种常用的弱学习器集成方法：装袋法、提升法、堆叠法。然后引出本章重点，即在各种数据处理大赛中大放异彩的 XGBoost 算法。

第 7 章介绍支持向量机。本章内容包括线性支持向量机、非线性支持向量机等。

第 8 章讲解人工神经网络。本章重点介绍神经元模型的算法原理、多层神经网络的模型求解算法（梯度下降法）原理。

第 9 章在第 8 章的基础上介绍卷积神经网络。本章内容包括人类视觉系统对卷积神经网络的启发，卷积、池化的运算过程，以及几种常用卷积网络架构。

第 10 章介绍了用于处理时间序列的网络。本章以序列信号为引子，引出循环神经网络如何让神经网络有了“记忆”，在此基础上详细介绍了长短时记忆网络的原理和应用方法。

本书在多数章都配有对应的应用案例来加深读者的理解，案例源码可以从本书二维码或配套的电子资源中获得。案例代码使用 Python 作为开发语言、在 VS Code 中使用 Jupyter 进行编码，代码中加入了详细注释。

本书由嘉应学院的高延增、侯跃恩、罗志坚共同编著完成，编著工作受到嘉应学院 2022 年度校级质量工程和 2023 年广东省教改课题建设项目的资助。本书编写的过程中还得到了很多朋友和同事的帮助，在此表示感谢。此外，除书中注明的参考文献外，还引用了很多网上公开发布的视频和文字资料，如吴恩达、李沐、李宏毅等众多人工智能领域专家在网络平台上发布的各种详尽的学习资料，为本书的编写提供了很大的帮助，在此对资料的发布者表示衷心感谢。

由于作者水平有限，书中难免有疏漏、错误之处，恳请读者批评指正。读者在使用本书的过程中遇到的任何问题可以通过作者的微信个人公众号（genbotter）和作者联系。

作者

Python

目录

CONTENTS

第 1 章 概述

本章目标

- 掌握机器学习的基本概念
- 了解机器学习的发展
- 掌握本书所要用到的 Python 编程环境的安装和配置方法

我们都在数学课上学过“函数”的概念，它是从定义域到值域上的一种映射。数学课中的这些“函数”大多是由人类发现的。如果有一种机器（通常是计算机），它能够模拟人类的这种行为，孜孜不倦地发现这些映射关系或规则，那将多么令人激动。这就是机器学习（Machine Learning，ML）要做的事情。

1.1 理解机器学习

1.1.1 一个例子

如果在视频网站中搜索一部自己想看的电影（如《人工智能》），点开这部电影，在电影画面的下边往往会有“为你推荐”“猜你喜欢”一类的专栏，在这个专栏列表中会列出网站推荐的其他电影，如图 1-1 所示。那么网站是怎样在海量的电影库中找出这几部电影的呢？这背后的推荐逻辑是什么？

显然，从海量电影库中找出这几部电影的工作应该是由计算机程序实现的。问题是，如何设计这样的一段程序？

视频网站的用户在搜索框中输入电影名后单击“搜索”按钮，在新的页面中除了显示用户当前搜索的影片之外，还会显示用户可能感兴趣的其他影片。网站可以从影片、用户两个视角来推荐该用户在本次搜索事件中可能喜欢的影片，如图 1-2 所示。

从图 1-2 可以看出，为了让推荐更加准确，需要在数据上做几件事情：①预先对影片库里的电影进行处理，给它们设计一些特征，能够用这些特征来描述电影；②对网站的用户进行数据标注；③记录历史数据，包括所有电影被观看的情况、所有用户观看电影的情况等。收集、记录数据只是第一步，还需要大量的数据处理工作，这样才能更好地利用这些数据中蕴藏的大量信息。

另外，还需要知道如何判断电影、用户的相似性。为了使问题简化，这里假设每部电影

图 1-1 某视频网站在《人工智能》这部电影画面的下边给出的推荐

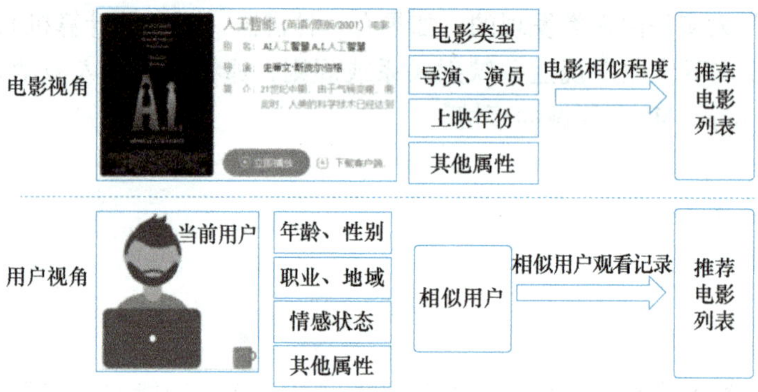

图 1-2 网站推荐影片的方案

只有两个特征（如评分、时长），并分别作为横、纵坐标，那么每一部电影都可以对应到二维直角坐标系上的一个点，如图 1-3 所示。

由图 1-3 可知，若只用两个数值型的特征（如评分、时长）来描述电影，那么可以直接用电影在二维平面坐标系中的距离（欧氏距离）来度量它们的相似性。这种方法背后的思想就是，评分接近、时长接近的两部电影，相似性更接近，如图 1-3 中的电影 3 和电影 4，那么用户在播放电影 3 之后可能也比较想看电影 4。

但是，电影除了数值型特征外，还有大量的非数值型特征（如电影类型、导演、主要演员、拍摄地等）。多数机器学习算法能够处理的特征都是数值型的，这就需要将非数值型特征转换为数值型特征，这种信息形式的转换过程又称为编码（Encoding）。较常用的编码方式是 One-Hot 编码（独热编码），又称为一位有效编码，其方法是使用 N 位状态寄存器对 N 个状态进行编码，每个状态都有独立的寄存器位，并且在任意时候，其中只有一位有效。也就是说，One-Hot 编码使用二进制来表示非数值特征的取值。表 1-1 给出了 One-Hot 编码对电影的一些特征进行数值化的示例。

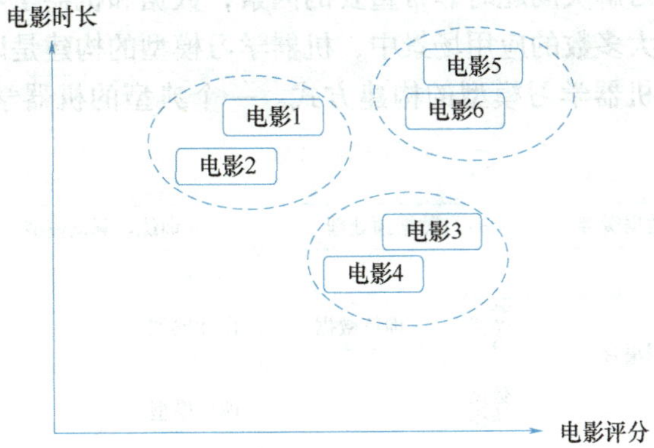

图 1-3 电影相似性示例

表 1-1 One-Hot 编码示例

电影名	是否国产	是否欧美	是否动画	是否喜剧
《大闹天宫》	1	0	1	0
《阿甘正传》	0	1	0	1
《我不是药神》	1	0	0	1

将电影的非数值特征进行数值化后，理论上可以用距离来判断不同电影的相似性，但此时又会有新的问题出现。电影不同特征维度上的数值差别并不能如实反映电影的真实差异，如喜剧和非喜剧电影在是否喜剧这个特征上只相差 1，但是在电影时长这个特征上的差别可能很大，然而时长特征上较大的差异并不如是否喜剧特征上较小的差异更能反映电影的不同，因此有必要对电影的各种特征再进行一些处理，基于距离算法的更详细介绍请见第 4 章。

从上面的介绍可以看出，若设计出了合适的电影相似度的度量算法，那么即便在视频网站中新加入一部电影，只要这部电影的各种特征确定了，算法就能自动在影片库中找到相似度较高的电影，然后以此为依据将这部新电影推荐给可能喜欢它的用户。更进一步说，若视频网站中的影视库发生变化，那么同样的电影推荐算法可能会给同一个用户推荐一批不同的电影。

综上所述，机器学习并不是预先定义好的固定代码，而是从历史数据中推导出来的。

1.1.2 机器学习解决问题的流程

前一小节通过一个例子阐明了机器学习的概念，本小节将介绍通过机器学习算法解决实际问题的一般流程。

机器学习解决问题的流程从明确定义一个问题开始。假设让机器学习模型识别图像中是否有猫。为了定义这个问题，将它分为任务（T）、经验（E）和性能（P）。任务是根据图像中是否包含猫对图像进行分类；经验是指带有是否包含猫的标签（有监督学习）的图像；性能通常使用错误率（错误预测的百分比是多少）来衡量，错误率越低，性能越高。在计算机中，经验以数据的形式存储；通过经验数据训练机器学习算法模型来解决目标任务，然后根据性能指标对算法模型进行优化升级，收集更多更好的经验数据。

数据是使用机器学习解决问题时非常重要的因素，数据和机器学习模型的关系就像汽油和发动机的关系。在绝大多数的应用场景中，机器学习模型的构建是以数据为中心的，数据的类型、量级等决定了机器学习模型的构建方式。一个典型的机器学习项目的工作流程如图 1-4所示。

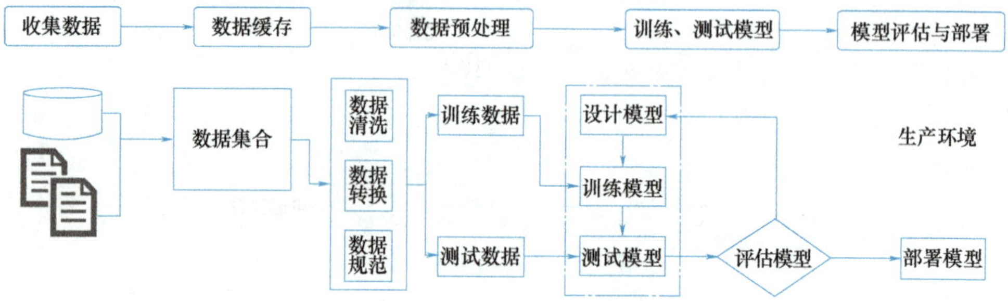

图 1-4　一个典型的机器学习项目的工作流程

收集数据是问题定义后的首要任务，数据是大多数机器学习算法进行训练的基础，因此，正确的数据是构建机器学习模型的关键。即使是基本算法，高质量的数据也可能产生令人满意的结果。数据收集的途径很多，概括起来有三种：

1）使用现成的数据源，这些数据源既有免费的，也有收费的，根据所要解决问题的需要，首先考虑有没有现成的、已经做了预处理的数据源可以使用，从而缩短解决问题的周期。

2）自行生成或收集数据，一种情况是在特殊的应用场景下没有合适的数据，只能根据需求自行生产并收集数据，另一种情况是自行开发网络爬取工具，然后在互联网上爬取公开的数据源。

3）委托第三方机构进行有偿数据收集。

使用后两种数据收集方式获取的数据，往往需要大量的数据预处理工作才能给后续的机器学习算法模型使用。

数据必须以正确的形式输入机器学习算法中才能获得结果。根据算法库的不同，算法可以适应不同类型的输入格式。所以，在收集数据并存入数据缓存集合之后，需要专注于数据预处理。

数据预处理是从数据清洗开始的，并不是收集到的所有数据都对问题的解决有帮助。假设正在分析服务器上的日志，虽然每个用户活动之后会生成许多与系统相关的信息，但是如果正在预测的是营销活动的市场反应，那么这个日志可能就不起作用了。所以，基于所要解决的问题，应将无关数据从之后的操作中删除。需要数据清洗的情况包括：数据可能含有需要移除的错误；假设数据中缺少某些属性的数值，由于目前并没有适合的算法能够处理值缺失的问题，因此需要用一些数值（如使用一些插值算法生成）代替缺失值；如果数据包含敏感信息，如电子邮件的 ID 和用户的联系号码，则需要进行脱敏处理。

有些情况下，算法需要预定义格式的数据，或者算法在使用数据之前需要消除量纲的影响等，都需要先对数据进行转换。常见的数据转换处理有三种：

1）归一化（Rescaling）：通常是指增加或者减少一个常数，然后乘以或除以一个常数，来改变数据的衡量单位。

2）正则化（Normalizing）：通常是指除以向量的范数。在神经网络中，“正则化”通常是指将向量的范围重缩放至最小化或者一定范围，使所有的元素都在［0,1］范围内。

3）标准化（Standardizing）：就是将原始的特征数据转换成一个标准的正态分布，所以它的前提是假设了原始特征数据的取值分布服从正态分布。

数据规范的概念更广，包含标准化、归一化。数据规范化是将原来的度量值转换为无量纲的值。例如，通过一个函数将给定属性的整个值域映射到一个新的值域中，即每个旧的值都被一个新的值替代。常见的规范化策略有三种：

1）最小-最大（min-max）规范化：此方法需要知道数据的最大值和最小值，设法保证所有的数据映射到［0,1］区间。

2）z-score 规范化：当某特征的实际最大值和最小值未知，或异常点左右了最小-最大规范化时，该方法是有用的。该方法映射的数据会服从正态分布，大多数值在均值附近波动。

3）小数定标规范化：该方法通过移动的小数点位置进行规范化，如某个属性的数值落在［-9,8］区间内，进行小数定标后，该字段的所有数据除以 0～9 的距离 10，映射到［-0.9,0.8］区间内。

数据预处理的另一项重要工作是数据分割，即分割为训练数据和测试数据。机器学习算法的目标是对未知的新数据进行预测。人们使用训练数据来建立模型。在训练数据时，算法将逐渐减少训练的误差。但是，不能将训练数据的准确率（Accuracy）视为广义的准确率，其原因在于该算法可能会记住实例并对其进行相应的分类。所以，为了评估生成的模型，需要将数据分为训练数据和测试数据，利用训练数据进行算法训练，利用测试数据来计算生成模型的最终准确率。测试数据并不参与算法训练。

所有数据预处理工作完成后，就正式进入机器学习算法模型的设计、训练、测试、评估选择阶段。

模型设计的重要工作是算法选择，而算法选择又依赖于问题定义。例如，判断电子邮件是垃圾邮件还是非垃圾邮件属于分类问题，需要选用算法（如决策树、朴素贝叶斯、神经网络等）。而如果想要预测某一商品下个季度的销售量，则属于回归问题，需要使用回归算法（如线性回归、核回归等）。如果所解决的问题并没有相关的任何输出或反应，则可以使用聚类（Clustering）算法。每种问题类别中都有大量的算法可供选用，人们需要在模型设计阶段决定在下一阶段工作中使用的算法，而最后具体哪个算法会被用于生产环境，还要取决于后续对算法模型表现的评估。

在选择算法之后，开始训练模型。模型的训练是在训练数据集上进行的，大多数算法的权值/参数在训练开始时是随机分配的（现在，越来越多的模型开始提供预训练参数以减少训练的计算量），并在每次迭代中加以改进。在算法训练过程中，该训练在训练数据集上多次运行以产生结果。例如，在线性回归的情况下，算法在开始时随机放置分离线，在每次迭代之后不断地改进自身。

利用训练数据生成最佳算法后，在测试数据集上对算法模型的性能进行测试。测试数据集并不能参与算法训练，因此测试数据并不能影响算法的决策。接下来，根据测试的结果评估模型的性能，根据评估的结果决定是重新进行算法模型的设计还是将算法模型部署到生产环境中使用。

上述所有步骤完成之后，就可以将这个模型部署到生产环境中，用来预测新数据的值。

对于生产环境，可以将模型部署到服务器，并通过 API 接口使用模型的预测功能。当然，模型部署后也并不意味着该模型就一成不变了，每当获得新数据时，都可以将上面所列出的步骤重新进行一遍，以改善模型的性能。

1.2 一些相关的概念

1.2.1 基础术语

模型：是机器学习中的核心概念，可以把它看作一种映射关系（和函数类似），如果给模型一些输入（特征），模型会将这些特征映射成结果。如一个图像分类模型，给它一张图片，它就能够将图片分类。整个机器学习的过程都将围绕模型展开，设计并训练出一个最优质的模型，从而尽量精准地完成一些工作，这就是机器学习的目标。

拟合：假设平面坐标系中有一系列散落的点，拟合就是指用一条光滑的曲线来表征这些点的规律，如图 1-5 所示。拟合的曲线一般用函数进行表示，但是由于拟合曲线会存在许多种连接方式，因此就会出现多种拟合函数。通过研究、比较确定一条最佳的“曲线”，也是机器学习中一个重要的任务。

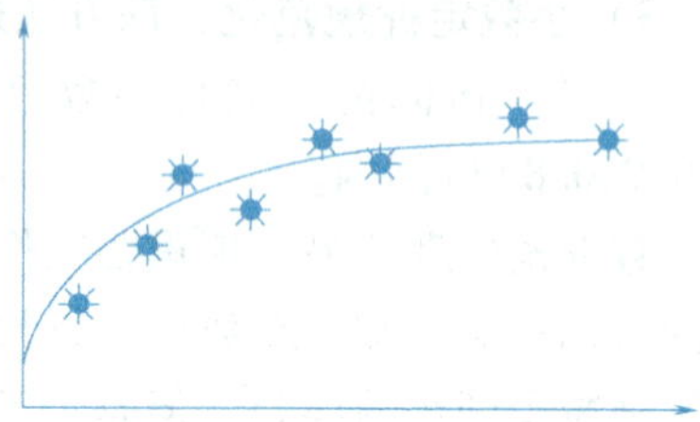

图 1-5　曲线拟合示意

特征（属性）：是指反映事件或对象在某方面的表现或性质的事项。例如，身高、体重等可以作为一个人的属性或特征。在机器学习中，特征会表现为**特征值**，如一个人的体重（属性）为 55kg（特征值）。

数据：在计算机科学中，数据是指所有能输入计算机并被计算机程序处理的符号介质的总称。输入计算机的数字、文本、图像、音频、视频等都是数据。在机器学习中，通常称一组数据为一个样本（Sample），形式类似一维数组。样本通常包含多个特征（Feature），如果是用于分类问题的数据集，那么还会包含类别（Class Label）信息；如果是回归问题的数据集，则还会包含一个连续型的数值。数据既包括特征值，也包括目标值。

数据集：是指机器学习流程中所需要的所有数据的集合。一般情况下，数据集又被分为训练集和测试集，其实它们的内容和形式并无差异，只是用在不同阶段。在训练模型阶段使用训练集，在测试模型阶段使用测试集。

训练集：此数据集用于生成预测模型。模型生成之后，再用测试集评估模型的预测准确度。

测试集：此数据集用于对训练集中的最终模型拟合进行无偏评估。此数据集只在模型训练完成后使用一次，并且不影响模型。它只是用于计算性能。训练集、测试集一般是按照一定的比例在数据集中随机抽取的。

样本：是观测或调查的一部分个体，总体是研究对象的全部。样本中个体的多少称为样本容量。例如，想要研究中学生的视力情况，可以调查某中学 300 名中学生的视力情况，样本就是这 300 名中学生的视力情况，而样本容量则为 300。机器学习中，样本通常用来指数据集中的特定实例，又有标签样本和无标签样本之分。

预测：基于以前收集的数据来预测未来的结果。整个预测流程可分为训练和预测两个阶段，训练阶段从训练数据中学习一个模型，预测阶段使用模型预测未知或未来的结果。

分类：是一个有监督的学习过程，即训练数据库中数据的类别是已知的，由此得到一个分类器。由于必须事先知道各个类别的信息，并且所有待分类的数据条目都默认有对应的类别，因此分类算法也有其局限性。当上述条件无法满足时，就需要尝试聚类分析。

聚类：是按照某个特定标准（如距离）把一个数据集分成不同的类或簇，使得同一个簇内的数据对象的相似性尽可能大，同时不在同一个簇中的数据对象的差异性也尽可能大。即聚类后同一类的数据尽可能聚集到一起，不同类的数据尽量分离。聚类是一种无监督学习算法。

分类器：是实现分类的算法。

回归：是指从一组数据出发，确定某些变量之间的定量关系式，即建立数学模型并估计未知参数。回归和分类都可以看成一种预测手段。如果预测离散的值，则使用分类；如果预测连续的值，则使用回归。

1.2.2 一些常用算法

常见的机器学习算法如图 1-6 所示。近 20 年来，随着信息技术的革新，生产生活中能够生产、处理的数据量级发生了质的变化，使得以深度学习为代表的非传统机器学习算法取得长足发展。但在之前相当长的时间内，传统机器学习算法是科研和生产中用于解决问题的首选。

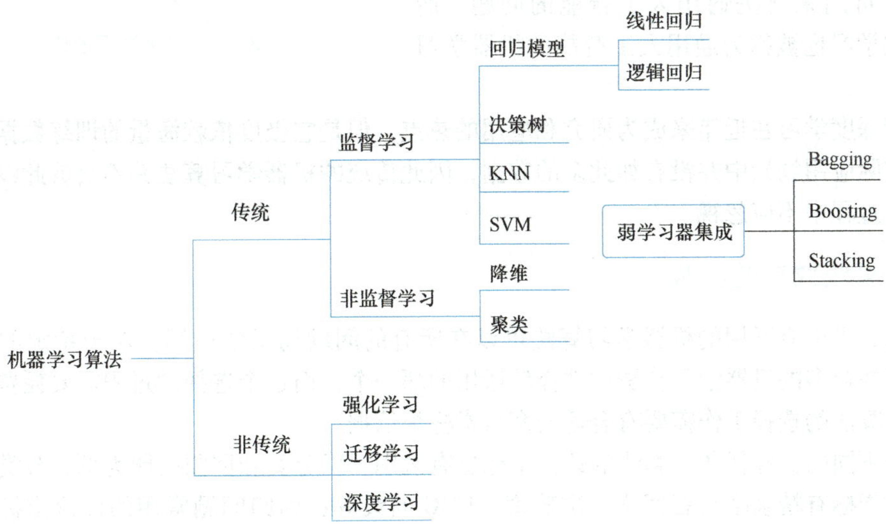

图 1-6 常见的机器学习算法

非传统算法之所以会在近年来飞速发展，是因为传统机器学习算法的性能会随着数据的增加而提高，但当数据量增加到一定程度后，算法的性能会进入平台期，不再因为数据量的增加而提升，即这些传统机器学习算法无法处理海量数据。

传统机器学习算法中，最基础、最具代表性的就是**回归算法**（详见第 3 章）。**决策树**（详见第 5 章）作为一种简单、易理解的算法，常被用于分类问题中。K 近邻（K Nearest Neighbors,

KNN）是一种基于距离度量的算法（详见第 4 章）。支持向量机（Support Vector Machines，SVM）是一种分类器，它使用升维的方法将低维度上非线性可分的问题变得线性可分，同时又巧妙地利用核技巧，使得维度增加也不需要太大的运算量（详见第 7 章）。

还可以将多种弱学习器集成使用，通过一定的规则糅合多个弱学习器结果得到一个结果，从而达到媲美强学习器的算法效果（详见第 6 章）。

伴随着数据大爆炸，以深度学习、迁移学习、强化学习为代表的非传统机器学习算法大放异彩。深度学习基于深度神经网络，以卷积网络、循环网络、残差网络结合自注意力机制等，在海量训练集的加持下，在语音、图像等任务领域甚至可以超过人类的水平。迁移学习利用数据、任务或模型之间的相似性，将在旧领域学习过的模型和知识应用于新的领域，从而提升模型的训练效率，并且可以在小样本场景下取得较好的效果。强化学习主要由智能体（Agent）、环境（Environment）、状态（State）、动作（Action）、奖励（Reward）组成，如图 1-7 所示。智能体执行了某个动作后，环境将会转换到一个新的状态，对于该新的状态，环境会给出奖励信号（正奖励或者负奖励）；智能体再根据反馈的奖励，按照一定的策略执行新的动作。上述过程为智能体和环境通过状态、动作、奖励进行交互的方式。通过强化学习，智能体可以知道自己在什么状态下，应该采取什么样的动作来使得自身获得最大奖励。由于智能体与环境的交互方式和人类与环境的交互方式类似，因此可以认为强化学习是一套通用的学习框架，可用来解决通用人工智能的问题。所以，强化学习也被称为通用人工智能的机器学习方法。

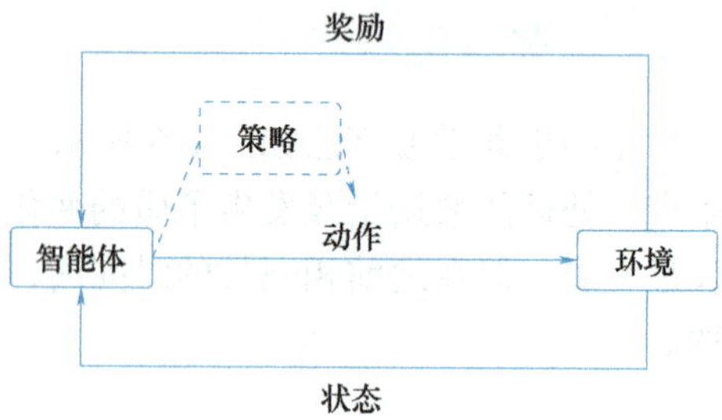

图 1-7　强化学习示意

尽管深度学习在近年来成为研究和应用的热点，但是它极度依赖海量的训练数据集，而在很多实际应用场景中并没有如此多的数据，因此传统的机器学习算法并不会就此没落，读者在学习过程中不应忽视。

1.2.3　算法效果的测验

目前，尚未有通用的机器学习算法可以在所有的问题场景中适用。对于特定的问题场景，需要在众多的机器学习算法中选择较适用的那一个，而这个选择的过程需要耗费较多工时，因此算法的选择工作需要有合适的衡量指标为依据。

对于不同的目标任务，算法的评价指标也有区别。以分类和回归问题为例：分类问题常用的评价指标有精确率与召回率、准确率、ROC 曲线等；回归问题常用的评价指标有平均绝对误差（MAE）、均方误差（MSE）等。

精确率和召回率都是二分类算法的评价指标。二分类的分类结果只有两种可能，分别以 0 和 1 表示。使用算法对二分类问题进行分类预测时存在几种可能：

1）实际为 0 的分类，可能被正确预测为 0（个数为 TN），也可能被错误预测为 1（个数为 FP）。

2）实际为 1 的分类，可能被正确预测为 1（个数为 TP），也可能被错误预测为 0（个数为 FN）。这几种情况见表 1-2，此表又被称为混淆矩阵。

表 1-2 混淆矩阵

	预测分类为 0	预测分类为 1
真实分类为 0	*TN*	*FP*
真实分类为 1	*FN*	*TP*

精确率是指预测分类为 1 的那些数据里预测正确的比例，即$\frac{TP}{TP+FP}$。例如，有一个分类器可以预测一张肿瘤图片是否为恶性肿瘤，如果 100 张图片里面预测有 10 张为恶性肿瘤，而其中有 2 张是错误的预测，则精确率为 0.8。

召回率是指真实分类为 1 的那些数据里预测正确的比例，即$\frac{TP}{TP+FN}$。还是上一个例子，如果 100 张图片里真正是恶性肿瘤的图片有 8 张，而这 8 张恶性肿瘤的图片都被正确地预测出来了，那么召回率就是 1。

同样以表 1-2 为例，准确率是指所有预测正确的样本数占总样本数的比例，即$\frac{TN+TP}{TN+FN+TP+FP}$。

ROC 曲线的英文全称是 Receiver Operating Characteristic Curve，翻译成中文是“受试者工作特征曲线”，简称 ROC 曲线。ROC 曲线是二维平面上的曲线，横坐标是误报率（False Positive Rate，FPR），纵坐标是精确率（True Positive Rate，TPR）。其中，FPR 是$\frac{FP}{FP+TN}$，也就是真实分类为 0 的样本中被错误预测为 1 分类的比例。

ROC 曲线是怎么来的呢？对于一个分类器，通过调整它的参数可以得到多组（FPR，TPR），将这些（FPR，TPR）分别设为横坐标值、纵坐标值，就可以得到一些点，将这些点连起来就可以得到一条曲线。ROC 曲线能够帮助人们较好地对分类器进行调优。

1.3 机器学习的发展

让机器能够学习以便更好地为人类服务，是人类长期以来的追求。机器学习是一门不断发展的学科，它的起源可以追溯到人工智能的符号演算、逻辑推理、启发式搜索、模糊数学、专家系统以及神经网络的反向传播 BP 算法等，这些技术是机器学习的理论基石。机器学习的大致演变过程见表 1-3。

表 1-3 机器学习的大致演变过程

阶段	年份	主要成果	代表人物
人工智能起源	1936 年	自动机模型理论	阿兰 · 图灵（Alan Turing）
	1943 年	MP 模型	沃伦 · 麦卡洛克（Warren McCulloch）、沃特 · 皮茨（Walter Pitts）
	1951 年	符号演算	冯 · 诺依曼（John von Neumann）
	1950 年	逻辑主义	克劳德 · 香农（Claude Shannon）
	1956 年	人工智能	约翰 · 麦卡锡（John McCarthy）、马文 · 明斯基（Marvin Minsky）、克劳德 · 香农（Claude Shannon）

（续）

阶段	年份	主要成果	代表人物
人工智能初期	1958 年	LISP	约翰・麦卡锡（John McCarthy）
	1962 年	感知器收敛理论	弗兰克・罗森布拉特（Frank Rosenblatt）
	1972 年	通用问题求解（GPS）	艾伦・纽厄尔（Allen Newell）、赫伯特・西蒙（Herbert Simon）
	1975 年	框架知识表示	马文・明斯基（Marvin Minsky）
进化计算	1965 年	进化策略	英格・雷森博格（Ingo Rechenberg）
	1975 年	遗传算法	约翰・亨利・霍兰德（John Henry Holland）
	1992 年	基因计算	约翰・柯扎（John Koza）
专家系统和知识工程	1965 年	模糊逻辑、模糊集	拉特飞・扎德（Lotfi Zadeh）
	1969 年	DENDRA、MYCIN	费根鲍姆（Feigenbaum）、布坎南（Buchanan）、莱德伯格（Lederberg）
	1979 年	ROSPECTOR	杜达（Duda）
神经网络	1982 年	Hopfield 网络	霍普菲尔德（Hopfield）
	1982 年	自组织网络	图沃・科霍宁（Teuvo Kohonen）
	1986 年	BP 算法	鲁姆哈特（Rumelhart）、麦克利兰（McClelland）
	1989 年	卷积神经网络	乐康（LeCun）
	1998 年	LeNet	乐康（LeCun）
	1997 年	循环神经网络 RNN	塞普・霍普里特（Sepp Hochreiter）、尤尔根・施密德胡伯（Jurgen Schmidhuber）
分类算法	1986 年	决策树 ID3 算法	罗斯・昆兰（Ross Quinlan）
	1988 年	Boosting 算法	弗罗因德（Freund）、米迦勒・卡恩斯（Michael Kearns）
	1993 年	C4.5 算法	罗斯・昆兰（Ross Quinlan）
	1995 年	AdaBoost 算法	弗罗因德（Freund）、罗伯特・夏普（Robert Schapire）
	1995 年	支持向量机	科林纳・科尔特斯（Corinna Cortes）、万普尼克（Vapnik）
	2001 年	随机森林	里奥・布雷曼（Leo Breiman）、阿黛勒・卡特勒（Adele Cutler）
深度学习	2006 年	深度信念网络	杰弗里・希尔顿（Geoffrey Hinton）
	2012 年	谷歌大脑	吴恩达（Andrew Ng）
	2014 年	生成对抗网络 GAN	伊恩・古德费洛（Ian Goodfellow）

机器学习的发展分为知识推理期、知识工程期、浅层学习（Shallow Learning）和深度学习（Deep Learning）几个阶段。

知识推理期起始于 20 世纪 50 年代中期，这时候的人工智能主要通过专家系统赋予计算机逻辑推理能力。

20 世纪 70 年代开始，人工智能进入知识工程期，费根鲍姆（Feigenbaum）作为知识工程之父在 1994 年获得了图灵奖。由于人工无法将所有知识都总结出来教给计算机系统，所以这一阶段的人工智能面临知识获取的瓶颈。

在 20 世纪 50 年代，弗兰克・罗森布拉特（Frank Rosenblatt）基于神经感知科学提出的计算机神经网络风靡一时，但由于当时计算机的运算能力有限，多层网络训练困难，通常都是只有一层隐含层的浅层模型。虽然各种各样的浅层机器学习模型的提出对理论分析和应用方面产生了较大的影响，但实际应用并不理想。随着最近邻等算法的相继提出，浅层模型在模型理解、准确率、模型训练等方面被超越，神经网络的发展在当时几乎处于停滞状态。

2006 年，杰弗里·希尔顿（Geoffrey Hinton）提出了深度神经网络，这标志着人工智能正式进入深层网络的实践阶段。同时，云计算和 GPU 并行计算为深度学习的发展提供了基础保障，使得机器学习在各个领域都取得了突飞猛进的发展。

1.4　机器学习开发的准备工作

“工欲善其事，必先利其器”，机器学习的利器之一就是 Python 语言。作为一种面向对象、解释型、动态数据类型的高级程序语言，Python 语言在机器学习领域具有其他高级语言无可比拟的优势，已经成为事实上的机器学习通用语言。

首先，Python 语言免费开源，而且众多开源的科学计算库都提供了 Python 的调用接口，用户可在任意一台安装了 Python 的计算机上免费使用。其次，Python 语言具有简洁的语法规则，使得程序的学习更容易，它能让用户编写出更易读、易维护的代码。最后，Python 有着丰富的扩展库，可以轻易完成各种高级任务，开发者可以用 Python 实现完整应用程序所需的各种功能。

本节将介绍搭建 Python 编程环境的方法，具体 Python 编程的入门知识在 2.4 节介绍，机器学习中常用的 Python 库将在各章节的算法学习中穿插介绍。

1.4.1　Python 语言开发环境准备

由于已开发出各种平台的 Python 解释器，使得 Python 代码几乎可以不需要修改就能运行在不同的平台上，Python 跨平台原理如图 1-8 所示。也正因如此，要想在计算机上使用 Python 语言进行编程，首先就要为计算机配置正确的 Python 编程环境。

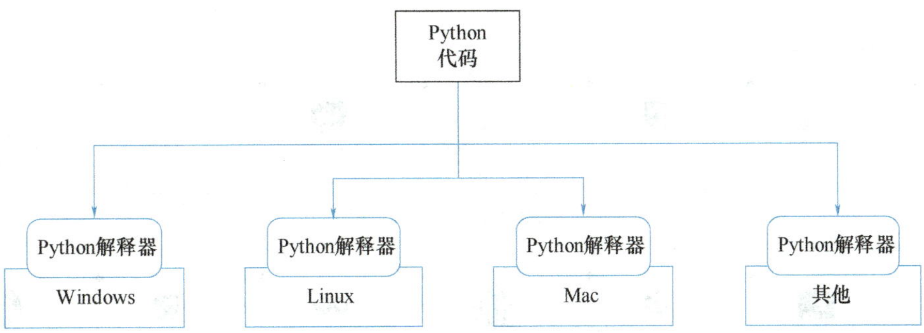

图 1-8　Python 跨平台原理

经过合理配置后，常见的 Windows 系统、基于 Linux 的系统（如 Ubuntu、Cent OS 等）、Mac OS 都可以用于 Python 语言开发。使用常规方法配置 Python 环境对于初学者来说较烦琐，但是 Anaconda 的出现使得这件事变得简单。初学者可以直接安装 Anaconda 个人版，它是一个免费、易于安装的包管理器、环境管理器和 Python 发行版，包含 1500 多个开源包（Python 包的概念将在 2.4 节介绍）。Anaconda 与平台无关，在 Windows、Mac OS、Linux 上都可使用。

Anaconda 的下载地址为 https://www.anaconda.com/，根据计算机操作系统的类别选择合适的版本下载即可，如图 1-9 所示。

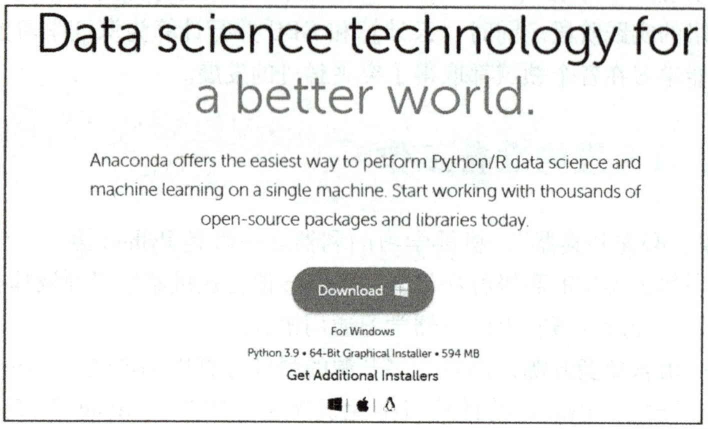

图 1-9　下载 Anaconda

下载 Anaconda 的安装文件之后，在计算机上安装的步骤如下：

1）首先，安装 Anaconda。对于 Windows 操作系统，直接下载 .exe 可执行文件安装即可；Mac OS 操作系统可以选择图形化的安装文件（.pkg 文件）或命令行安装文件，注意，处理器为 M1 或 M2 的 Mac 计算机需要下载对应版本的 Anaconda 文件；Linux 系统下载的是 Anaconda *-*.sh 文件（版本用 * 代指），需要使用 sudo 命令（取得超级用户权限）运行这个 *.sh 文件来安装 Anaconda。以 Windows 11 为例，安装完成后会在"开始"菜单中自动新建一个 Anaconda 3 的应用集合，包括 Anaconda Navigator（工具导航，见图 1-10）、Anaconda Power Prompt（命令行）等。

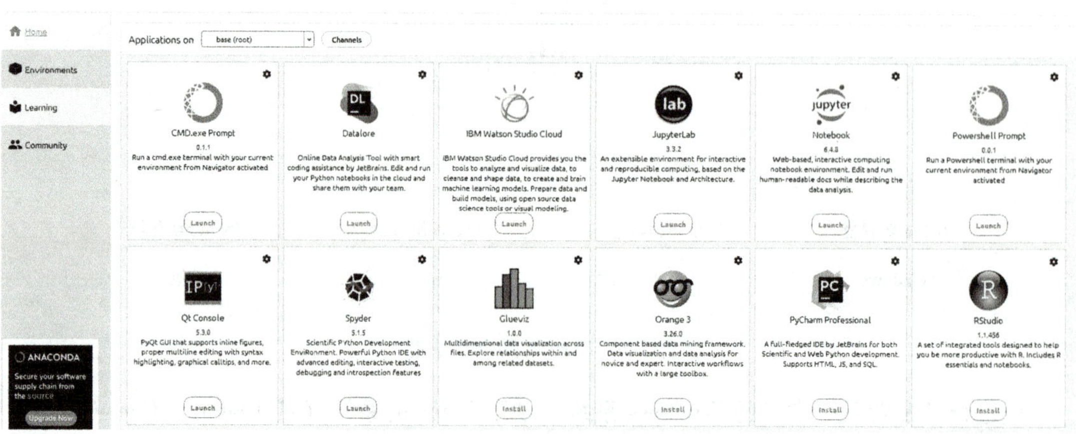

图 1-10　Anaconda Navigator 截图

2）接下来，需要为 Conda 添加国内的镜像源。Conda 是 Python 包和环境管理工具，而 Anaconda 中集成的 Conda 默认从官网下载各种软件包，对于国内用户来说，下载速度较慢，因此需要将它的镜像源设置为国内的网站。常用的 Conda 国内镜像源由清华、阿里云、豆瓣、中科大等单位提供。以添加清华大学的镜像源为例，在“开始”菜单的 Anaconda 3 中选择“Anaconda Powershell Prompt(anaconda3)”选项，在随后弹出的命令行窗口中使用命令“conda config --add channels 镜像源网址”即可，需要添加的清华镜像源地址见表 1-4。添加完成后可以使用“conda config --show-sources”命令查看镜像源，如图 1-11 所示。

表 1-4　需要添加的清华镜像源地址

Anaconda 镜像	https://mirrors.tuna.tsinghua.edu.cn/anaconda/pkgs/free/ https://mirrors.tuna.tsinghua.edu.cn/anaconda/pkgs/main/
第三方镜像	https://mirrors.tuna.tsinghua.edu.cn/anaconda/cloud/conda-forge/ https://mirrors.tuna.tsinghua.edu.cn/anaconda/cloud/msys2/ https://mirrors.tuna.tsinghua.edu.cn/anaconda/cloud/bioconda/ https://mirrors.tuna.tsinghua.edu.cn/anaconda/cloud/menpo/ https://mirrors.tuna.tsinghua.edu.cn/anaconda/cloud/menpo/ https://mirrors.tuna.tsinghua.edu.cn/anaconda/cloud/pytorch/

```
(base) PS C:\Users\gaoyanzeng> conda config --add channels https://mirrors.tuna.tsinghua.e
>> conda config --add channels https://mirrors.tuna.tsinghua.edu.cn/anaconda/cloud/msys2/
>> conda config --add channels https://mirrors.tuna.tsinghua.edu.cn/anaconda/cloud/biocon
>> conda config --add channels https://mirrors.tuna.tsinghua.edu.cn/anaconda/cloud/menpo/
>> conda config --add channels https://mirrors.tuna.tsinghua.edu.cn/anaconda/cloud/pytorc
(base) PS C:\Users\gaoyanzeng> conda config --show-sources
==> C:\Users\gaoyanzeng\.condarc <==
channels:
  - https://mirrors.tuna.tsinghua.edu.cn/anaconda/cloud/pytorch/
  - https://mirrors.tuna.tsinghua.edu.cn/anaconda/cloud/menpo/
  - https://mirrors.tuna.tsinghua.edu.cn/anaconda/cloud/bioconda/
  - https://mirrors.tuna.tsinghua.edu.cn/anaconda/cloud/msys2/
  - https://mirrors.tuna.tsinghua.edu.cn/anaconda/cloud/conda-forge/
  - https://mirrors.tuna.tsinghua.edu.cn/anaconda/pkgs/main/
  - https://mirrors.tuna.tsinghua.edu.cn/anaconda/pkgs/free/
  - defaults
show_channel_urls: True
```

图 1-11　为 Conda 添加国内的镜像源

3）安装各种包。Python 之所以在机器学习项目开发中得到广泛应用，得益于其大量免费的机器学习相关的包。而使用 Conda 安装包很简单，如要安装 NumPy，则直接在“Anaconda Powershell Prompt(anaconda3)”中使用命令“conda install numpy”即可。

4）安装 CUDA 驱动（如果有显卡）。GPU 拥有更多的 ALU，能够进行强大的计算。深度学习的训练往往需要更多的矩阵运算，使用 GPU 可以提高训练速度。在安装了 NVIDIA 显卡的 Windows 或 Linux 系统的计算机上，可以从 NVIDIA 的官方网站（https://developer.nvidia.com/cuda-downloads）分别下载并安装驱动 CUDA、CUDA Toolkit。注意，在下载和安装时要选择与自己显卡对应的版本。

5）安装 PyTorch。PyTorch 是由 Facebook 推出的一个开源的 Python 机器学习库，用于机器视觉、自然语言处理等应用程序。当前，很多机器学习领域的科研论文的实验都是基于 PyTorch 开发的。使用 Conda 安装 PyTorch 较为简单，直接使用命令“conda install pytorch torchvision cudatoolkit=11. *”即可，其中 cudatoolkit 要和计算机的 CUDA Toolkit 一致。如果本机没有为显卡安装 CUDA，使用 Conda 命令安装 PyTorch 时会自动安装 CUDA。

Anaconda 虽然简单、易用，但是它集成了很多东西，安装完成大约需要占用 3.5GB 的磁盘空间，对计算机的性能要求较高。读者还可以选择安装 Miniconda，它是一款小巧的 Python 环境管理工具，安装包大约只有 70MB，它的安装程序中包含基础的 Conda 软件包管理器和 Python。**本书后续用到的练习，读者只安装 Miniconda 即可**。

无论是 Anaconda 还是 Miniconda，安装成功后，在 Windows 的“开始”菜单中都会有 Anaconda3→Anaconda Powershell Prompt（anaconda3）选项，选择该选项后打开 Anaconda Powershell Prompt 命令行窗口，输入“conda--version”命令会显示 Conda 的版本号，输入“python”命令可以进入 Python 命令行，如图 1-12 所示。

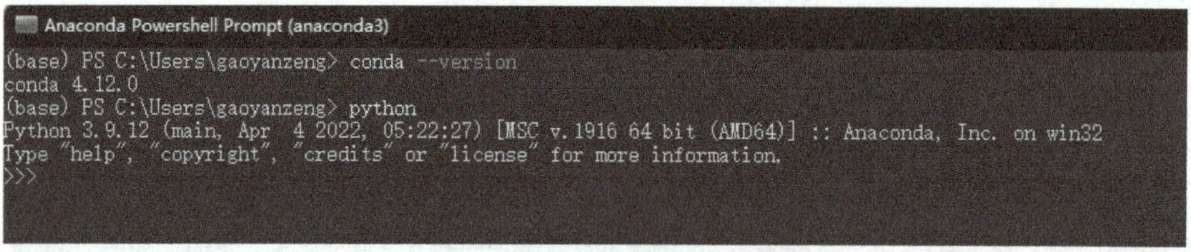

图 1-12　Conda 安装成功后调出 Anaconda Powershell Prompt（anaconda3）

1.4.2　Python 开发工具

1. VS Code

VS Code（Visual Studio Code）是由微软推出的一款跨平台、免费的源代码编辑器。经过合理配置后，该软件支持语法高亮、代码自动补全（IntelliSense）、代码重构、查看定义等功能，并且内置了命令行工具和 Git 版本控制系统等。用户可以通过更改主题和键盘快捷键方式来实现个性化设置，也可以通过内置的扩展程序商店安装扩展以拓展软件功能。VS Code 经过合理配置后可以作为 Python 的集成开发环境，本书中的案例使用它作为开发工具。

计算机完成 Python（Miniconda）安装之后，再通过简单的两步即可完成 VS Code 的安装与配置，具体如下：

第一步，安装 VS Code。在官网（https://code.visualstudio.com/）下载适合本机操作系统的版本，然后按照提示安装即可。

第二步，为 VS Code 安装 Python 扩展。打开 VS Code，单击左侧边栏的扩展图标，在随后出现的搜索框中输入“python”，找到 Microsoft 的 Python 扩展，单击“Install”按钮即可，如图 1-13 所示。需要注意是，此处安装的 VS Code Python 扩展并不是 Python 解释器，它的作用只是让 VS Code 能够更好地编辑和调试 Python 源文件，包括代码高亮显示、自动补充、代码跟踪调试等。如果想要运行编辑好的 Python 代码，则需要为这些代码指定 Python 解释器。

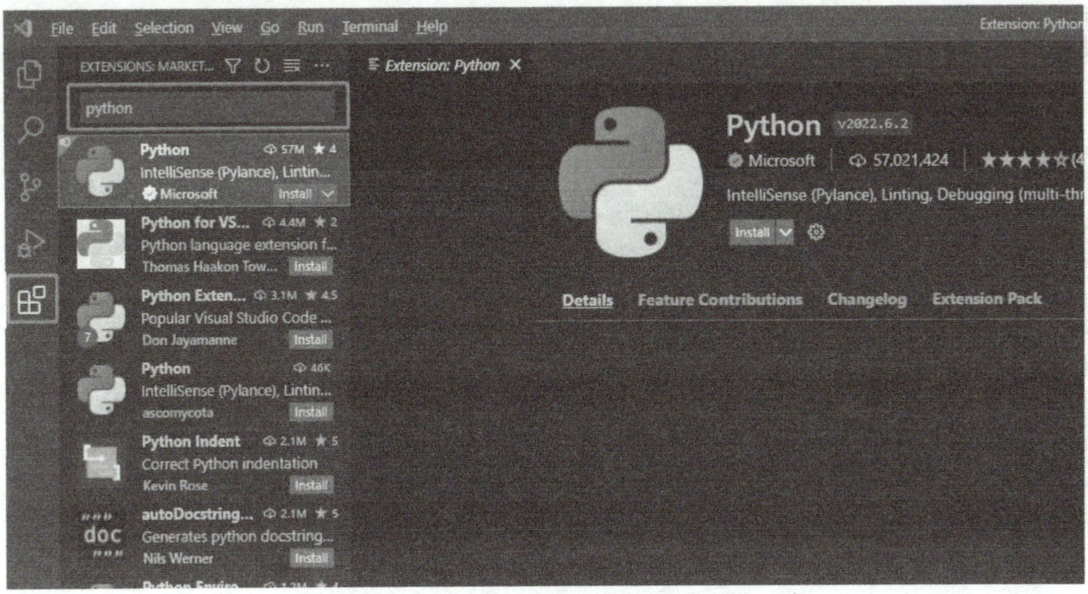

图 1-13　为 VS Code 安装 Python 扩展

在磁盘上新建一个文件夹，然后在 VS Code 中打开这个文件夹，如图 1-14 所示。

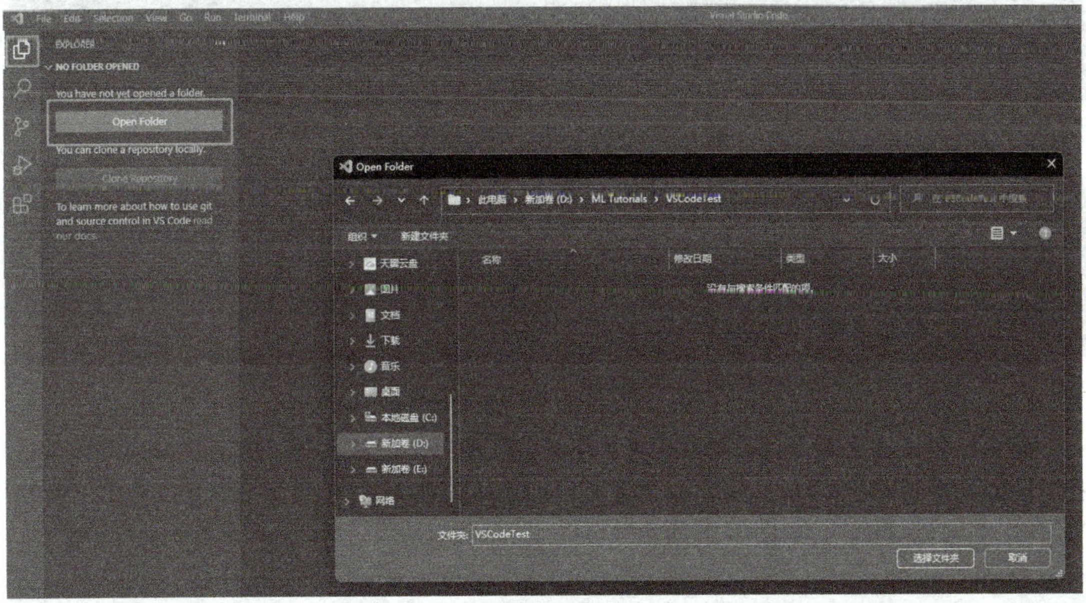

图 1-14　选择项目的工作目录（文件夹）

随后，在文件夹中新建一个 Python 文件，可以命名为“Test. py”。在新建的 Python 文件中输入一行 Python 指令（见图 1-15），接下来就是为此 Python 文件选择 Python 解释器。在代码文件中同时按下<Ctrl+Shift+P>组合键进入命令面板，输入“Python：Select Interpreter”，然后单击该输入，如图 1-16 所示。随后选择 Python 解释器，如果本机系统安装了多个版本的 Python，那么带星号的是默认的 Python 解释器，这里选择前面安装的 Anaconda 的 Python，如图 1-17 所示。

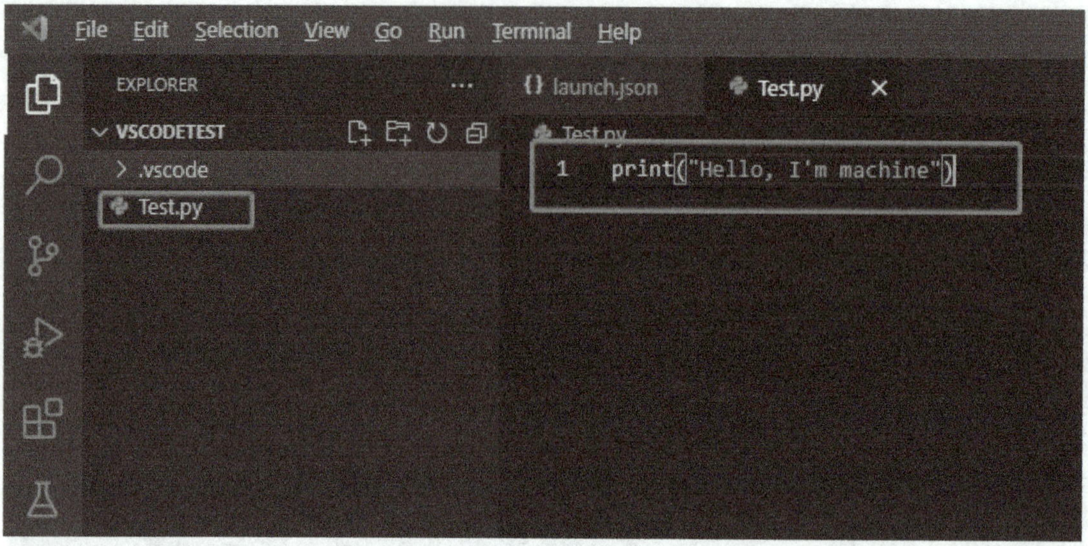

图 1-15 新建并编辑 Python 文件

图 1-16 选择 Python 解释器的命令

图 1-17 选择 Python 解释器

要运行 Python 文件，直接在打开的文件空白位置单击鼠标右键，然后在弹出菜单中选择“Run Python File in Terminal”命令即可，运行后会在下方的 TERMINAL 中输出字符串“Hello，I'm machine”，如图 1-18 所示。

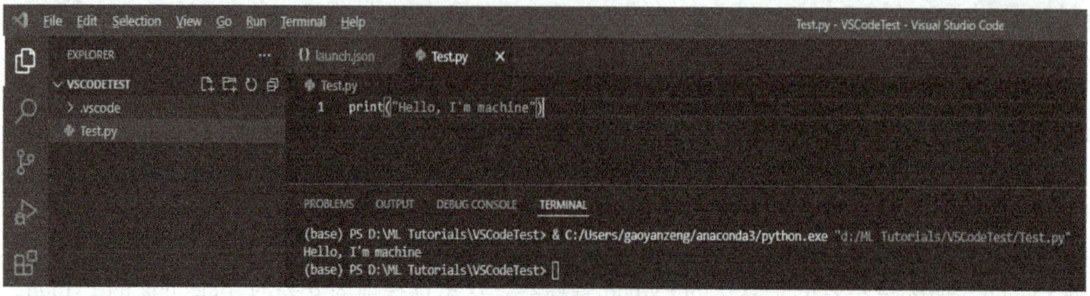

图 1-18 运行 Python 文件

2. PyCharm 简介

PyCharm（见图 1-19）是最受欢迎的 Python 语言专用集成开发环境（Integrated Development Environment，IDE）之一，也是一个跨平台的开发工具，可在 Windows、Mac OS 和 Linux 操作系统上提供一致的体验。PyCharm 提供两个版本：专业版（Professional）和社区版（Community）。社区版是开源项目，免费，但功能较少。专业版是收费的商业版，提供了一套出色的工具和功能。如果读者有教育邮箱，则可以申请专业版一年时间的试用。

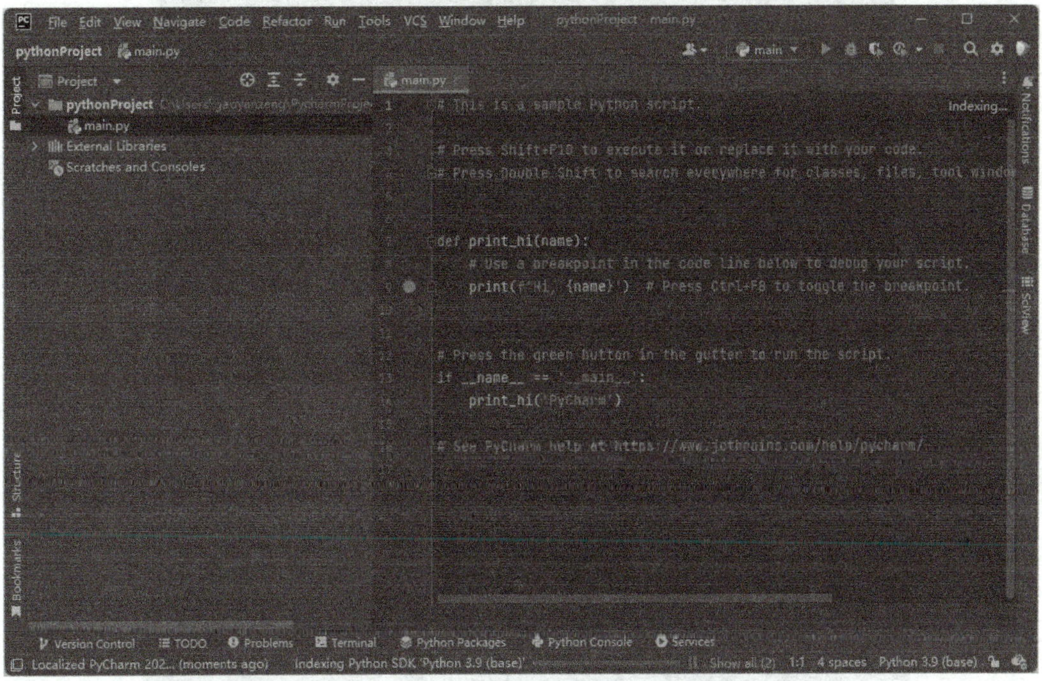

图 1-19　PyCharm 主界面

PyCharm 提供的非常丰富的功能可支持用户进行 Python 开发，它除了具有一般 IDE 具备的功能（如调试、语法高亮、项目管理、代码跳转、智能提示、自动完成、单元测试、版本控制）外，还提供了一些很好的功能用于 Django 开发，同时支持 Google App Engine 等（见图 1-20）。如果要进行大型 Python 工程开发，那么 PyCharm 是不二之选。

3. Spyder 简介

如果安装的是完整版的 Anaconda，那么它集成的工具里面就有 Spyder。Spyder 是一个简单、易用的 Python 开发环境，它的使用与 MATLAB、RStudio 非常相似，可以很方便地观察和修改数值。另外，Spyder 还有 Console 控制台和变量探索等功能，Spyder 主界面如图 1-21 所示。如果想用 Python 语言做数据分析任务，那么 Spyder 是一款比较适用的开发工具。

4. Jupyter 简介

Jupyter 的适用场景很多，它基于网页形式并结合了编写说明文档、数学公式、交互计算和其他媒体形式的工具等，常用的开发工具基本都包含了。Jupyter 中编写的内容可以以文档的形式输出，默认保存扩展名为 .ipynb 的 JSON 格式文件，还可以导出为 HTML、PDF、MarkDown、Python 等格式文件。Anaconda 完整版的安装也默认集成了 Jupyter 工具。

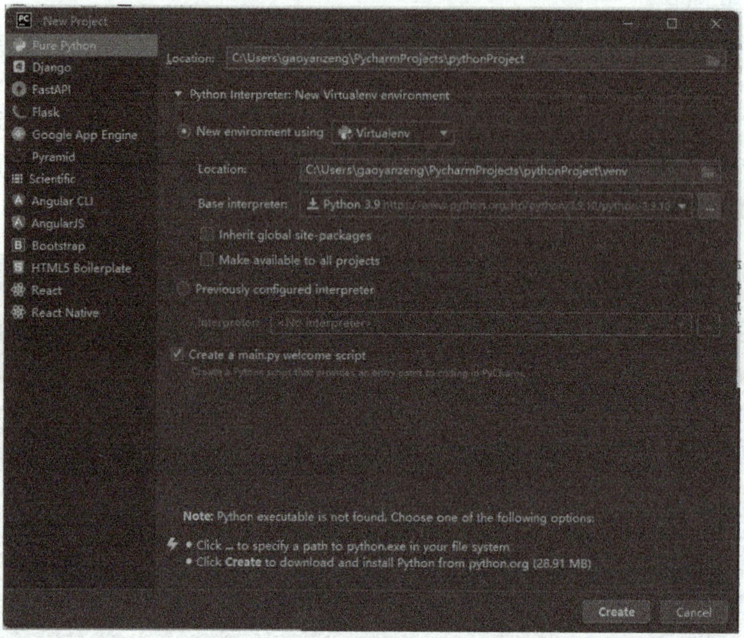

图 1-20　PyCharm 支持创建的工程

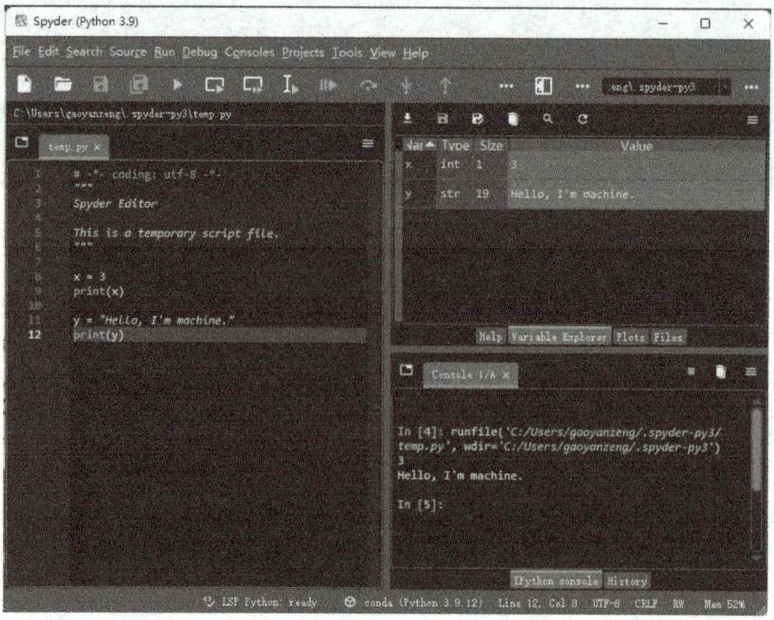

图 1-21　Spyder 主界面

当然，在 VS Code 中安装 Jupyter 扩展后也可以通过创建 *. ipynb 文件来实现 Jupyter 的功能，如图 1-22 使用。

由图 1-22 可以看出，如果要写带有 Python 代码的实验报告或者类似带有大段文字说明和 Python 代码的文档，那么使用 Jupyter 这种形式就非常合适。

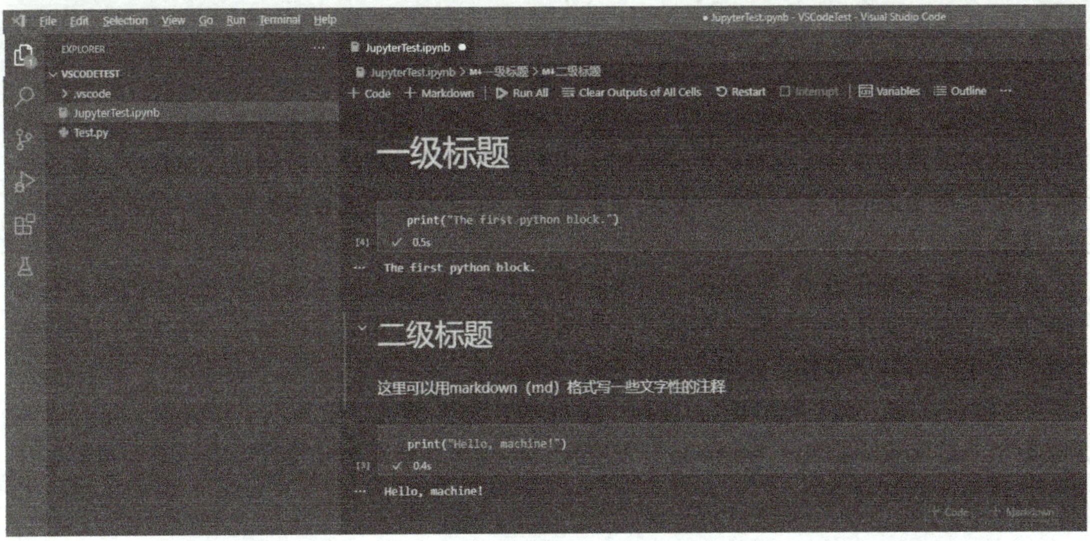

图 1-22　VS Code 中使用 Jupyter

1.4.3　Python 的包

为了在 Python 语言中更好地进行模块化管理，Python 中使用了包（Package）的概念。Python 的包本质上仍然是程序模块，它还可以有子模块。在编程时，要创建 Python 的包，可以通过创建一个含有“__init__. py”文件的文件夹来实现，如图 1-23 所示。

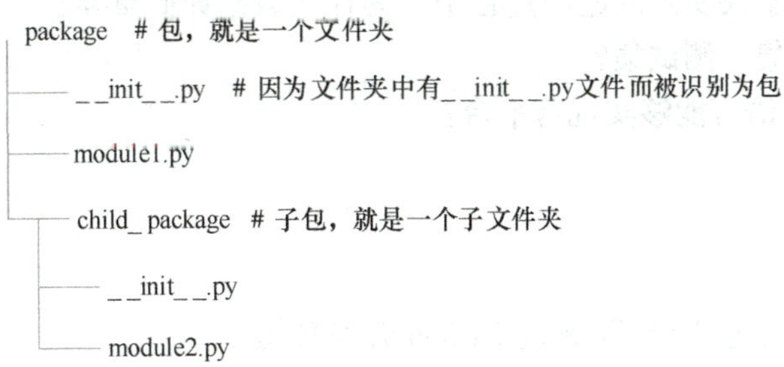

图 1-23　Python 的包

Python 语言使用包的形式来组织程序模块，这样非常方便管理，只要顶层的包名不与别的包名冲突，那么该包中的所有模块都不会与其他包中的同名模块冲突。图 1-23 中，要调用 module1. py，只需要使用 package. modele1 即可；同样，要调用 module2. py，使用 package. child_package. module2 即可。

使用 Python 不仅可以方便地创建自己的包，还可以通过 Conda 或 pip 一类的包管理工具方便、快捷地安装第三方的免费包。机器学习中常用的 Python 包有 TensorFlow、PyTorch、Scipy、Keras、NumPy、seaborn、Scikit-Learn、Pandas、Matplotlib 等，大多数在安装 Anaconda 时都已集成，少数没有集成的包在后续学习中需要用到时再做介绍。

1.5 本章小结

本章通过一个案例引入机器学习的概念，随后总结了使用机器学习解决实际问题的一般流程，阐述了数据对整个流程的贯穿作用。用机器学习技术解决实际问题的流程中，数据的预处理、选择合适的算法模型都比较耗费工作量，而且可能需要很多次耐心尝试才能得到理想的工作流。

本章还扼要地介绍了一些机器学习中的常见术语，后续章节中还会介绍更多的概念。尽管深度学习在近些年的发展势头很猛，但依然有很多它不适用的问题场景，在这些问题场景中使用传统的机器学习算法可能会取得更好的效果。

“工欲善其事，必先利其器”，选择一款好的开发工具可以给开发工作提速。虽然本书后续章节中的实验全都使用 VS Code 开发完成，但读者在将来的开发过程中还需要根据工作性质选择合适的开发工具。

1.6 习题

1.6.1 思考题

1. 尝试给机器学习算法下个定义，并说明机器学习算法的特点。
2. 以电影推荐为例，查找资料并整理出常用的推荐算法有哪些。
3. 简述监督学习和非监督学习的区别。
4. 使用机器学习解决实际问题的过程中，为什么数据如此重要？
5. 怎么理解训练集、测试集？
6. 为什么 Python 语言能够实现跨平台？

1.6.2 实验练习

1. 实验目的

在自己的计算机上配置 VS Code 的 Python 开发环境。

2. 实验内容

1）安装 Miniconda。

2）安装 VS Code 及其对应的插件。

3）新建一个简单的 *.ipynb 文件，体验在 VS Code 上使用 Jupyter 进行 Python 开发。

3. 实验方法与步骤

（1）安装 Miniconda

首先，找到 Miniconda 的下载网址。然后，根据个人计算机的操作系统选择合适的 Miniconda 版本下载。最后，按照提示安装即可。

若是 Windows 操作系统，那么安装完成后在 Windows 的“开始”菜单中会显示 Anaconda 3 选项，下面有“Anaconda Powershell Prompt(miniconda3)”和“Anaconda Prompt(miniconda3)”两个子菜单。

chap01

打开“Anaconda Powershell Prompt(miniconda3)”或“Anaconda Prompt(miniconda3)”命令行窗口，即可通过 conda 或 pip 命令安装 Python 包。另外，还可以通过“conda create -n 虚拟环境名称 python= *.*”（其中，*.* 表示本机的 Python 版本号）命令创建 Python 虚拟环境，再用“conda activate 虚拟环境名称”激活创建的 Python 虚拟环境。

（2）安装 VS Code 及其对应的插件

下载并安装 VS Code，下载网址为 https://code.visualstudio.com/。

运行下载的安装文件，安装 VS Code。需要注意，在“选择附加任务”步骤中，选中“将‘通过 Code 打开’操作添加到 Windows 资源管理器文件上下文菜单”“将‘通过 Code 打开’操作添加到 Windows 资源管理器目录上下文菜单”两个选项，以后就可以通过单击鼠标右键选择使用“VS Code”打开文件或工程目录了，如图 1-24 所示。

安装完成后打开 VS Code，接下来要给它安装必要的扩展（Extensions）。首先，安装 Python 扩展，在 VS Code 的左侧边栏找到图标，单击进入扩展集市（EXTENSIONS: MARKETPLACE）。在搜索栏中输入“python”，搜索 Python 扩展，在搜索结果中选择微软官方的 Python 扩展，单击“Install”按钮安装即可。使用类似的方法安装 Jupyter 扩展。

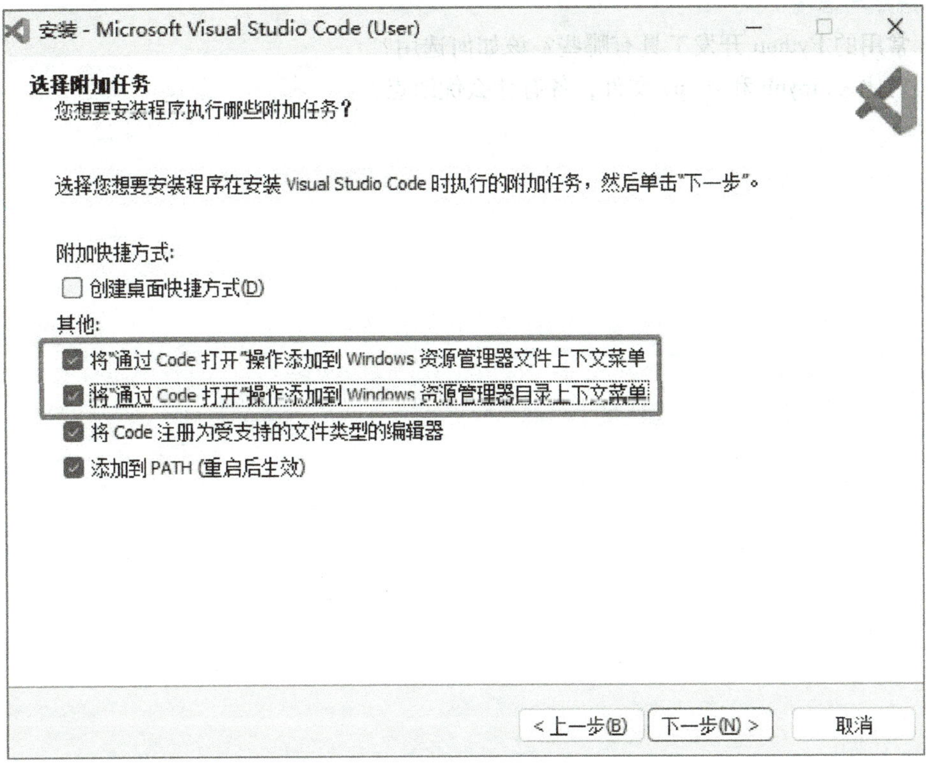

图 1-24　VS Code 安装过程中的设置

（3）新建一个简单工程

新建一个名为“Chap01”的文件夹，运行 VS Code，选择 File→Open Folder 命令，通过弹出的 Open Folder 对话框选择刚创建的“Chap01”文件夹，在随后弹出的“Do you trust the authors of the files in this folder?”对话框中单击“Yes, I trust the authors”按钮。

21

随后选择 VS Code 的 File→New File 命令，然后选择创建一个“Jupyter Notebook. ipynb support”文件，将文件命名为“chap01_main. ipynb”并保存到 Chap01 文件夹中。之后可以在文件中新建 Markdown 文本或者 Python 代码的段落，如图 1-25 所示。

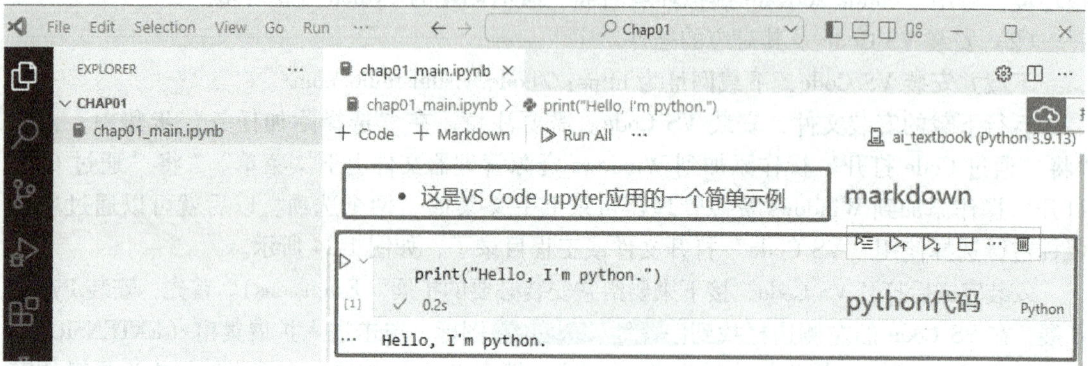

图 1-25　在 VS Code 中使用 Jupyter

4. 总结与思考

1）常用的 Python 开发工具有哪些？该如何选用？

2）对比 *. ipynb 和 *. py 文件，各有什么优缺点？

第 2 章　基础知识

本章目标

- 理解向量、矩阵的概念及其性质
- 理解事件与概率、随机变量、条件概率与独立、期望与方差等概念
- 了解优化的基本概念
- 掌握 Python 入门知识
- 了解机器学习中常用的包

本章的目的是简要介绍这些知识的一些重要的相关定义和基本结论，必要时将给出一些直观的解释，而省略其严格的数学证明。

2.1　线性代数

为了理解和求解机器学习问题，需要了解一些线性代数的知识。线性代数作为高等教育理工科专业的基础，在数学、物理学和工程技术等学科中具有重要应用。机器学习是一门包含数学、计算机、神经科学、心理学等多学科交叉融合的学科，了解和掌握线性代数对于理解机器学习算法是极其重要的。

2.1.1　向量与范数

向量及其转置：一个 n 维列向量 $\boldsymbol{x}\in\mathbb{R}^n$ 及其转置（Transpose）向量 $\boldsymbol{x}^{\mathrm{T}}$ 可以表示为

$$\boldsymbol{x}=\begin{pmatrix}x_1\\x_2\\\vdots\\x_n\end{pmatrix}\quad 和 \quad \boldsymbol{x}^{\mathrm{T}}=(x_1,x_2,\cdots,x_n) \tag{2.1}$$

其中，转置向量 $\boldsymbol{x}^{\mathrm{T}}$ 为一个 n 维行向量，向量 $\boldsymbol{x}$ 和 $\boldsymbol{x}^{\mathrm{T}}$ 中的分量均为标量（Scalar），即 $x_i\in\mathbb{R}$。

向量的基本运算：对于向量 $\boldsymbol{x}\in\mathbb{R}^n$，$\boldsymbol{x}$ 的数乘可以表示为

$$\alpha\boldsymbol{x}=\begin{pmatrix}\alpha x_1\\\alpha x_2\\\vdots\\\alpha x_n\end{pmatrix} \tag{2.2}$$

其中，α 为数乘倍数，$\alpha \in \mathbb{R}$。对于两个维度（Dimension）相同的向量 $\boldsymbol{x}$、$\boldsymbol{y} \in \mathbb{R}^n$，向量 $\boldsymbol{x}$、$\boldsymbol{y}$ 的和表示为

$$\boldsymbol{x}+\boldsymbol{y}=\begin{pmatrix} x_1 \\ x_2 \\ \vdots \\ x_n \end{pmatrix}+\begin{pmatrix} y_1 \\ y_2 \\ \vdots \\ y_n \end{pmatrix}=\begin{pmatrix} x_1+y_1 \\ x_2+y_2 \\ \vdots \\ x_n+y_n \end{pmatrix} \tag{2.3}$$

行向量 $\boldsymbol{x}^{\mathrm{T}}$ 与列向量 $\boldsymbol{y}$ 的乘积表示为

$$\boldsymbol{x}^{\mathrm{T}}\boldsymbol{y}=\sum_{i=1}^{n} x_i y_i=\boldsymbol{y}^{\mathrm{T}}\boldsymbol{x} \tag{2.4}$$

由上式可知，行向量 $\boldsymbol{x}^{\mathrm{T}}$ 与列向量 $\boldsymbol{y}$ 的乘积等于行向量 $\boldsymbol{y}^{\mathrm{T}}$ 与列向量 $\boldsymbol{x}$ 的乘积。

向量内积：两个维度相同的向量 $\boldsymbol{x}$、$\boldsymbol{y} \in \mathbb{R}^n$，$\boldsymbol{x}$ 和 $\boldsymbol{y}$ 的内积（Inner Product）记为 $\langle \boldsymbol{x},\boldsymbol{y} \rangle$，表示为向量 $\boldsymbol{x}^{\mathrm{T}}$ 与 $\boldsymbol{y}$ 的乘积，结果为一个标量：

$$\langle \boldsymbol{x},\boldsymbol{y} \rangle=\boldsymbol{x}^{\mathrm{T}}\boldsymbol{y}=\sum_{i=1}^{n} x_i y_i=\boldsymbol{y}^{\mathrm{T}}\boldsymbol{x} \tag{2.5}$$

向量的范数：向量 $\boldsymbol{x} \in \mathbb{R}^n$ 的范数（Norm）表示为 $\|\boldsymbol{x}\|$。更一般地，对于任意的 $p \geqslant 1$，向量 $\boldsymbol{x}$ 的 L_p 范数定义为

$$\|\boldsymbol{x}\|_p=\left(\sum_{i=1}^{n} |x_i|^p\right)^{\frac{1}{p}}=\sqrt[p]{\sum_{i=1}^{n} |x_i|^p} \tag{2.6}$$

常用的范数包括 L_1、L_2 和 L_∞，其中 $\|\boldsymbol{x}\|_\infty=\max_{j=1,\cdots,n}|x_j|$。根据定义，向量 $\boldsymbol{x}$ 的 L_2 范数（又称为欧几里得范数或欧式范数）可以表示为

$$\|\boldsymbol{x}\|_2=\sqrt{\sum_{i=1}^{n} x_i^2}=\boldsymbol{x}^{\mathrm{T}}\boldsymbol{x}=\langle \boldsymbol{x},\boldsymbol{x} \rangle \tag{2.7}$$

若非特别说明，向量的范数一般指欧几里得范数。如果向量 $\boldsymbol{x}$ 满足 $\|\boldsymbol{x}\|=1$，则称向量 $\boldsymbol{x}$ 是归一化的（Normalized）。更一般地，向量 $\boldsymbol{x}$ 的归一化（Normalization）可以表示为 $\dfrac{\boldsymbol{x}}{\|\boldsymbol{x}\|}$。

两个向量的夹角：两个非零向量 $\boldsymbol{x}$、$\boldsymbol{y} \in \mathbb{R}^n$ 之间的夹角可定义为

$$\cos\theta=\frac{\langle \boldsymbol{x},\boldsymbol{y} \rangle}{\|\boldsymbol{x}\| \cdot \|\boldsymbol{y}\|} \tag{2.8}$$

如果 $\langle \boldsymbol{x},\boldsymbol{y} \rangle=0$，则此时两个向量的夹角余弦值为 0，表示两个向量之间的夹角为 90°，称向量 $\boldsymbol{x}$ 和 $\boldsymbol{y}$ 是正交的（orthogonal）。当 $|\langle \boldsymbol{x},\boldsymbol{y} \rangle|=\|\boldsymbol{x}\| \cdot \|\boldsymbol{y}\|$ 时，两个向量是共线的。由此可见，向量的内积是两个向量共线的一种度量，即两个向量之间的相似性。

柯西-施瓦茨不等式：根据式（2.8）可知，两个向量的夹角满足 $|\cos\theta| \leqslant 1$，据此可以得到柯西-施瓦茨不等式（Cauchy-Schartz inequality）为

$$|\langle \boldsymbol{x},\boldsymbol{y} \rangle| \leqslant \|\boldsymbol{x}\| \cdot \|\boldsymbol{y}\| \tag{2.9}$$

该式表明两个向量的内积不会大于这两个向量的范数的乘积。

线性相关与线性无关：对于给定的一组不全为零的向量 $\{\boldsymbol{x}_1,\boldsymbol{x}_2,\cdots,\boldsymbol{x}_n\}$，若存在一组系数 $\{k_1,k_2,\cdots,k_n\}$ 满足

$$k_1\boldsymbol{x}_1+k_2\boldsymbol{x}_2+\cdots+k_n\boldsymbol{x}_n=\boldsymbol{0} \tag{2.10}$$

并且 k_1，k_2，…，k_n 不全为零，则称这组向量线性无关（线性独立）；反之，则称这组向量线性相关。如果一组向量 $\{\boldsymbol{x}_1,\boldsymbol{x}_2,\cdots,\boldsymbol{x}_n\}$ 线性相关，则对任意的 $k_i\neq 0$ 满足

$$\boldsymbol{x}_i=\frac{-\sum_{j\neq i}k_j\boldsymbol{x}_j}{k_i} \tag{2.11}$$

该式表明向量 $\boldsymbol{x}_i$ 可表示成其余向量的线性组合。显然，当且仅当 $k_1=k_2=\cdots=k_n=0$ 时，式（2.10）才成立，则称这组向量线性无关。非正式地，一组 n 个线性无关的 n 维向量能“张成”（Span）一个 n 维空间，即这个 n 维空间里的任意一个向量都可以表示成这些线性无关向量的线性组合。

2.1.2 矩阵的概念与性质

矩阵及其转置：矩阵 $\boldsymbol{A}\in\mathbb{R}^{m\times n}$ 及其转置矩阵 $\boldsymbol{A}^{\mathrm{T}}\in\mathbb{R}^{n\times m}$ 可以表示为

$$\boldsymbol{A}=\begin{pmatrix} a_{11} & a_{12} & \cdots & a_{1n} \\ \vdots & \vdots & & \vdots \\ a_{m1} & a_{m2} & \cdots & a_{mn} \end{pmatrix} \text{和 } \boldsymbol{A}^{\mathrm{T}}=\begin{pmatrix} a_{11} & a_{21} & \cdots & a_{m1} \\ \vdots & \vdots & & \vdots \\ a_{1n} & a_{2n} & \cdots & a_{mn} \end{pmatrix} \tag{2.12}$$

也就是说，矩阵 $\boldsymbol{A}\in\mathbb{R}^{m\times n}$ 的第 i 行、第 j 列的元素为 $(\boldsymbol{A})_{ij}=a_{ij}$，转置矩阵 $\boldsymbol{A}^{\mathrm{T}}\in\mathbb{R}^{n\times m}$ 的第 j 行、第 i 列的元素为 $(\boldsymbol{A}^{\mathrm{T}})_{ji}=a_{ij}$。

矩阵的基本运算：对于矩阵 $\boldsymbol{A}\in\mathbb{R}^{m\times n}$，$\boldsymbol{A}$ 的数乘可以表示为

$$\begin{aligned} k\boldsymbol{A} &= k\begin{pmatrix} a_{11} & a_{12} & \cdots & a_{1n} \\ \vdots & \vdots & & \vdots \\ a_{m1} & a_{m2} & \cdots & a_{mn} \end{pmatrix} \\ &= \begin{pmatrix} ka_{11} & ka_{12} & \cdots & ka_{1n} \\ \vdots & \vdots & & \vdots \\ ka_{m1} & ka_{m2} & \cdots & ka_{mn} \end{pmatrix} \end{aligned} \tag{2.13}$$

其中 $\alpha\subset\mathbb{R}$ 为数乘倍数。对于维度相同的矩阵 $\boldsymbol{A}$、$\boldsymbol{B}\in\mathbb{R}^{m\times n}$，矩阵 $\boldsymbol{A}$、$\boldsymbol{B}$ 的和可以表示为

$$\boldsymbol{A}+\boldsymbol{B}=\begin{pmatrix} a_{11}+b_{11} & a_{12}+b_{12} & \cdots & a_{1n}+b_{1n} \\ \vdots & \vdots & & \vdots \\ a_{m1}+b_{m1} & a_{m2}+b_{m2} & \cdots & a_{mn}+b_{mn} \end{pmatrix}\in\mathbb{R}^{m\times n} \tag{2.14}$$

矩阵 $\boldsymbol{A}\in\mathbb{R}^{m\times k_1}$ 和 $\boldsymbol{B}\in\mathbb{R}^{k_2\times n}$ 相乘需满足 $k_1=k_2=k$，此时两个矩阵的乘积 $\boldsymbol{AB}\in\mathbb{R}^{m\times n}$ 的第 i 行、第 j 列的元素为

$$(\boldsymbol{AB})_{ij}=\sum_{l=1}^{k}a_{il}b_{lj} \tag{2.15}$$

当 $n=1$ 时，上式退化为矩阵和向量的乘积。显然，矩阵的转置运算满足以下性质：

$$(\boldsymbol{A}+\boldsymbol{B})^{\mathrm{T}}=\boldsymbol{A}^{\mathrm{T}}+\boldsymbol{B}^{\mathrm{T}} \tag{2.16}$$

$$(\boldsymbol{AB})^{\mathrm{T}}=\boldsymbol{B}^{\mathrm{T}}\boldsymbol{A}^{\mathrm{T}} \tag{2.17}$$

对称矩阵：若一个方阵 $\boldsymbol{A}\in\mathbb{R}^{n\times n}$ 满足 $\boldsymbol{A}^{\mathrm{T}}=\boldsymbol{A}$，即 $(\boldsymbol{A})_{ij}=(\boldsymbol{A})_{ji}$，称矩阵 $\boldsymbol{A}$ 为对称矩阵。

对角矩阵：非对角线上的元素均为 0 的方阵 $\boldsymbol{A}$ 称为对角矩阵，即当 $i\neq j$ 时，$(\boldsymbol{A})_{ij}=0$，否则 $(\boldsymbol{A})_{ij}\neq 0$。显然，若 $\boldsymbol{A}$ 为对角矩阵，则 $\boldsymbol{A}$ 是一个对称矩阵。

单位矩阵：若对角矩阵的对角线元素均为 1，则称该矩阵为单位矩阵，通常记作 $\boldsymbol{I}$。

矩阵的迹：对于 n 阶方阵 $\boldsymbol{A}$，$(\boldsymbol{A})_{ij}=a_{ij}$，它的迹（Trace）为对角线元素之和，即 $\operatorname{tr}(\boldsymbol{A})=\sum_{i=1}^{n}a_{ii}$。矩阵的迹满足如下性质：

$$\operatorname{tr}(\boldsymbol{A}^{\mathrm{T}})=\operatorname{tr}(\boldsymbol{A}) \tag{2.18}$$

$$\operatorname{tr}(\boldsymbol{A}+\boldsymbol{B})=\operatorname{tr}(\boldsymbol{A})+\operatorname{tr}(\boldsymbol{B}) \tag{2.19}$$

$$\operatorname{tr}(\boldsymbol{AB})=\operatorname{tr}(\boldsymbol{BA}) \tag{2.20}$$

正定与半正定矩阵：对于任意的向量 $\boldsymbol{x}\in\mathbb{R}^n$ 且 $\boldsymbol{x}\neq\boldsymbol{0}$，若 n 阶方阵 $\boldsymbol{A}$ 满足 $\boldsymbol{x}^{\mathrm{T}}\boldsymbol{Ax}>0$，则称 $\boldsymbol{A}$ 为正定（Positive Definite）矩阵；若满足 $\boldsymbol{x}^{\mathrm{T}}\boldsymbol{Ax}\geqslant 0$，则称 $\boldsymbol{A}$ 为半正定（Semi-positive Definite）矩阵。

2.1.3 行列式与矩阵的逆

代数余子式：对于方阵 $\boldsymbol{A}\in\mathbb{R}^{n\times n}$，定义 (i,j) 元素 a_{ij} 的代数余子式 $\boldsymbol{A}_{i|j}$ 为从原始矩阵 $\boldsymbol{A}$ 分别移除第 i 行和第 j 列后所形成的矩阵：

$$\boldsymbol{A}_{i|j}=\begin{pmatrix} a_{11} & a_{12} & \cdots & \otimes & \cdots & a_{1n} \\ \vdots & \vdots & & \vdots & & \vdots \\ \otimes & \otimes & \cdots & \otimes & \cdots & \otimes \\ \vdots & \vdots & & \vdots & & \vdots \\ a_{n1} & a_{n2} & \cdots & \otimes & \cdots & a_{nn} \end{pmatrix}$$

其中，$\otimes$表示第 i 行和第 j 列中被移除的元素。

行列式：n 阶矩阵 $\boldsymbol{A}$ 的行列式（Determinant）为一个标量，记为 $\det(\boldsymbol{A})$。矩阵的行列式能够反映矩阵一系列重要的性质。如果将矩阵 $\boldsymbol{A}$ 的每一列看成一个向量（或者是 n 维空间中的一个点），那么矩阵 $\boldsymbol{A}$ 的行列式表征这组向量所围成的 n 维超体积（Hypervolume）。如果这些向量是线性相关的，则这组向量所围成的 n 维子空间坍塌会导致超体积为零，即 $\det(\boldsymbol{A})=0$。另外，如果要求一个矩阵的逆矩阵存在，则这个矩阵的行列式必须是非零的（见后续逆矩阵部分）。

对于 n 维方阵的行列式计算，通常采用递归的代数余子式展开法。以矩阵的第 i 行进行展开，则 n 阶矩阵 $\boldsymbol{A}$ 的行列式可以表示为

$$\det(\boldsymbol{A})=\sum_{j=1}^{n}(-1)^{i+j}a_{ij}\det(\boldsymbol{A}_{i|j}) \tag{2.21}$$

以矩阵的第 j 列进行展开，则 n 阶矩阵 $\boldsymbol{A}$ 的行列式可以表示为

$$\det(\boldsymbol{A})=\sum_{i=1}^{n}(-1)^{i+j}a_{ij}\det(\boldsymbol{A}_{i|j}) \tag{2.22}$$

如上过程可以递归地进行，即行列式 $\det(\boldsymbol{A}_{i|j})$ 也可以用代数余子式展开的方法进行计算。2 阶方阵 $\boldsymbol{A}$ 的行列式为

$$\det\begin{pmatrix} a_{11} & a_{12} \\ a_{21} & a_{22} \end{pmatrix}=a_{11}a_{22}-a_{12}a_{21} \tag{2.23}$$

3 阶方阵 $\boldsymbol{A}$ 的行列式为

$$\det\begin{pmatrix}a_{11} & a_{12} & a_{13}\\ a_{21} & a_{22} & a_{23}\\ a_{31} & a_{32} & a_{33}\end{pmatrix}=a_{11}\det\begin{pmatrix}a_{22} & a_{23}\\ a_{32} & a_{33}\end{pmatrix}-a_{12}\det\begin{pmatrix}a_{21} & a_{23}\\ a_{31} & a_{33}\end{pmatrix}+a_{13}\det\begin{pmatrix}a_{21} & a_{22}\\ a_{31} & a_{32}\end{pmatrix}$$
$$=a_{11}(a_{22}a_{33}-a_{23}a_{32})-a_{12}(a_{21}a_{33}-a_{23}a_{31})+a_{13}(a_{21}a_{32}-a_{22}a_{31})$$
$$=a_{11}a_{22}a_{33}+a_{12}a_{23}a_{31}+a_{13}a_{21}a_{32}-a_{11}a_{23}a_{32}-a_{12}a_{21}a_{33}-a_{13}a_{22}a_{31} \tag{2.24}$$

n 阶方阵 $\boldsymbol{A}$ 的行列式具有如下性质：

$$\det(c\boldsymbol{A})=c^n\det(\boldsymbol{A}) \tag{2.25}$$
$$\det(\boldsymbol{A}^{\mathrm{T}})=\det(\boldsymbol{A}) \tag{2.26}$$
$$\det(\boldsymbol{AB})=\det(\boldsymbol{A})\det(\boldsymbol{B}) \tag{2.27}$$
$$\det(\boldsymbol{A}^{-1})=\det(\boldsymbol{A})^{-1} \tag{2.28}$$
$$\det(\boldsymbol{A}^{n})=\det(\boldsymbol{A})^{n} \tag{2.29}$$

若方阵 $\boldsymbol{A}$ 为正定矩阵，则 $\det(\boldsymbol{A})>0$。

逆矩阵：如果 n 阶方阵 $\boldsymbol{A}$ 的行列式不为零，那么它对应的逆矩阵 $\boldsymbol{A}^{-1}$ 就存在，并且满足 $\boldsymbol{AA}^{-1}=\boldsymbol{A}^{-1}\boldsymbol{A}=\boldsymbol{I}$。定义 $C_{ij}=(-1)^{i+j}\det(\boldsymbol{A}_{i|j})$ 为余子式（Cofactor），矩阵 $\boldsymbol{A}$ 的伴随矩阵记为 $\mathrm{adj}(\boldsymbol{A})$，伴随矩阵的第 i 行、第 j 列的元素为矩阵 $\boldsymbol{A}$ 的第 j 行、第 i 列的余子式 C_{ji}，即 $\mathrm{adj}(\boldsymbol{A})_{ij}=C_{ji}$。方阵 $\boldsymbol{A}$ 的逆矩阵 $\boldsymbol{A}^{-1}$ 可以写为

$$\boldsymbol{A}^{-1}=\frac{\mathrm{adj}(\boldsymbol{A})}{\det(\boldsymbol{A})} \tag{2.30}$$

逆矩阵具有如下性质：

$$(\boldsymbol{A}^{\mathrm{T}})^{-1}=(\boldsymbol{A}^{-1})^{\mathrm{T}} \tag{2.31}$$
$$(\boldsymbol{AB})^{-1}=\boldsymbol{B}^{-1}\boldsymbol{A}^{-1} \tag{2.32}$$

2.2 概率与统计

2.2.1 事件与概率

随机试验：随机试验（Random Experiment）是指在相同条件下对某种随机现象进行的大量重复观测。随机试验满足以下特点：

1）试验的所有可能结果是已知的或者可以确定的。

2）每次试验的结果都是无法预测的，出现的方式是随机的或偶然的。

3）在相同的条件下，试验可以大量重复进行。如投掷一枚均匀的骰子，骰子上方的点数可以是 1、2、3、4、5、6 中的其中一个。

样本与样本空间：随机试验中，每一个可能的结果称为样本（Sample），记为 ω。包含所有样本点的集合称为样本空间（Sample Space），记为 $\boldsymbol{\Omega}$。

事件：在随机试验中，大量重复试验中具有的某种规律性的现象或者情况的陈述称为随机事件（Random Event），简称事件（Event）。在投掷骰子试验中，出现的点数为偶数可称为事件，当试验结果出现 2 点时，则该事件发生。若事件 A 和 B 不能在一次试验中同时发生，则称事件 A 与 B 互斥。在投掷骰子试验中，记事件 A 为出现的点数为偶数，事件 B 为

出现的点数为奇数，则事件 A 与 B 互斥。

概率：在随机试验中，事件 A 发生的可能性大小称为事件 A 的概率（Probability），记为 $\Pr(A)$。在投掷骰子试验中，记 A_i 为出现的点数是 i，其中 $i\in\{1,2,3,4,5,6\}$，则 $\Pr(A_i)=1/6$。概率满足以下特性：

1）$0\leqslant\Pr(A)\leqslant 1$。

2）$\Pr(\boldsymbol{\Omega})=1$。

3）对于两两互斥的事件 $A_i(i=1,\cdots,n)$，满足 $\Pr\left(\bigcup_{i=1}^{n} A_i\right)=\sum_{i=1}^{n}\Pr(A_i)$。

2.2.2 随机变量

随机变量：对于给定的随机试验，$\boldsymbol{\Omega}$ 为其样本空间，随机变量（Random Variable）X：$\boldsymbol{\Omega}\to\mathbb{R}$ 定义为从样本空间 $\boldsymbol{\Omega}$ 到实数空间 $\mathbb{R}$ 的函数。一般用大写英文字母表示随机变量，用小写字母表示其取值。对于任意的区间 I，样本空间的子集 $\{\omega\in\boldsymbol{\Omega}:X(\omega)\in I\}$ 也是一个事件。

概率质量函数：离散随机变量 X 的概率质量函数（Probability Mass Function）定义为函数 $x\to\Pr(X=x)$。对于两个随机变量 X 和 Y，其联合概率质量函数（Joint Probability Mass Function）定义为函数 $(x,y)\to\Pr(X=x\wedge Y=y)$。

28

概率密度函数：对于连续随机变量 X，若存在连续函数 p，使得对任意的 a、$b\in\mathbb{R}$，满足

$$\Pr(a\leqslant X\leqslant b)=\int_a^b p(x)\,\mathrm{d}x \tag{2.33}$$

则称函数 p 为随机变量 X 的概率密度函数（Probability Density Function，PDF）。从几何角度理解，$\Pr(a\leqslant X\leqslant b)$ 表示为以数轴区间 $[a,b]$ 为底、以函数曲线 $y=p(x)$ 为顶的曲边梯形的面积（见图 2-1）。直观上，$\Pr(a\leqslant X\leqslant b)$ 表示连续随机变量 X 在区间 $[a,b]$ 中的概率总和，即概率质量之和，而概率密度在该区间上的积分则对应为该区间的概率质量之和。

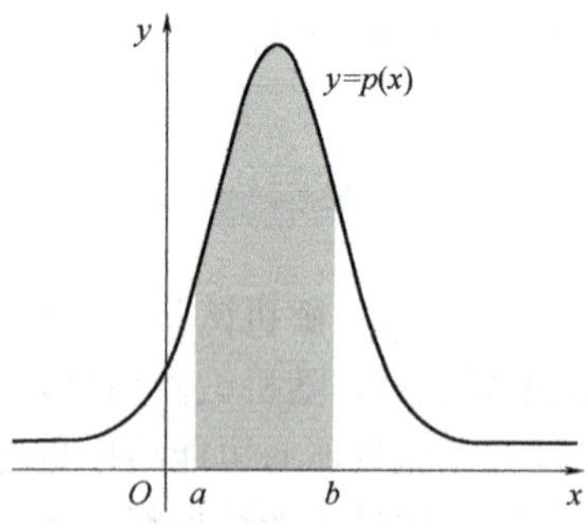

图 2-1 概率密度函数与概率的关系示意图

联合概率密度函数：对于两个随机变量 X 和 Y，若存在连续函数 p，使得对任意的 x_1、x_2、y_1、$y_2\in\mathbb{R}$，满足：

$$\Pr(x_1\leqslant X\leqslant x_2\wedge y_1\leqslant Y\leqslant y_2)=\int_{x_1}^{x_2}\int_{y_1}^{y_2}p(x,y)\,\mathrm{d}x\mathrm{d}y \tag{2.34}$$

则称函数 p 为随机变量 X 和 Y 的联合概率密度函数（Joint Probability Density Function）。

下面给出机器学习中常见的概率分布。

正态分布：正态分布（Normal Distribution）又称为高斯分布（Gaussian Distribution），是机器学习中应用最为广泛的分布。

给定 μ、$\sigma\in\mathbb{R}$ 且 $\sigma>0$，若随机变量 X 的概率密度函数为

$$p(x)=N(x\mid\mu,\sigma^2)=\frac{1}{\sqrt{2\pi\sigma^2}}\exp\left(-\frac{(x-\mu)^2}{2\sigma^2}\right) \tag{2.35}$$

则称 X 服从正态分布 $N(\mu,\sigma^2)$，并称 μ 和 σ^2 为随机变量 X 的期望与方差（期望与方差的概念见 2.2.4 节）。若 $\mu=0$，$\sigma=1$，则 $N(0,1)$ 称为标准正态分布。

多元正态分布：给定 $\boldsymbol{\mu}\in\mathbb{R}^n$ 和 $\boldsymbol{\Sigma}\in\mathbb{R}^{n\times n}$，其中 $\boldsymbol{\Sigma}$ 为对称正定矩阵，若 n 维随机变量 $\boldsymbol{X}$ 的概率密度函数为

$$p(\boldsymbol{x})=N(\boldsymbol{x}\mid\boldsymbol{\mu},\boldsymbol{\Sigma})=\frac{1}{\sqrt{(2\pi)^n\det(\boldsymbol{\Sigma})}}\exp\left(-\frac{1}{2}(\boldsymbol{x}-\boldsymbol{\mu})^{\mathrm{T}}\boldsymbol{\Sigma}^{-1}(\boldsymbol{x}-\boldsymbol{\mu})\right) \tag{2.36}$$

则称 $\boldsymbol{X}$ 服从多元正态分布 $N(\boldsymbol{\mu},\boldsymbol{\Sigma})$，并称 $\boldsymbol{\mu}$ 和 $\boldsymbol{\Sigma}$ 为随机变量 $\boldsymbol{X}$ 的期望和协方差矩阵。

2.2.3 条件概率与独立

条件概率：假设两个事件 A 和 B，其中 $\Pr(B)\geqslant 0$，事件 B 发生的条件下事件 A 发生的概率称为事件 B 的条件概率（Conditional Probability），定义为

$$\Pr(A\mid B)=\frac{\Pr(A\cap B)}{\Pr(B)} \tag{2.37}$$

由上式可知，$\Pr(A\cap B)=\Pr(A\mid B)\Pr(B)$ 或者 $\Pr(A\cap B)=\Pr(B\mid A)\Pr(A)$ 称为概率的乘法定理。

独立：如果两个事件 A 和 B 满足

$$\Pr(A\cap B)=\Pr(A)\Pr(B) \tag{2.38}$$

则称事件 A 和 B 独立（Independent）。若离散随机变量 X、Y 相互独立，则有

$$\Pr(X=x\wedge Y=y)=\Pr(X=x)\Pr(Y=y) \tag{2.39}$$

假设连续随机变量 X、Y 的概率分布为 $p(x)$ 和 $p(y)$，若 X、Y 相互独立，则有

$$\Pr(x_1\leqslant X\leqslant x_2\wedge y_1\leqslant Y\leqslant y_2)=\Pr(x_1\leqslant X\leqslant x_2)\Pr(y_1\leqslant Y\leqslant y_2) \tag{2.40}$$

并且 X、Y 的联合概率分布满足：

$$p(x,y)=p(x)p(y) \tag{2.41}$$

简单证明如下：由连续随机变量 X、Y 相互独立可得

$$\Pr(x_1\leqslant X\leqslant x_2\wedge y_1\leqslant Y\leqslant y_2)=\Pr(x_1\leqslant X\leqslant x_2)\Pr(y_1\leqslant Y\leqslant y_2) \tag{2.42}$$

根据概率密度函数的定义有

$$\Pr(x_1\leqslant X\leqslant x_2\wedge y_1\leqslant Y\leqslant y_2)=\int_{x_1}^{x_2}\int_{y_1}^{y_2}p(x,y)\,\mathrm{d}x\mathrm{d}y \tag{2.43}$$

$$\Pr(x_1\leqslant X\leqslant x_2)=\int_{x_1}^{x_2}p(x)\,\mathrm{d}x \tag{2.44}$$

$$\Pr(y_1\leqslant Y\leqslant y_2)=\int_{y_1}^{y_2}p(y)\,\mathrm{d}y \tag{2.45}$$

联立上式可得

$$\begin{aligned}\int_{x_1}^{x_2}\int_{y_1}^{y_2}p(x,y)\,\mathrm{d}x\mathrm{d}y&=\left(\int_{x_1}^{x_2}p(x)\,\mathrm{d}x\right)\left(\int_{y_1}^{y_2}p(y)\,\mathrm{d}y\right)\\&=\int_{x_1}^{x_2}\int_{y_1}^{y_2}p(x)p(y)\,\mathrm{d}x\mathrm{d}y\end{aligned} \tag{2.46}$$

独立同分布：若 n 个随机变量 X_1，X_2，…，X_n 相互独立且满足相同的概率分布（即概率密度函数），则称 X_1，X_2，…，X_n 独立同分布（independently and identically distributed，i.i.d.）。

全概率定理：假设随机试验的样本空间为 $\boldsymbol{\Omega}=\{A_1,A_2,\cdots,A_n\}$，其中 $\Pr(A_i)>0(i=1,\cdots,n)$，并且对于任意的 i、j 满足 $A_i\cap A_j=\varnothing$，即事件 A_1，A_2，…，A_n 相互独立。若事件 B 满足 $B=\bigcup_{i=1}^{n}(A_i\cap B)$，则有

$$\Pr(B)=\Pr\left(\bigcup_{i=1}^{n}A_i\cap B\right)=\sum_{i=1}^{n}\Pr(A_i\cap B)=\sum_{i=1}^{n}\Pr(B\mid A_i)\Pr(A_i) \tag{2.47}$$

称为全概率定理（Theorem of Total Probability）。

贝叶斯定理：假设有两个事件 A 和 B，其中 $\Pr(B)\geqslant 0$，由条件概率的定义有

$$\Pr(A\cap B)=\Pr(A\mid B)\Pr(B)=\Pr(B\mid A)\Pr(A) \tag{2.48}$$

则贝叶斯定理（Bayesian Theorem）表示为

$$\Pr(A\mid B)=\frac{\Pr(B\mid A)\Pr(A)}{\Pr(B)} \tag{2.49}$$

其中，$\Pr(B\mid A)$ 称为似然概率（Likelihood Probability），$\Pr(A\mid B)$ 称为后验概率（Posterior Probability），$\Pr(A)$ 称为先验概率（Prior Probability）。

若事件 A_1，A_2，…，A_n 相互独立，对于任意 $1\leqslant i\leqslant n$，根据贝叶斯定理有

$$\Pr(A_i\mid B)=\frac{\Pr(B\mid A_i)\Pr(A_i)}{\Pr(B)} \tag{2.50}$$

结合全概率定理式（2.47），有

$$\Pr(A_i\mid B)=\frac{\Pr(B\mid A_i)\Pr(A_i)}{\sum_{i=1}^{n}\Pr(B\mid A_i)\Pr(A_i)} \tag{2.51}$$

对于贝叶斯定理式（2.49）的理解如下：已知事件 B 发生的条件下事件 A 发生的概率，即后验概率 $\Pr(A\mid B)$，将由式（2.49）中的分子 $\Pr(B\mid A)\Pr(A)$ 完全确定。而分母项 $\Pr(B)$ 可以看作一个可以确定的归一化系数，即事件 B 已经发生，其概率 $\Pr(B)$ 是已经确定的。如果把事件 A 看作"原因"，把事件 B 看作"结果"，如果原因 A 已经给定，那么显然可以确定某一结果 B 出现的概率——$\Pr(B\mid A)$，即关于先验概率的精确描述。但如果观测到的是结果事件 B，那么此时无法直接确定引起这个结果事件 B 的原因事件 A，因为多个原因事件（可能是事件 A，也可能是其他事件）均能产生结果事件 B。贝叶斯定理告诉我们，只要知道似然函数 $\Pr(B\mid A)$ 和先验概率 $\Pr(A)$，就能求得后验概率 $\Pr(A\mid B)$。

2.2.4 期望与方差

期望：对于随机变量 X，其期望（Expectation）或者均值（Mean）定义为

$$\mathbb{E}[X]=\sum_{x}x\Pr(X=x) \tag{2.52}$$

多元随机变量 $\boldsymbol{X}=(X_1,X_2,\cdots,X_n)^{\mathrm{T}}$ 的期望为

$$\mathbb{E}[\boldsymbol{X}]=\begin{pmatrix}\mathbb{E}[X_1]\\ \mathbb{E}[X_2]\\ \vdots\\ \mathbb{E}[X_n]\end{pmatrix}=\sum_{\boldsymbol{x}}\boldsymbol{x}\Pr(\boldsymbol{X}=\boldsymbol{x}) \tag{2.53}$$

如果把概率质量函数看作一系列的点质量，每一个点 x 都具有质量 $\Pr(X=x)$，则数学期望 $\mathbb{E}[X]$ 可视为这些点的质心。若 X 为离散型随机变量，其取值集合为 $\{x_1,x_2,\cdots,x_n\}$，则离散随机变量 X 的期望为

$$\mathbb{E}[X]=\sum_{i=1}^{n}x_i\Pr(X=x_i) \tag{2.54}$$

若 X 为连续型随机变量，则其期望为

$$\mathbb{E}[X]=\int_{-\infty}^{+\infty}xp(x)\,\mathrm{d}x \tag{2.55}$$

期望满足如下性质：

1）$\mathbb{E}[c]=c$，c 为常数。

2）$\mathbb{E}[aX+bY]=a\mathbb{E}[X]+b\mathbb{E}[Y]$。其中，$a$、$b$ 为常数，X 和 Y 为随机变量。

3）若 X 和 Y 独立，则 $\mathbb{E}[XY]=\mathbb{E}[X]\cdot\mathbb{E}[Y]$。

性质2）为期望的一个基本性质，反映了期望的线性可加性。由期望的定义可知

$$\begin{aligned}\mathbb{E}[aX+bY]&=\sum_{x,y}(ax+by)\Pr(X=x\wedge Y=y)\\&=a\sum_{x}\sum_{y}x\Pr(X=x\wedge Y=y)+b\sum_{x}\sum_{y}y\Pr(X=x\wedge Y=y)\\&=a\sum_{x}x\Pr(X=x)+b\sum_{y}y\Pr(Y=y)=a\mathbb{E}[X]+b\mathbb{E}[Y]\end{aligned} \tag{2.56}$$

对于性质3），根据期望和独立的定义有

$$\begin{aligned}\mathbb{E}\mathbb{E}[XY]&=\sum_{x,y}xy\Pr(X=x\wedge Y=y)=\sum_{x,y}xy\Pr(X=x)\Pr(Y=y)\\&=\Big(\sum_{x}x\Pr(X=x)\Big)\Big(\sum_{y}y\Pr(Y=y)\Big)=\mathbb{E}[X]\mathbb{E}[Y]\end{aligned} \tag{2.57}$$

方差和标准差：对于随机变量 X，若 $\mathbb{E}[X]=\mu$，其方差（Variance）定义为

$$\mathrm{Var}[X]=\mathbb{E}[(X-\mathbb{E}[X])^2]=\sum_{x}(x-\mu)^2\Pr(X=x) \tag{2.58}$$

若 X 为离散型随机变量，其取值集合为 $\{x_1,x_2,\cdots,x_n\}$，则离散随机变量 X 的方差为

$$\mathrm{Var}[X]=\sum_{i=1}^{n}(x_i-\mu)^2\Pr(X=x_i) \tag{2.59}$$

若 X 为连续型随机变量，则其方差为

$$\mathrm{Var}[X]=\int_{-\infty}^{+\infty}(x-\mu)^2p(x)\,\mathrm{d}x \tag{2.60}$$

随机变量 X 的标准差（Standard Deviation）记为 σ_X，定义为

$$\sigma_X=\sqrt{\mathrm{Var}[X]} \tag{2.61}$$

方差可以看作随机变量和其数学期望（即均值）之间的偏离程度。方差永远是非负的，当且仅当全部概率质量集中在一点时才为零。标准差是衡量随机变量偏离其数学期望的程度的一个重要度量，即随机变量 X 偏离均值 μ 的平均距离。

对于任意的随机变量 X 和常数 $a\in\mathbb{R}$，方差满足以下性质：

1）$\mathrm{Var}[a]=0$。

2）$\mathrm{Var}[X]=\mathbb{E}[X^2]-(\mathbb{E}[X])^2$。

3）$\mathrm{Var}[aX]=a^2\mathrm{Var}[X]$。

4）若随机变量 X 和 Y 独立，则满足 $\mathrm{Var}[X\pm Y]=\mathrm{Var}[X]+\mathrm{Var}[Y]$。

对于上述性质 4)，根据方差和独立的定义有

$$\begin{aligned}\mathrm{Var}[X\pm Y]&=\mathbb{E}[((X\pm Y)-\mathbb{E}[X\pm Y])^2]=\mathbb{E}[((X-\mathbb{E}[X])\pm(Y-\mathbb{E}[Y]))^2]\\&=\mathbb{E}[(X-\mathbb{E}[X])^2]\pm 2\mathbb{E}[(X-\mathbb{E}[X])(Y-\mathbb{E}[Y])]+\mathbb{E}[(Y-\mathbb{E}[Y])^2]\\&=\mathrm{Var}[X]+\mathrm{Var}[Y]\end{aligned}\tag{2.62}$$

其中，由 X 和 Y 独立可得 $X-\mathbb{E}[X]$ 和 $Y-\mathbb{E}[Y]$ 也独立，则 $\mathbb{E}[(X-\mathbb{E}[X])(Y-\mathbb{E}[Y])]=\mathbb{E}[X-\mathbb{E}[X]]\mathbb{E}[Y-\mathbb{E}[Y]]=0$。

大数定理：设 X_1，X_2，…，X_n 为独立同分布的随机变量序列，对于任意 $1\leqslant i\leqslant n$ 满足 $\mathbb{E}[X_i]=\mu$ 且 $\mathrm{Var}[X_i]=\sigma^2\leqslant\infty$，则对于任意的 $\varepsilon>0$，有

$$\lim_{n\to\infty}\Pr\left(\left|\frac{1}{n}\sum_{i=1}^{n}X_i-\mu\right|\geqslant\varepsilon\right)=0\tag{2.63}$$

大数定理表明，在随机试验中，每次出现的结果不同，但是大量重复试验出现的结果的频率趋近于一个常数，该常数为该随机试验中随机变量的期望。

协方差与协方差矩阵：对于两个随机变量 X 和 Y，X 和 Y 之间的统计独立程度定义为 X 和 Y 的协方差，记为 $\mathrm{Cov}(X,Y)$：

$$\mathrm{Cov}(X,Y)=\mathbb{E}[(X-\mathbb{E}[X])(Y-\mathbb{E}[Y])]\tag{2.64}$$

直观上，若随机变量 X 和 Y 同时增大或减小，则 $\mathrm{Cov}(X,Y)>0$，反之则 $\mathrm{Cov}(X,Y)<0$；若 X 和 Y 相互独立，则 $\mathrm{Cov}(X,Y)=0$。容易验证，$\mathrm{Cov}(X,Y)=\mathbb{E}[XY]-\mathbb{E}[X]\mathbb{E}[Y]$。

两个随机变量的协方差满足以下性质：

1）对称性：$\mathrm{Cov}(X,Y)=\mathrm{Cov}(Y,X)$。

2）次线性：对于任意的随机变量 X、X' 和 Y，$\mathrm{Cov}(X+X',Y)=\mathrm{Cov}(X,Y)+\mathrm{Cov}(X',Y)$；对于任意的常数 a、b、c、d，$\mathrm{Cov}(aX+b,cY+d)=ac\mathrm{Cov}(X,Y)$。

3）半正定性：$\mathrm{Cov}(X,X)=\mathrm{Var}[X]\geqslant 0$。

4）柯西-施瓦茨不等式：对于任意的随机变量 X 和 Y，满足 $\mathrm{Var}[X]<+\infty$ 且 $\mathrm{Var}[Y]<+\infty$，则 $|\mathrm{Cov}(X,Y)|\leqslant\sqrt{\mathrm{Var}[X]\mathrm{Var}[Y]}$。

扩展至 n 个随机变量 X_1，X_2，…，X_n，其向量表示形式为 $\boldsymbol{X}=(X_1,X_2,\cdots,X_n)^{\mathrm{T}}$，定义随机向量 $\boldsymbol{X}$ 的协方差矩阵为

$$\mathrm{Cov}(\boldsymbol{X})=\mathbb{E}[(\boldsymbol{X}-\mathbb{E}[\boldsymbol{X}])(\boldsymbol{X}-\mathbb{E}[\boldsymbol{X}])^{\mathrm{T}}]\tag{2.65}$$

协方差矩阵 $\mathrm{Cov}(\boldsymbol{X})$ 的第 i、j 个元素为 $\mathrm{Cov}(\boldsymbol{X})_{i,j}=\mathrm{Cov}(\boldsymbol{X}_i,\boldsymbol{X}_j)$，即协方差矩阵 $\mathrm{Cov}(\boldsymbol{X})$ 的主对角线元素是 $\boldsymbol{X}$ 各个分量的方差，非主对角线元素为相应分量的协方差。

2.2.5 最大似然估计与最大后验估计

最大似然估计：假设观测数据集合 $\mathcal{D}=\{x_1,x_2,\cdots,x_n\}$ 由某个概率分布 $p(x|\theta)$ 产生，其中，θ 为确定而待估计的概率分布参数，并且满足对于任意的 $1\leqslant i$、$j\leqslant n$，观测数据 x_i 和 x_j 相互独立。则数据集 $\mathcal{D}$ 出现的概率为 $p(\mathcal{D}|\theta)=p(x_1,x_2,\cdots,x_n|\theta)$，由观测数据的独立性可得 $p(x_1,x_2,\cdots,x_n|\theta)=p(x_1|\theta)\cdots p(x_n|\theta)$，定义

$$\mathcal{L}(\theta)=p(x_1|\theta)\cdots p(x_n|\theta)=\prod_{i=1}^{n}p(x_i|\theta)\tag{2.66}$$

为关于 θ 的函数，称为似然函数（likelihood）。直观上，每一个数据 x_i 都由概率分布 $p(x;\theta)$ 产生，而数据集 x_1，x_2，…，x_n 同时出现的结果则是对应某一个概率分布参数 θ，使得其同时出现的概率 $p(x_1;\theta)\cdots p(x_n;\theta)$ 最大化，即最大化似然函数 $\mathcal{L}(\theta)$。因此，概率分布的参数 θ 的估计 $\hat{\theta}$ 满足：

$$\hat{\theta}=\arg\max_{\theta}\mathcal{L}(\theta) \tag{2.67}$$

称 $\hat{\theta}$ 为 θ 的最大似然估计（Maximum Likelihood Estimation，MLE）。由于多个概率值进行连乘操作容易引起数值溢出的问题，通常引入如下负对数似然函数（Negative Log Likelihood）：

$$\ell(\theta)=-\log\mathcal{L}(\theta)=-\log\prod_{i=1}^{n}p(x_i\mid\theta)=-\sum_{i=1}^{n}\log p(x_i\mid\theta) \tag{2.68}$$

根据负对数似然函数的单调递减性，参数 θ 的最大化似然函数等价于参数 θ 的最小化负对数似然函数，因此参数 θ 的估计 $\hat{\theta}$ 可以表示为

$$\hat{\theta}=\arg\min_{\theta}\ell(\theta) \tag{2.69}$$

若 $\ell(\theta)$ 关于 θ 可微，则 $\hat{\theta}$ 可通过求解似然方程而得到：

$$\left.\frac{\partial\ell(\theta)}{\partial\theta}\right|_{\theta=\hat{\theta}}=0 \tag{2.70}$$

最大后验估计：在最大似然估计中，概率分布的模型参数 θ 为确定而未知的参数，不考虑参数先验信息的影响。下面考虑一个简单的投掷均匀硬币问题，假设样本空间为掷硬币 10 次，其中正面朝上 7 次，反面朝上 3 次。根据极大似然估计，在第 11 次掷硬币时，正面朝上的概率为 7/10，反面朝上的概率为 3/10。但是由于该硬币是均匀的（即投掷硬币的先验信息），可知正面朝上的概率为 1/2。因此概率分布的模型参数 θ 应该视为一个随机变量，并考虑 θ 的先验信息。

假设有观测数据集合 $\mathcal{D}=\{x_1,x_2,\cdots,x_n\}$，$\theta$ 为随机变量，并且满足对任意的 $1\leqslant i$、$j\leqslant n$，观测数据 x_i 和 x_j 相互独立。参数 θ 的估计问题可以转换为已知数据集 $\mathcal{D}$ 的最大化后验概率 $p(\theta\mid\mathcal{D})$ 问题：

$$\hat{\theta}=\arg\max_{\theta}p(\theta\mid D) \tag{2.71}$$

称 $\hat{\theta}$ 为 θ 的最大后验估计（MAximum Posterior Estimation，MAP）。根据贝叶斯定理：

$$p(\theta\mid\mathcal{D})=\frac{p(\mathcal{D}\mid\theta)p(\theta)}{p(\mathcal{D})} \tag{2.72}$$

由观测数据的独立性可得 $p(\mathcal{D}\mid\theta)=p(x_1,x_2,\cdots,x_n\mid\theta)=p(x_1\mid\theta)p(x_2\mid\theta)\cdots p(x_n\mid\theta)$。由于数据集合 $\mathcal{D}$ 已观测，即数据集合 $\mathcal{D}$ 出现的事件为确定性事件，因此 $p(\mathcal{D})$ 为一个常数 c，因此式（2.72）可以表示为

$$p(\theta\mid\mathcal{D})=\frac{p(x_1\mid\theta)p(x_2\mid\theta)\cdots p(x_n\mid\theta)p(\theta)}{c}=\frac{1}{c}\left(\prod_{i=1}^{n}p(x_i\mid\theta)\right)p(\theta) \tag{2.73}$$

根据 log 函数的单调性，上式等号两边取负对数函数，得到

$$-\log p(\theta\mid\mathcal{D})=-\sum_{i=1}^{n}\log p(x_i\mid\theta)-\log p(\theta)+\log c \tag{2.74}$$

因此，θ 的最大后验估计问题可以转换为

$$\hat{\theta}=\arg\min_{\theta}[-\log p(\theta\mid\mathcal{D})]=\arg\min_{\theta}\left[-\sum_{i=1}^{n}\log p(x_i\mid\theta)-\log p(\theta)\right] \tag{2.75}$$

2.3 优化

机器学习的模型求解问题大多可以形式化为最小化一个目标函数的优化问题，如最小二乘和线性规划问题，而优化是数据科学中几乎所有机器学习和统计技术的核心。作为机器学习的重要组成部分，随着数据量的指数增长和模型复杂性的增加，机器学习中的优化方法越来越重要。因此构建什么样的优化模型，选择什么样的优化算法，深刻地影响着机器学习性能的好坏。

2.3.1 导数和梯度

导数：向量 $\boldsymbol{a}\in\mathbb{R}^n$ 对标量 x 的导数（Derivative）定义为向量 $\boldsymbol{a}$ 的每一个分量对于 x 的导数，即

$$\frac{\partial \boldsymbol{a}}{\partial x}=\begin{pmatrix}\frac{\partial a_1}{\partial x}\\ \vdots \\ \frac{\partial a_n}{\partial x}\end{pmatrix}\in\mathbb{R}^n \tag{2.76}$$

同理，标量 x 对向量 $\boldsymbol{a}$ 的导数定义为 x 对向量 $\boldsymbol{a}$ 的每一个分量的导数，即

$$\frac{\partial x}{\partial \boldsymbol{a}}=\begin{pmatrix}\frac{\partial x}{\partial a_1}\\ \vdots \\ \frac{\partial x}{\partial a_n}\end{pmatrix}\in\mathbb{R}^n \tag{2.77}$$

类似地，矩阵 $\boldsymbol{A}\in\mathbb{R}^{m\times n}$ 对标量 x 的导数，以及标量 x 对矩阵 $\boldsymbol{A}$ 的导数分别为

$$\frac{\partial \boldsymbol{A}}{\partial x}=\begin{pmatrix}\frac{\partial a_{11}}{\partial x} & \frac{\partial a_{12}}{\partial x} & \cdots & \frac{\partial a_{1n}}{\partial x}\\ \vdots & \vdots & & \vdots \\ \frac{\partial a_{m1}}{\partial x} & \frac{\partial a_{m2}}{\partial x} & \cdots & \frac{\partial a_{mn}}{\partial x}\end{pmatrix}\in\mathbb{R}^{m\times n} \tag{2.78}$$

$$\frac{\partial x}{\partial \boldsymbol{A}}=\begin{pmatrix}\frac{\partial x}{\partial a_{11}} & \frac{\partial x}{\partial a_{12}} & \cdots & \frac{\partial x}{\partial a_{1n}}\\ \vdots & \vdots & & \vdots \\ \frac{\partial x}{\partial a_{m1}} & \frac{\partial x}{\partial a_{m2}} & \cdots & \frac{\partial x}{\partial a_{mn}}\end{pmatrix}\in\mathbb{R}^{m\times n} \tag{2.79}$$

向量和矩阵的导数满足以下性质：

$$\frac{\partial \boldsymbol{a}^{\mathrm{T}}\boldsymbol{x}}{\partial \boldsymbol{x}}=\frac{\partial \boldsymbol{x}^{\mathrm{T}}\boldsymbol{a}}{\partial \boldsymbol{x}}=\boldsymbol{a} \tag{2.80}$$

$$\frac{\partial \boldsymbol{AB}}{\partial \boldsymbol{x}}=\frac{\partial \boldsymbol{A}}{\partial \boldsymbol{x}}\boldsymbol{B}+\boldsymbol{A}\frac{\partial \boldsymbol{B}}{\partial \boldsymbol{x}} \tag{2.81}$$

$$\frac{\partial \boldsymbol{x}^{\mathrm{T}}\boldsymbol{A}\boldsymbol{x}}{\partial \boldsymbol{x}}=(\boldsymbol{A}+\boldsymbol{A}^{\mathrm{T}})\boldsymbol{x} \tag{2.82}$$

$$\frac{\partial \boldsymbol{a}^{\mathrm{T}}\boldsymbol{X}\boldsymbol{b}}{\partial \boldsymbol{X}}=\boldsymbol{a}^{\mathrm{T}}\boldsymbol{b} \tag{2.83}$$

$$\frac{\partial \boldsymbol{a}^{\mathrm{T}}\boldsymbol{X}^{\mathrm{T}}\boldsymbol{b}}{\partial \boldsymbol{X}}=\boldsymbol{b}^{\mathrm{T}}\boldsymbol{a} \tag{2.84}$$

$$\frac{\partial \boldsymbol{a}^{\mathrm{T}}\boldsymbol{X}^{\mathrm{T}}\boldsymbol{X}\boldsymbol{b}}{\partial \boldsymbol{X}}=\boldsymbol{X}(\boldsymbol{a}\boldsymbol{b}^{\mathrm{T}}+\boldsymbol{b}\boldsymbol{a}^{\mathrm{T}}) \tag{2.85}$$

梯度：对于函数 $f(\boldsymbol{x}):\mathbb{R}^n\to\mathbb{R}$，假设函数对变量 $\boldsymbol{x}$ 可导，则函数 $f(\boldsymbol{x})$ 在 $\boldsymbol{x}$ 处的一阶导数称为梯度（Gradient），记为 $\nabla f(\boldsymbol{x})\in\mathbb{R}^n$：

$$\nabla f(\boldsymbol{x})=\begin{pmatrix}\dfrac{\partial f(\boldsymbol{x})}{\partial x_1}\\ \vdots \\ \dfrac{\partial f(\boldsymbol{x})}{\partial x_n}\end{pmatrix} \tag{2.86}$$

$f(\boldsymbol{x})$ 关于 $\boldsymbol{x}$ 的二阶导数称为海森矩阵（Hessian Matrix），记为 $\nabla^2 f(\boldsymbol{x})\in\mathbb{R}^{n\times n}$：

$$\nabla^2 f(\boldsymbol{x})=\begin{pmatrix}\dfrac{\partial f(\boldsymbol{x})}{\partial x_1\partial x_1} & \dfrac{\partial f(\boldsymbol{x})}{\partial x_1\partial x_2} & \cdots & \dfrac{\partial f(\boldsymbol{x})}{\partial x_1\partial x_n}\\ \vdots & \vdots & & \vdots \\ \dfrac{\partial f(\boldsymbol{x})}{\partial x_n\partial x_1} & \dfrac{\partial f(\boldsymbol{x})}{\partial x_n\partial x_2} & \cdots & \dfrac{\partial f(\boldsymbol{x})}{\partial x_n\partial x_n}\end{pmatrix} \tag{2.87}$$

求导链式法则：若 $f(\boldsymbol{x})$ 是关于函数 g 和 h 的复合函数，即 $f(\boldsymbol{x})=g(h(\boldsymbol{x}))$，则求导链式法则（Chain Rule）是计算复合函数的导数的重要工具，即

$$\frac{\partial f(\boldsymbol{x})}{\partial \boldsymbol{x}}=\frac{\partial g(h(\boldsymbol{x}))}{\partial h(\boldsymbol{x})}\frac{\partial h(\boldsymbol{x})}{\partial \boldsymbol{x}} \tag{2.88}$$

例如，复合函数 $f(\boldsymbol{x})=(\boldsymbol{x}^{\mathrm{T}}\boldsymbol{x}-2\boldsymbol{x}^{\mathrm{T}}\boldsymbol{b}+4\boldsymbol{b}^{\mathrm{T}}\boldsymbol{b})^2$ 可表示为 $g(h(\boldsymbol{x}))=h(\boldsymbol{x})^2$，$h(\boldsymbol{x})=\boldsymbol{x}^{\mathrm{T}}\boldsymbol{x}-2\boldsymbol{x}^{\mathrm{T}}\boldsymbol{b}+4\boldsymbol{b}^{\mathrm{T}}\boldsymbol{b}$。根据求导链式法则：

$$\frac{\partial g(h(\boldsymbol{x}))}{\partial h(\boldsymbol{x})}=2(\boldsymbol{x}^{\mathrm{T}}\boldsymbol{x}-2\boldsymbol{x}^{\mathrm{T}}\boldsymbol{b}+4\boldsymbol{b}^{\mathrm{T}}\boldsymbol{b}) \tag{2.89}$$

$$\frac{\partial h(\boldsymbol{x})}{\partial \boldsymbol{x}}=2(\boldsymbol{x}-\boldsymbol{b}) \tag{2.90}$$

因此，复合函数 $f(\boldsymbol{x})$ 的导数为

$$\frac{\partial f(\boldsymbol{x})}{\partial \boldsymbol{x}}=\frac{\partial g(h(\boldsymbol{x}))}{\partial h(\boldsymbol{x})}\cdot\frac{\partial h(\boldsymbol{x})}{\partial \boldsymbol{x}}=4(\boldsymbol{x}^{\mathrm{T}}\boldsymbol{x}-2\boldsymbol{x}^{\mathrm{T}}\boldsymbol{b}+4\boldsymbol{b}^{\mathrm{T}}\boldsymbol{b})(\boldsymbol{x}-\boldsymbol{b}) \tag{2.91}$$

2.3.2 凸函数与梯度下降

凸函数：函数 $f(\boldsymbol{x}):\mathbb{R}^n\to\mathbb{R}$ 是凸函数（Convex Function）的条件是，当且仅当对于任意的 $\boldsymbol{x}_1$、$\boldsymbol{x}_2\in\mathbb{R}^n$ 和 $\alpha\in[0,1]$，有如下式子成立：

$$f(\alpha\boldsymbol{x}_1+(1-\alpha)\boldsymbol{x}_2)\leqslant\alpha f(\boldsymbol{x}_1)+(1-\alpha)f(\boldsymbol{x}_2) \tag{2.92}$$

凸函数的示意图如图 2-2 所示。为了方便演示和讨论，假设自变量为一维向量，即 $\boldsymbol{x}\in\mathbb{R}$。凸函数 $y=f(\boldsymbol{x})$ 在点 x_1 和点 x_2 处的函数值为 $f(x_1)$ 和 $f(x_2)$，为了不失一般性，这里假设

$x_1 \leqslant x_2$。点 $\alpha x_1+(1-\alpha)x_2$ 可以写成 $\alpha x_1+(1-\alpha)x_2=x_1+(1-\alpha)(x_2-x_1)$，因此点 $\alpha x_1+(1-\alpha)x_2$ 表示以 x_1 为起点，沿着 x_2 方向移动 $(1-\alpha)(x_2-x_1)$，该点的函数值为 $f(\alpha x_1+(1-\alpha)x_2)$。而 $y=\alpha f(x_1)+(1-\alpha)f(x_2)=f(x_1)+(1-\alpha)[f(x_2)-f(x_1)]$ 则表示函数值以 $f(x_1)$ 为起点，沿着 $f(x_2)$ 方向移动 $(1-\alpha)[f(x_2)-f(x_1)]$。由图 2-2 可知，函数值 $y=\alpha f(x_1)+(1-\alpha)f(x_2)$ 与 $f(\alpha x_1+(1-\alpha)x_2)$ 对比，显然满足 $f(\alpha x_1+(1-\alpha)x_2)\leqslant \alpha f(x_1)+(1-\alpha)f(x_2)$。

当凸函数 $f(x)$ 对变量 x 可微时，满足如下定理：

定理：若可微函数 $f(x):\mathbb{R}^n\rightarrow\mathbb{R}$ 是凸函数，则对于任意的 x_1、$x_2\in\mathbb{R}^n$，以下不等式成立：

$$f(x_2)-f(x_1)\geqslant\langle\nabla f(x_1),x_2-x_1\rangle \tag{2.93}$$

定理的示意图如图 2-3 所示。

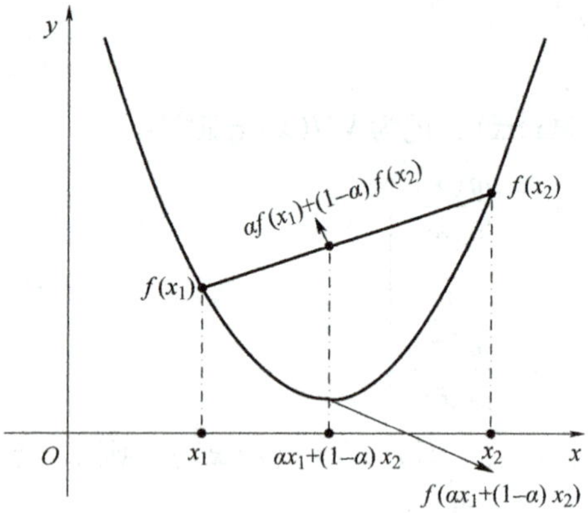

图 2-2　凸函数的示意图

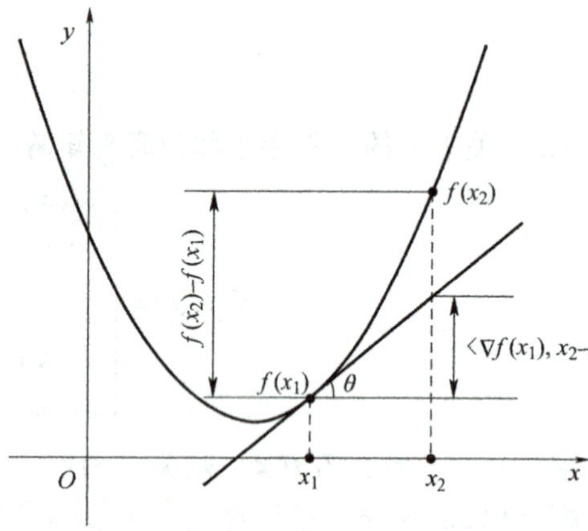

图 2-3　定理的示意图

在图 2-3 中，凸函数 $y=f(x)$ 在点 x_1 和点 x_2 处的函数值为 $f(x_1)$ 和 $f(x_2)$，为了不失一般性，这里假设 $x_1\leqslant x_2$ 且 $f(x_1)\leqslant f(x_2)$，图中左边双箭头的长度为 $f(x_2)-f(x_1)$。斜线与 x 轴的角度为 θ，并且该 θ 的 tan 值表示函数 $y=f(x)$ 在 $x=x_1$ 处的导数（一维情况下称为斜率），即 $\tan\theta=\nabla f(x_1)$。假设图右边双箭头的长度为 L，根据三角函数关系得 $\tan\theta=L/(x_2-x_1)$，因此 $L=\nabla f(x_1)(x_2-x_1)$。显然左边双箭头的长度大于右边双箭头的长度，即 $f(x_2)-f(x_1)\geqslant\langle\nabla f(x_1),x_2-x_1\rangle$。

费马定理（Fermat's Theorem）：对于可微函数 $f(\boldsymbol{x}):\mathbb{R}^n\rightarrow\mathbb{R}$，如果 f 存在一个局部最优值 $\boldsymbol{x}^*$，即对于 $\varepsilon>0$，$\boldsymbol{x}^*$ 附近的点 $\boldsymbol{x}$ 满足 $\|\boldsymbol{x}-\boldsymbol{x}^*\|\leqslant\varepsilon$，$f(\boldsymbol{x})\geqslant f(\boldsymbol{x}^*)$，则函数 $f(\boldsymbol{x})$ 在 $\boldsymbol{x}^*$ 处的梯度为零，即 $\nabla f(\boldsymbol{x}^*)=\boldsymbol{0}$。

由费马定理可知，当可导函数 $f(\boldsymbol{x}):\mathbb{R}^n\rightarrow\mathbb{R}$ 为凸函数时，$f(\boldsymbol{x})$ 存在一个全局最优值 $\boldsymbol{x}^*$，即对于任意的 $\boldsymbol{x}\in\mathbb{R}^n$，$f(\boldsymbol{x})\geqslant f(\boldsymbol{x}^*)$ 成立，则函数 $f(\boldsymbol{x})$ 在 $\boldsymbol{x}^*$ 处的梯度为零，即 $\nabla f(\boldsymbol{x}^*)=\boldsymbol{0}$。

梯度下降法：梯度下降法（Gradient Descent）是一种通用的一阶（First-Order）优化方法，是用于求解无约束优化问题最小值的数值逼近方法。考虑无约束优化问题 $\min_x f(\boldsymbol{x})$，其中，$f(\boldsymbol{x})$ 为连续（Smooth）可微函数。为了解决这个最优化问题，可以构造一个序列 $\{\boldsymbol{x}_k\}_{k=0}^{\infty}$，使其满足

$$f(\boldsymbol{x}_{k+1})\leqslant f(\boldsymbol{x}_k) \tag{2.94}$$

则不断应用该过程直至收敛到局部最优点。记 $\Delta\boldsymbol{x}_k=\boldsymbol{x}_{k+1}-\boldsymbol{x}_k$，$f(\boldsymbol{x})$ 为连续可微函数，根据一阶泰勒展开（Taylor Expansion）：

$$f(\boldsymbol{x}_{k+1})=f(\boldsymbol{x}_k+\Delta\boldsymbol{x}_k)=f(\boldsymbol{x}_k)+\langle\nabla f(\boldsymbol{x}_k),\Delta\boldsymbol{x}_k\rangle+o(\|\Delta\boldsymbol{x}_k\|) \tag{2.95}$$

其中，$o(\,)$为无穷小余量。欲满足$f(\boldsymbol{x}_{k+1})\leqslant f(\boldsymbol{x}_k)$，即 $\langle\nabla f(\boldsymbol{x}_k),\Delta\boldsymbol{x}_k\rangle+o(\|\Delta\boldsymbol{x}_k\|)\leqslant 0$，则可选择

$$\Delta\boldsymbol{x}_k=-\eta\nabla f(\boldsymbol{x}_k) \tag{2.96}$$

使得 $\langle\nabla f(\boldsymbol{x}_k),\Delta\boldsymbol{x}_k\rangle=-\eta\|\nabla f(\boldsymbol{x}_k)\|^2\leqslant 0$，其中，$\eta>0$ 称为步长（Step Size）。这种构造序列的方式为

$$\boldsymbol{x}_{k+1}=\boldsymbol{x}_k-\eta\nabla f(\boldsymbol{x}_k) \tag{2.97}$$

称为梯度下降法。当目标函数$f(\boldsymbol{x})$ 为凸函数时，选择合适的步长，梯度下降过程可收敛到全局最优点。

2.4 Python 编程基础

Python 语言与其他计算机语言（如 C、C#和 Java）有相似之处，但也存在差异，本节将介绍 Python 编程语言的基础知识。

2.4.1 Python 语法基础

1. 语法规则

1）标识符。标识符由字母、数字、下画线组成，区分大小写，不能以数字开头。以下画线开头的标识符有特殊含义。以单下画线开头的标识符（_foo）代表不能直接访问的类属性，以双下画线开头的标识符（__foo）代表类的私有成员；以双下画线开头和结尾的标识符（__foo__）代表 Python 中的特殊方法专用的标识，如__init__()代表类的构造函数。

2）缩进。Python 的代码块不使用大括号来控制类、函数以及其他逻辑判断，而是使用缩进来实现代码分组。通常用四个空格来进行缩进，示例代码如下：

```
a,b=1,2
if a>b:
    x=a
else:
    x=b
print(x)
```

运行结果为：

```
2
```

3）注释。Python 中的单行注释符为#，多行注释使用三个单引号（'''）或三个双引号（"""），示例代码如下：

```
"""
三个双引号注释
(可以换行)
"""
"一个双引号注释(不能换行)"
def my_abs(x):# 绝对值函数
    if x >=0:
        return(x)
    else:
        return(-x)
```

4）一条语句分多行显示。Python 语句中一般以换行作为语句的结束符。但是可以使用斜杠“\”将一行的语句分为多行显示，如果有 {}、[ ]、( ) 跨行，则可以不使用\，代码示例如下：

```
a=1+2+3+4+5+6+7+\
  7+8+9+10
b=[1,2,3,4,
  5,6,7,8]
```


Python 也可以在同一行中使用多条语句，语句之间使用分号分隔。

2. 输入/输出

Python 输出可以直接用 print( ) 函数（Python 3. x 中，print( ) 为内置函数），示例代码如下：

```
print("Hello,Python.")
x=1234
print(x)                          # 直接打印输出变量
y=5678
print('x=%d,y=%d'%(x,y))          # 格式化输出
```

代码运行结果为：

```
Hello,Python.
1234
x=1234,y=5678
```

Python 3. x 中，input( ) 函数接收一个标准输入数据，返回值为 string 类型，示例代码如下：

```
height=float(input('请输入你的身高(单位:米):'))
print('你的身高是:%f 米'%height)
```

代码执行到第一行的时候，程序等待用户输入，若用户输入1.7，则代码运行结果为：

```
你的身高是:1.700000米
```

3. 基本变量类型

变量就是存储在内存中的值。在创建变量时，解释器会分配内存，并决定什么数据可以被存储在内存中。Python语言中，变量不需要声明，但在使用前必须赋值，解释器会根据赋值自动指定变量类型。变量用“=”号进行赋值，“=”号左边为变量名，右边为存储在变量中的值。变量赋值以后，该变量才会被创建，示例代码如下：

```
message  ="Hello world"  # 将字符串"Hello world"赋值给变量 message
a=1                      # 将整型数据 1 赋值给变量 a
b=1.234                  # 将浮点型数据 1.234 赋值给变量 b
Max_CONNECTIONS=5000     # 将整型数据 5000 赋值给常量 Max_CONNECTIONS
```

由于Python没有内置的常量类型，因此Python程序员默认用全大写来指出某个变量为常量，在编程过程中不去改变它的值。

Python还可以用一条语句对多个变量进行赋值，示例代码如下：

```
a,b,c,d=20,5.5,True,4+3j
print(type(a),type(b),type(c),type(d))
```

代码运行结果为：

```
<class 'int'><class 'float'><class 'bool'><class 'complex'>
```

Python 3中的标准数据类型有六种：数字（number）、字符串（string）、列表（list）、元组（tuple）、集合（set）、字典（dictionary）。其中，数字（number）、字符串（string）、元组（tuple）不可变；列表（list）、字典（dictionary）、集合（set）可变。

数字（number）类型中，Python 3支持int、float、bool、complex（复数）类型，解释器会根据值来自动匹配具体的类型（Type），示例代码如下：

```
a,b,c,d=20,5.5,True,4+3j
print(type(a),type(b),type(c),type(d))
```

运行结果为：

```
<class 'int'><class 'float'><class 'bool'><class 'complex'>
```

4. 字符串（string）

字符串或串（string）是由数字、字母、下画线组成的一串字符。在Python中，用引号括起的都是字符串，引号可以是双引号，也可以是单引号。Python中，string也是一种对象类型，有内部的方法和属性可以调用。

字符串常用的方法示例代码如下：

```
name="hou yueen"
lower_name=name.lower()
upper_name=name.upper()
title_name=name.title()
print(f"lower_name is {lower_name},upper_name is {upper_name},\
    title_name is {title_name}")
```

代码运行结果为：

```
lower_name is hou yueen,upper_name is HOU YUEEN,title_name is Hou Yueen
```

5. 有序数据结构：列表（list）、元组（tuple）

列表是有序集合，列表中可以存放任意变量，没有类型限制。列表通常有多个元素，由方括号“[ ]”表示列表，示例代码如下：


```
list1=[1,'python',3,3.14]
print(f"list1[0] is:{list1[0]}")
list1[0]='new'
print(f"Now,list1 is:{list1}")
```

代码运行结果为：

```
list1[0] is:1
Now,list1 is:['new','python',3,3.14]
```

列表内置了一些方法可以调用。append()方法可在列表后面添加元素；pop()方法可删除列表的最后一个元素；sort()方法可对列表进行永久的修改排序。另外，还可以使用冒号“:”对列表进行切片操作，示例代码如下：

```
bicycles=["trek","connondale","redline","specialized"]
bicycles.append("giant")
print(f"appended bicycles is:{bicycles}")
bicycles.pop()
print(f"popped bicycles is:{bicycles}")
bicycles.sort()
print(f"sorted bicycles is:{bicycles}")
print(f"bicycles[1:3] is f{bicycles[1:3]}")
```

运行结果为：

```
appended bicycles is:['trek','connondale','redline','specialized','giant']
popped bicycles is:['trek','connondale','redline','specialized']
sorted bicycles is:['connondale','redline','specialized','trek']
bicycles[1:3] is f['redline','specialized']
```

元组（tuple）是有序集合，是不可变的，但进行组合和复制运算后会生成一个新的元组，示例代码如下：

```
1  tuple_var1=(1,3,5,'xyz')
2  tuple_var2=(3,4,5)
3  tuple_var3=tuple_var1+tuple_var2
4  print(f"tuple_var3 is:{tuple_var3}")
5  tuple_var1[1]=3
```

上述 1~4 行代码的运行没有问题，但第 5 行试图改变 tuple_var1 的值，就会报错，因为元组（tuple）类型一旦声明，就不可以改变。代码运行结果为（第 3 行开始的报错信息会因代码运行环境有所不同）：

```
1  tuple_var3 is:(1,3,5,'xyz',3,4,5)
2  ---------------------------------------------------------------------------
3  TypeError                                 Traceback(most recent call last)
4  d:\LocalDocs\ai_textbook_demos\demos\Chap02\chap02_Python_tutorial.ipynb Cell 62 in<cell line:5>()
5        3 tuple_var3=tuple_var1+tuple_var2
6        4 print(f"tuple_var3 is:{tuple_var3}")
7  ---->5 tuple_var1[1]=3
8  TypeError:'tuple'object does not support item assignment
```

6. 无序数据结构：集合（set）、字典（dict）

集合是一个无序不重复元素的集，基本功能包括关系运算和消除重复元素。集合的基本形式如{'apple','orange','banana'}。集合是无序的，因此用户无法确定项目的显示顺序，但可以通过 for 循环来遍历一个集合。不同的集合之间可以进行交（&）、并（|）、差（-）、对称差集（^）等运算，示例代码如下：

```
set_var1={"apple","banana","cherry"}
set_var1.add("grape")
set_var2={"apple","banana","orange"}
set_var3=set_var1 & set_var2
set_var4=set_var1 | set_var2
```

```
print(f"set_var1 is:{set_var1}")
print(f"set_var2 is:{set_var2}")
print(f"set_var3 is:{set_var3}")
print(f"set_var4 is:{set_var4}")
```

代码运行结果为：

```
set_var1 is:{'banana','cherry','apple','grape'}
set_var2 is:{'orange','banana','apple'}
set_var3 is:{'banana','apple'}
set_var4 is:{'orange','grape','banana','cherry','apple'}
```

字典是一系列键值对，每个键都与一个值相关联，可以使用键来访问其相关联的值。与键相关联的值可以是整数、浮点数、列表、字典等任意 Python 对象。字典用放在花括号“{}”中的键值对来表示，键和值用冒号“:”分开，键值对之间用逗号“,”分开，示例代码如下：

```
dict_var={"color":"red","points":5}
print(f"dict_var[\'color\'] is:{dict_var['color']}.")
```


代码运行结果为：

```
dict_var['color'] is:red.
```

为字典添加键值对与修改字典中已有键的值的方法类似；另外，可以使用 del 语句删除字典中的键值对，示例代码如下：

```
dict_var={"color":"red","points":5}
print(f"old dict_var is:{dict_var}")
dict_var['color']='blue'
dict_var['x_point']=100
print(f"new dict_var is:{dict_var}")
del dict_var['points']
print(f"dict_var deleted is:{dict_var}")
```

代码运行结果为：

```
old dict_var is:{'color':'red','points':5}
new dict_var is:{'color':'blue','points':5,'x_point':100}
dict_var deleted is:{'color':'blue','x_point':100}
```

使用 get()方法访问字典中某个键的值时，还可以指定被访问的字典中不存在该键时的返回内容，示例代码如下：

```
dict_var={"color":"red","points":5,"x_point":100,"y_point":50}
color=dict_var.get("color","No color value assigned.")
z_point=dict_var.get("z_point","No z_point value assigned.")
print(color)
print(z_point)
```

代码运行结果为：

```
red
No z_point value assigned.
```

可以使用 for 循环来遍历字典，示例代码如下：

```
dict_var={"color":"red","points":5,"x_point":100,"y_point":50}
for k,v in dict_var.items():
    print(f"key is:{k},value is:{v}.")
```

代码运行结果如下：

```
key is:color,value is:red.
key is:points,value is:5.
key is:x_point,value is:100.
key is:y_point,value is:50.
```

7. 条件语句 if

在编程过程中，通常需要通过对一些条件进行判断，进而决定程序执行符合条件的相应语句。和其他语言一样，Python 的 if 语句可以检查程序当前的状态，并采取相应的措施。

if 语句一般有 if 结构、if-else 结构、if-elif-else 结构三种，示例代码如下：

```
age=int(input("input your age please:"))
if age<2:
    print("You are a baby")
elif age<12:
    print("You are a kid")
elif age<30:
    print("You are a young people")
elif age<60:
    print("You are a middle-aged people")
else:
    print("You are an old people")
```

运行上面的代码，若第 1 行的 input( ) 函数执行时输入 10，则代码运行结果为：

```
You are a kid
```

if 后面是条件判断语句，如果是 True，则执行 if 后面的语句块，如果是 False，则跳过 if 后面的语句块，对 elif 进行判断，如上例中的三个 elif 都为 False，则执行 else 后面的语句块。这里需要注意的是，无论是 if 还是 elif，后面都不能跟赋值语句（如 if a=1:），否则解释器会报错。

8. 循环语句 for、while

Python 中，for 循环用于迭代序列（即列表、元组、字典、集合或字符串）。这与其他编程语言中的 for 关键字不太相似，而更像其他面向对象编程语言中的迭代器方法。通过使用 for 循环，人们可以为列表、元组、集合中的每个项目执行一组语句，示例代码如下：

```
fruits=["apple","banana","cherry"]
for x in fruits:
    print(x)
    if x=="banana":
        break
```


上例中，依次取出列表 fruits 中的元素并打印，当取到字符串 “banana” 时，则执行 break 语句，即退出 for 循环。如果没有取到字符串 “banana”，则在取完列表 fruits 中的所有元素后退出 for 循环。因此，代码运行结果为：

```
apple
banana
```

如果需要循环一组代码指定的次数，则可以使用 range( ) 函数。range( ) 函数返回一个数字序列，默认情况下从 0 开始，并递增 1（默认），且以指定的数字结束，示例代码如下：

```
for i in range(3):
    print(i)
```

代码运行结果为：

```
0
1
2
```

for 循环将对集合中的每个元素都执行一个代码块，当遍历完所有元素后将退出循环，而 while 循环则一直运行，直到指定的条件不满足为止，示例代码如下：

```
number=0
while number<3:
```

```
number+=1
print(number)
```

代码运行结果为：

```
1
2
3
```

由于本书篇幅有限，只能对 Python 的基本数据类型、基本语法进行概要介绍。关于 Python 更全面的知识，读者可在 Python 官网（https://docs.python.org/3/）学习。官方文档主要包括如何安装 Python、入门手册、标准库和如何发布代码等。

2.4.2 Python 运算符

1. 算术运算符

算术运算即数学运算，Python 通过算术运算符对数字或变量等进行数学运算，如加、减、乘、除对应的算术运算符分别为+、-、*、/。Python 常用的算术运算符见表 2-1。

表 2-1 Python 常用的算术运算符

运算符	说明	实例	结果
+	加	12.45+15	27.45
-	减	4.56-0.26	4.3
*	乘	5*3.6	18.0
/	除法（和数学中的规则一样）	7/2	3.5
//	整除（只保留商的整数部分）	7//2	3
%	取余，即返回除法的余数	7 % 2	1
**	幂（次方）运算，即返回 x 的 y 次方	2**4	16，即 2^4

除使用算术运算符外，还可以引用 Python 的 math 包中的函数进行算术运算，示例代码如下：

```
result1=1+(100-20)/4+5*2              # 四则运算
print("result1=",result1)

import math
from math import pi                   # 引入常量 pi
result2=math.sin(pi/2)                # 三角函数
print("result2=",result2)
```

运行结果如下：

```
result1=31.0
result2=1.0
```

2. 赋值运算符

赋值运算符用来把右侧的值传递给左侧的变量（或者常量），可以直接将右侧的值交给左侧的变量，也可以进行某些运算后再交给左侧的变量，如加、减、乘、除，函数调用，逻辑运算等。

Python 中最基本的赋值运算符是“=”，结合其他运算符，“=”还能扩展出更强大的赋值运算符，见表 2-2。

表 2-2　扩展赋值运算符

运算符	说明	用法举例	等价形式
=	最基本的赋值运算	x=y	x=y
+=	加赋值	x+=y	x=x+y
-=	减赋值	x-=y	x=x-y
*=	乘赋值	x*=y	x=x*y
/=	除赋值	x/=y	x=x/y
%=	取余数赋值	x%=y	x=x%y
**=	幂赋值	x**=y	x=x**y
//=	取整数赋值	x//=y	x=x//y
&=	按位与赋值	x&=y	x=x&y
|=	按位或赋值	x|=y	x=x|y
^=	按位异或赋值	x^=y	x=x^y
<<=	左移赋值	x<<=y	x=x<<y，这里的 y 指的是左移的位数
>>=	右移赋值	x>>=y	x=x>>y，这里的 y 指的是右移的位数

赋值运算符的代码示例如下：

```
val1_int=100
val2_f=25.5
val1_int-=80              # 等价于 n1=n1-80
val2_f *=val1_int-10      # 等价于 f1=f1*(n1-10)
print("val1_int=%d" % val1_int)
print("val2_f=%.2f" % val2_f)
```

运行结果如下：

```
val1_int=20
val2_f=255.00
```

3. 位运算符

Python 位运算按照数据在内存中的二进制位（Bit）进行操作，它一般用于底层开发（如算法设计、驱动、图像处理、单片机等），在应用层开发（如 Web 开发、Linux 运维等）中并不常见。Python 位运算符只能用来操作整数类型，它按照整数在内存中的二进制形式进行计算。Python 支持的位运算符见表 2-3。

表 2-3 Python 支持的位运算符

位运算符	说明	使用形式	举例
&	按位与	a&b	4&5
|	按位或	a | b	4 | 5
^	按位异或	a^b	4^5
~	按位取反	~a	~4
<<	按位左移	a<<b	4<<2，表示整数 4 按位左移 2 位
>>	按位右移	a>>b	4>>2，表示整数 4 按位右移 2 位

位运算的示例代码如下：

```
result=9|5
print("9|5=",result)
```

代码运行结果如下：

```
9|5=13
```

9 和 5 按位或运算（即 9|5）的运算如图 2-4 所示。

```
  0000 0000 0000 0000 0000 0000 0000 1001 (9在内存中的存储)
| 0000 0000 0000 0000 0000 0000 0000 0101 (5在内存中的存储)
= 0000 0000 0000 0000 0000 0000 0000 1101 (13在内存中的存储)
```

图 2-4 9 和 5 按位或的运算

4. 比较运算符

比较运算符也称为关系运算符，用于对常量、变量或表达式的结果进行大小比较。如果这种比较是成立的，则返回 True（真），反之则返回 False（假）。Python 支持的比较运算符见表 2-4。

表 2-4 Python 支持的比较运算符

比较运算符	说明
>	大于，如果>前面的值大于后面的值，则返回 True，否则返回 False
<	小于，如果<前面的值小于后面的值，则返回 True，否则返回 False
==	等于，如果==两边的值相等，则返回 True，否则返回 False

（续）

比较运算符	说明
>=	大于或等于（等价于数学中的 ≥），如果>=前面的值大于或等于后面的值，则返回 True，否则返回 False
<=	小于或等于（等价于数学中的 ≤），如果<=前面的值小于或等于后面的值，则返回 True，否则返回 False
!=	不等于（等价于数学中的 ≠），如果!=两边的值不相等，则返回 True，否则返回 False
is	判断两个变量所引用的对象是否相同，如果相同则返回 True，否则返回 False
is not	判断两个变量所引用的对象是否不相同，如果不相同则返回 True，否则返回 False

比较运算的示例代码如下：

```
print("89 是否大于 100:",89 > 100)
print("24 * 5 是否大于等于 76:",24 * 5 >=76)
print("86.5 是否等于 86.5:",86.5==86.5)
print("34 是否等于 34.0:",34==34.0)
print("False 是否小于 True:",False<True)
print("True 是否等于 True:",True<True)
```


代码运行结果如下：

```
89 是否大于 100:False
24 * 5 是否大于等于 76:True
86.5 是否等于 86.5:True
34 是否等于 34.0:True
False 是否小于 True:True
True 是否等于 True:False
```

5. 逻辑运算符

Python 逻辑运算符一般用于对布尔型变量进行运算，其结果也是布尔型的（注意：若逻辑运算用于非布尔型变量，那么得到的结果也可能是非布尔型的），只有 and、or、not 三种，见表 2-5。

表 2-5 Python 支持的逻辑运算符

逻辑运算符	含义	基本格式	说明
and	逻辑与运算，等价于数学中的“且”	a and b	当 a 和 b 两个表达式都为真时，a and b 的结果才为真，否则为假
or	逻辑或运算，等价于数学中的“或”	a or b	当 a 和 b 两个表达式都为假时，a or b 的结果才是假，否则为真
not	逻辑非运算，等价于数学中的“非”	not a	如果 a 为真，那么 not a 的结果为假；如果 a 为假，那么 not a 的结果为真。相当于对 a 取反

逻辑运算的示例代码如下：

```
print(2>0 and 3<0 or 3<0)
print(2>0 or 3<0 and 3<0)
print(('test'=='Test')or 1!=1.0 and 2==2.0)
```

代码运行结果如下：

```
False
True
False
```

6. 三目运算符

Python 使用 if else 实现三目运算符（条件运算符）的格式为“exp1 **if** condition **else** exp2”。其中，condition 是判断条件，exp1 和 exp2 是两个表达式。如果 condition 成立（结果为真），则执行 exp1，并把 exp1 的结果作为整个表达式的结果；如果 condition 不成立（结果为假），则执行 exp2，并把 exp2 的结果作为整个表达式的结果。

三目运算符的示例代码如下：

```
a=3
b=4
max=a if a>b else b
print("max=",max)
```

示例代码运行结果为：

```
max=4
```

7. 运算符优先级和结合性

当多个运算符同时出现在一个表达式中时，先执行哪个运算符由运算符的优先级决定。Python 支持的运算符有几十种之多，被划分成将近二十个优先级，有些运算符优先级不同，有些运算符优先级相同。一个表达式中有多个优先级时，按优先级从高到低执行。如果优先级相同，则大多数服从左结合性（即相同优先级的运算符从左到右依次执行）。但也有例外，如乘方（**）运算符、单目运算符（如逻辑非运算（not））等服从右结合性。运算符优先级从高到低排列见表 2-6。

表 2-6　Python 运算符优先级从高到低排列

运算符说明	Python 运算符	优先级	结合性
小括号	( )	19	无
索引运算符	x[i] 或 x[i1:i2[:i3]]	18	左
属性访问	x. attribute	17	左

(续)

运算符说明	Python 运算符	优先级	结合性
乘方	**	16	右
按位取反	~	15	右
符号运算符	+（正号）、-（负号）	14	右
乘除	*、/、//、%	13	左
加减	+、-	12	左
位移	>>、<<	11	左
按位与	&	10	右
按位异或	^	9	左
按位或	|	8	左
比较运算符	==、!=、>、>=、<、<=	7	左
is 运算符	is、is not	6	左
in 运算符	in、not in	5	左
逻辑非	not	4	右
逻辑与	and	3	左
逻辑或	or	2	左
逗号运算符	exp1，exp2	1	左

运算符优先级的代码示例如下：

```
result1=4+4<<2
result2=(4+4)<<2
result3=4+(4<<2)
print("result1=",result1)
print("result2=",result2)
print("result3=",result3)
```

代码运行结果为：

```
result1=32
result2=32
result3=20
```

由于“+”运算符的优先级高于位移运算符“≪”，所以 4+4≪2 与（4+4)≪2 的运行结果相同。如果想要先做位移运算，再做加运算，则需要将位移表达式用（）包裹，即 4+(4≪2)。

2.4.3 Python 函数和类

1. 函数

像 C 语言一样，函数是带名字的代码块，用于完成具体的任务。要执行函数定义的特定任务，可调用函数。使用函数的好处是：如果需要在程序中反复执行同一项任务，那么无须反复编写该任务的代码，只需要调用该函数即可。这样可使代码更具可读性、可修复性，让主程序文件的组织更有序。

Python 中，函数的应用非常广泛。前面已经接触过多个函数，如 input( )、print( )、range( )等，这些都是 Python 的内置函数，可以直接使用。Python 还支持自定义函数，即将一段有规律的、可重复使用的代码定义成函数，从而达到一次编写、多次调用的目的。

在 Python 中定义函数需要用 def 关键字，语法格式如下：

```
def 函数名(参数列表):
    //实现特定功能的多行代码
    [return [返回值]]
```

其中，用［］括起来的部分为可选择部分，即可以使用，也可以省略。此格式中，各部分参数的含义为：**函数名**其实就是一个符合 Python 语法的标识符，但不建议读者使用 a、b、c 这类简单的标识符作为函数名，函数名最好能够体现该函数的功能；**参数列表**设置该函数可以接收多少个参数，多个参数之间用逗号“,”分隔；**[return [返回值]]** 整体作为函数的可选参数，用于设置该函数的返回值，也就是说，一个函数可以有返回值，也可以没有返回值，是否需要应根据实际情况而定。

注意，在创建函数时，即使函数不需要参数，也必须保留一对空的“( )”，否则 Python 解释器将提示“invaild syntax”错误。另外，如果想定义一个没有任何功能的空函数，则可以使用 pass 语句作为占位符。

Python 函数中的参数可分为位置参数、关键字参数和可变长度参数。在定义函数时不需要指定参数的类型，形参的类型完全由调用者传递的实参类型通过解释器来决定。

位置参数：在定义函数时指定形参的位置和数量，在调用函数时，传入的实参必须和形参的位置、数量保持一致（传多传少都不行）。

关键字参数：在定义函数时为形参设置默认值，在调用函数时，可以不用为设置了默认值的形参传值，此时函数会直接使用默认值。需要注意的是，关键字参数必须全部出现在位置参数的右侧，且任何一个关键字参数右侧都不能出现位置参数，否则程序将报错。

既含有位置参数又含有关键字参数的函数定义代码示例如下：

```
def hello_user(first_name,last_name,middle_name=""):
    print(f"Hello {first_name.title()}{middle_name.title()}{last_name.title()}")
```

对于 hello_user( )函数，可以只传入前两个位置参数，而第三个参数就是关键字参数且默为空字符串。调用 hello_user( )函数的代码示例如下：

```
hello_user("william ","clinton ")                 #位置参数
hello_user("william ","clinton ","jafferson")     #位置参数+关键字参数
hello_user("William ","Clinton ",middle_name="Jafferson")
```

代码运行结果如下：

```
Hello William Clinton
Hello William JaffersonClinton
Hello William JaffersonClinton
```

Python 函数还支持可变长度参数。可变长度参数主要有两种形式，即 * parameter 和 ** parameter。前者用来接收多个位置参数并将其放在一个元组中，后者接收多个关键字参数并将其放入字典中。

定义一个 * parameter 形式的可变长度参数函数，并且进行调用，代码示例如下：

```
def demo(*p):
    print(p)

demo(1,2,3,4,5,6)
```

代码运行结果如下：

```
(1,2,3,4,5,6)
```


参数为 ** parameter 形式的函数定义与调用，示例代码如下：

```
def demo(**p):
print(p)

demo(x=1,y=2,z=3)
```

代码运行结果如下：

```
{'x':1,'y':2,'z':3}
```

可见，这些关键字参数被封装成了一个字典传入函数中。

此外，很多函数都需要通过 return 语句返回执行结果。return 语句用来从一个函数中返回结果并结束函数的执行，不论 return 语句出现在函数中的哪个位置，一旦执行到了 return 语句，都将结束函数的运行并返回结果。如果函数在结束前没有执行到 return 语句，函数将返回空值。

2. 类和对象

在面向对象的编程思想中，程序被看成一系列对象的相互作用。在面向对象的编程中，基本的封装形式是类。设计类的基本要点是关系（Relation）、属性（Property）、方法（Method）。类和类之间常用的方法包括继承关系、包含关系、使用关系。

与面向对象编程相关的基本术语包括类（class）、抽象数据结构、数据和算法的封装等。如定义一个类“狗”（Dog）；对象（Object），即类的实例，如 dog 类的一个实例为名叫点点的小黑狗；属性，即和对象关联的数据部分，如体重（Weight）、品种（Breed）；方法，即和对象关联的算法部分，如run()、eat()、bark()等。

面向对象编程的优点主要有两方面：容易封装和使用，容易扩展（继承、多态）。

Python语言完全采用面向对象的程序设计思想，是真正面向对象的高级语言，完全支持面向对象的基本功能，如封装、继承、多态以及对基类方法的覆盖或重写。

Python使用class关键字定义类，这里通过一个Dog类来说明。Dog类定义的示例代码如下：

```
class Dog(object):
    #__init__为构造函数
    def __init__(self,name,weight,breed,age):
        self.name=name
        self.weight=weight
        self.breed=breed

        #__age为私有属性
        self.__age=age

    def run(self):
        print('%s is running...'%(self.name))

    def bark(self):
        print('Bowwow,Bowwow,Bowwow...')

    def eat(self,food):
        print('%s is eating %s...'%(self.name,food))

    def sleep(self):
        print('Zzz...Zzz...Zzz...')

    #__think()为私有方法
    def __think(self):
        print('I feel myself a hero and very handsome !')

    #bark公有方法可以调用私有方法__think()
    def bark(self,sound='Woof!'):
        self.__think()
        print(sound)
```

上例定义了一个 Dog 类，在定义类名时，通常首字母大写，这是一种推荐的命名习惯。类的所有方法至少有一个名为 self 的参数，且必须是方法的第一个参数。一般情况下，把类中的函数称为方法。__init__()方法是一个特殊方法，当创建类的对象时，该方法将被自动执行。

使用类时，首先要实例化一个对象，然后才能通过这个对象调用其共有的方法或属性来获得想要的运行结果。示例化一个 Dog 类并使用的示例代码如下：

```
snoopy=Dog('snoopy',3,'Husky',4)#实例化一个对象
#调用公有属性和公有方法
snoopy.breed
snoopy.run()
snoopy.bark()
snoopy.eat('meat')
snoopy.sleep()
snoopy.bark()
```

代码运行结果为：


```
snoopy is running...
I feel myself a hero and very handsome !
Woof!
snoopy is eating meat...
Zzz...Zzz...Zzz...
I feel myself a hero and veryhandsome !
Woof!
```

编写类时，并非总要从空白开始，如果需要编写的类是另一个现成类的特殊版本，则可以使用类的继承。一个类继承另一个类时，可以获得另一个类所有的属性和方法，被继承的类称为父类，新的类称为子类。在继承父类属性和方法的同时，子类还可以重写父类的方法和定义自己独有的属性和方法。

例如，在 Dog 类的基础上再定义一个 BullDog 类，BullDog 类继承自 Dog 类，示例代码如下：

```
class BullDog(Dog):
  def bark(self,sound="Grr!"):
    print(sound)
```

实例化一个 BullDog 对象并调用 bark()方法的示例代码如下：

```
SnoopyBullDog=BullDog('snoopy',3,'Husky',4)
SnoopyBullDog.bark()
```

代码运行结果为：

```
1   Grr!
```

2.4.4 常用的 Python 包简介

1. NumPy

NumPy（Numerical Python）是 Python 语言的一个扩展程序库，支持大量的维度数组与矩阵运算；此外也针对数组运算提供了大量的数学函数库。它的前身 Numeric 最早由 Jim Hugunin 与其他协作者共同开发。2005 年，Travis Oliphant 在 Numeric 中结合了另一个同性质的程序库（Numarray）的特色，并加入了其他扩展而开发了 NumPy。NumPy 作为开放源代码由许多协作者共同维护开发。

NumPy 是一个运行速度非常快的数学函数库，主要用于数组计算，包含广播功能函数、整合 C/C++/Fortran 代码的工具和线性代数、傅里叶变换、随机数生成等功能。NumPy 具有强大的数组处理与矩阵运算能力。除此之外，NumPy 还内置了大量函数，方便用户快速构建数学模型。NumPy 通常与 SciPy（Scientific Python）和 Matplotlib（绘图库）一起使用，这种组合广泛用于替代 MATLAB，有助于用户通过 Python 学习数据科学或者机器学习。

2. Matplotlib 数据绘图

Matplotlib 是一个 Python 2D 绘图库，它能以多种硬拷贝格式和跨平台的交互式环境生成出版物质量的图形。Matplotlib 可用于 Python 脚本、Python 和 IPython（opens new window）Shell、Jupyter 笔记本、Web 应用程序服务器和四个图形用户界面工具包。

Matplotlib 尝试使容易的事情变得更容易，使困难的事情变得成为可能。如只需几行代码就可以生成图表、直方图、功率谱、条形图、误差图、散点图等。为了简单绘图，其 pyplot 模块提供了类似于 MATLAB 的界面，尤其是与 IPython 结合使用时。对于高级用户，可以通过面向对象的界面或 MATLAB 的功能来完全控制线型、字体属性、轴属性等。

3. Pandas

Pandas 是 Python 语言的一个扩展程序库，用于数据分析。它是一个开放源代码、BSD 许可的库，提供高性能、易于使用的数据结构和数据分析工具。Pandas 的名字衍生自术语 “Panel Data”（面板数据）和 “Python Data Analysis”（Python 数据分析）。Pandas 是一个强大的分析结构化数据的工具集，基础是 NumPy（提供高性能的矩阵运算）。它可以从各种文件格式中（如 CSV、JSON、SQL、Microsoft Excel）导入数据。Pandas 可以对各种数据进行运算操作，如归并、再成形、选择，具有数据清洗和数据加工特征。Pandas 广泛应用在学术、金融、统计学等各个数据分析领域。它的主要数据结构是 Series（一维数据）与 DataFrame（二维数据），这两种数据结构足以处理金融、统计、社会科学、工程等领域里的大多数典型用例。

4. SciPy

SciPy 是一个开源的 Python 算法库和数学工具包，它是基于 NumPy 的科学计算库，用于数学、科学、工程学等领域。它可以处理最优化、线性代数、积分、插值、拟合、特殊函数、快速傅里叶变换、信号处理、图像处理、常微分方程求解器等。

NumPy 和 SciPy 的协同工作可以高效解决很多问题，在机器学习、天文学、生物学、气象学、气候科学以及材料科学等多个学科得到了广泛应用。

5. scikit-learn

scikit-learn（也称为 sklearn）是一个用于机器学习的 Python 库，它建立在 NumPy、SciPy 和 Matplotlib 之上。scikit-learn 提供了各种用于分类、回归、聚类和降维等常见机器学习任务的工具和算法。和其他开源项目类似，sklearn 也是由社区成员自发组织和维护的。与其他开源项目不同的是，sklearn 更显“保守”。但这里的“保守”并非贬义，而是意味着“可靠”。

6. TensorFlow

TensorFlow 是一个基于数据流编程（Dataflow Programming）的符号数学系统，被广泛应用于各类机器学习（Machine Learning）算法的编程实现，其前身是谷歌的神经网络算法库 DistBelief。TensorFlow 字面上的意思是张量流，这已经说明了它的特点就是进行张量运算。其命名来源于本身的原理，Tensor（张量）意味着 N 维数组，Flow（流）意味着基于数据流图的计算。TensorFlow 的运行过程就是张量从图的一端流动到另一端的计算过程。TensorFlow 这个名称就是“张量”（tensor）和流（flow）这两个词的组合。

TensorFlow 的核心语法包括数据流图、可视化的 TensorBoard、会话（Session）等。

TensorFlow 拥有多层级结构，可部署于各类服务器、PC 终端和网页，并支持 GPU 和 TPU 高性能数值计算，被广泛应用于谷歌内部的产品开发和各领域的科学研究。

TensorFlow 由谷歌人工智能团队谷歌大脑（Google Brain）开发和维护，拥有包括 TensorFlow Hub、TensorFlow Lite、TensorFlow Research Cloud 在内的多个项目以及各类应用程序接口（Application Programming Interface，API）。自 2015 年 11 月 9 日起，TensorFlow 依据阿帕奇授权协议（Apache 2.0 Open Source License）开放源代码。

7. PyTorch

PyTorch 是 Torch 的 Python 版本，是由 Facebook 开源的神经网络框架，专门针对 GPU 加速的深度神经网络（DNN）编程。Torch 是一个经典的对多维矩阵数据进行操作的张量（Tensor）库，在机器学习和其他数学密集型应用中广泛应用。与 TensorFlow 的静态计算图不同，PyTorch的计算图是动态的，可以根据计算需要实时改变计算图。

PyTorch 的设计追求最少的封装，尽量避免重复造轮子。不像 TensorFlow 那样充斥着 Session、Graph、Operation、Name_scope、Variable、Tensor、Layer 等全新的概念，PyTorch 的设计遵循 Tensor→Variable（Autograd）→nn. Module 三个由低到高的抽象层次，分别代表高维数组（张量）、自动求导（变量）和神经网络（层/模块），而且这三个抽象之间的联系紧密，可以同时进行修改和操作。简洁的设计带来的另外一个好处就是代码易于理解。PyTorch 的源码只有 TensorFlow 的十分之一左右。更少的抽象、更直观的设计使得 PyTorch 的源码十分易于阅读。

2.5 本章小结

本章主要介绍了机器学习算法的数学基础以及实现机器学习算法的编程语言 Python 入门知识。机器学习的数学基础是线性代数、概率论和优化等相关知识。

线性代数部分主要介绍了向量、范数和矩阵，以及行列式和逆矩阵的概念和相关性质。概率论部分主要介绍了事件与概率、随机变量的概念，并以此展开介绍随机变量的概率质量函数、概率密度函数，还介绍了条件概率和独立，以及期望和方差的概念和性质，最后介绍了最大似然估计和最大后验估计。优化部分以机器学习的模型求解问题展开，分别介绍了导数、梯度和链式求导法则的概念，并介绍了凸函数以及凸函数最小化的方法——梯度下降法。Python 编程基础部分概要介绍了 Python 语法基础、运算符、函数和类、Python 包等概念。

2.6 习题

2.6.1 思考题

1. 若向量 $\boldsymbol{x}_1=(1,1,1)^{\mathrm{T}}$，$\boldsymbol{x}_2=(0,2,5)^{\mathrm{T}}$ 和 $\boldsymbol{x}_3=(2,4,7)^{\mathrm{T}}$，判断这三个向量是否线性相关。

2. 若随机变量 X 服从高斯分布，即 $X\sim N(\mu,\sigma^2)$，其中 μ 和 σ 未知带估计，请用最大似然估计法求 μ 和 σ 的估计值。

3. 若定义在 $\mathbb{R}^n\to\mathbb{R}$ 的函数 $f(\boldsymbol{x})=\dfrac{1}{2}\boldsymbol{x}^{\mathrm{T}}\boldsymbol{A}\boldsymbol{x}+\boldsymbol{b}^{\mathrm{T}}\boldsymbol{x}+c$，其中变量 $\boldsymbol{A}\in\mathbb{R}^{n\times n}$，$\boldsymbol{b}\in\mathbb{R}^n$ 和 $c\in\mathbb{R}$ 均已知，试求 $\dfrac{\partial f(\boldsymbol{x})}{\partial \boldsymbol{x}}$。

4. 逻辑运算“and”和位运算“&”有什么区别？

5. 同为面向对象的编程语言，对比 Python 语法规则与 Java 的不同点。

6. 使用面向对象编程的思想解决程序开发问题的一般流程是怎样的？

7. Python 中对有序数据结构、无序数据结构进行遍历的方法分别有哪些？

2.6.2 实验练习

1. 实验目的

通过实验了解 NumPy、Pandas、Matplotlib 的一般用法。

2. 实验内容

1）练习使用 NumPy 构造数组、进行矩阵运算。

2）练习使用 Pandas 的 Series、DataFrame。

3）练习使用 Matplotlib 绘制常见的图形。

3. 实验方法与步骤

对于本实验的具体代码，读者可以参考本书配套的电子资源。

chap02

（1）安装 NumPy、Pandas、Matplotlib 包

打开 Anaconda 3 的 Anaconda Prompt（miniconda3），在命令行窗口中使用 pip 或 conda 命令安装，使用“-i”指定安装的源。安装命令分别为

```
pip install numpy -i https://pypi.douban.com/simple/
pip install pandas -i https://pypi.douban.com/simple/
pip install Matplotlib -ihttps://pypi.douban.com/simple/
```

其中，“https://pypi. douban. com/simple/”可以根据需要换成其他的源。

（2）练习 NumPy 的使用

使用 NumPy 之前先使用 import numpy as np 命令将 NumPy 包导入。

首先使用 NumPy 构造一维数组、多维数组，然后尝试访问刚构造的数组的某个元素、某行、某些切片，最后练习使用 NumPy 进行常见的矩阵运算。

此外，NumPy 还支持 ufunc 函数，可以使用内置的 frompyfunc 将普通的 Python 函数转换成 ufunc 函数。ufunc 函数具有向量化特征，而且是使用 C 语言实现的，运行速度更快。

（3）练习 Pandas 的使用

对于 Pandas 包，主要使用其中的 Series、DataFrame 两个类。具体实验内容包括：

1）练习 pd. Series 的使用，尝试构造一个 Series 对象，然后尝试更改 Series 的 index。

2）练习使用 NumPy 的 Array 创建 DataFrame 对象，并将 DataFrame 的 index 指定为日期。

3）练习使用 Pandas 的 read_excel( )方法将 Excel 表中的内容读入 DataFrame。

4）尝试为第 3）步中读入的 DataFrame 添加及删除行、添加及列、对列进行移位、根据某一列对 DataFrame 进行排序、选取 DataFrame 中的某些数据等。

5）使用 DataFrame 类中的方法查看它的数据统计结果。

（4）练习 Matplotlib 的使用

练习使用 Matplotlib 绘制折线图，如图 2-5 所示。

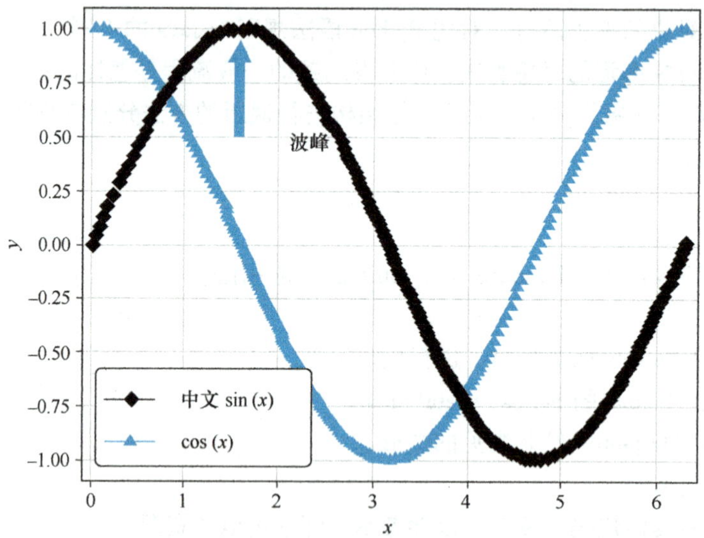

图 2-5 折线图

练习使用 Matplotlib 绘制柱状图，如图 2-6 所示。

练习使用 Matplotlib 绘制饼图，如图 2-7 所示。

练习使用 Matplotlib 绘制子图，如图 2-8 所示。

4. 总结与思考

NumPy 和 Pandas 之间有怎样的联系？

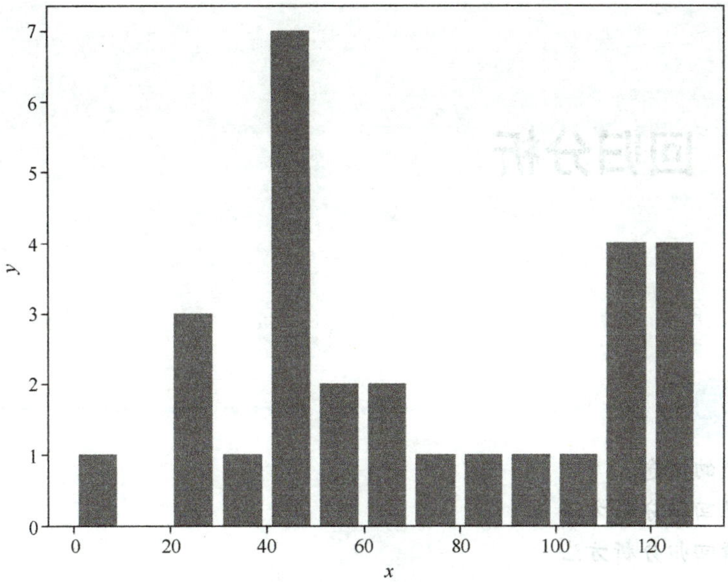

图 2-6　柱状图

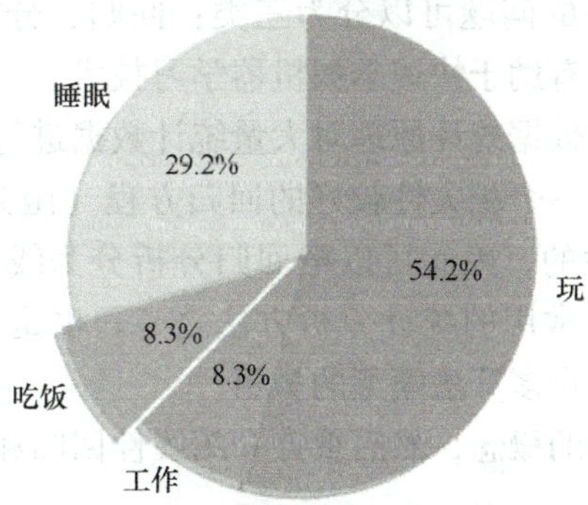

图 2-7　饼图

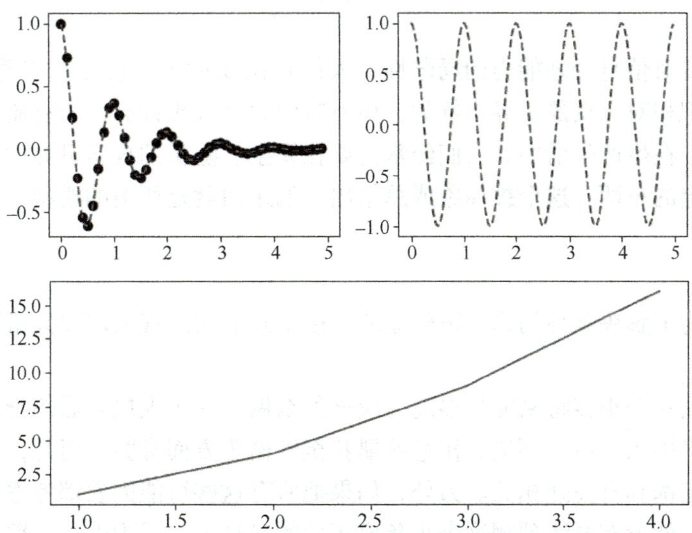

图 2-8　多个子图构成的一张图

第 3 章　回归分析

本章目标

- 掌握模型的概念
- 掌握线性回归分析方法
- 掌握逻辑回归分析方法

常用机器学习技术来解决的问题可以分为三类：回归、分类、聚类。回归问题极为常见，对这一类问题的深入理解有助于快速掌握机器学习技术。

所谓回归分析，是指利用数据统计原理对大量统计数据进行数学处理，并确定因变量与某些自变量的相关关系，建立一个相关性较好的回归方程（函数表达式）。因变量和自变量间的关系可能是线性或非线性的，因此可以把回归分析分为线性回归分析和非线性回归分析。其中，线性回归分析是最常用的统计分析方法之一，也是理解其他各种复杂模型的基础。可以说，线性回归模型是众多算法模型的鼻祖。

本章首先为读者介绍模型的概念，然后重点介绍线性回归和逻辑回归。

3.1　模型

由于人类自身对信息处理能力的局限性，人们在认知世界时总是希望透过一个抽象的、简单的模型来认识相对复杂的世界。例如，用万有引力公式来计算两个有质量的物体之间的引力。也就是说，在生产生活中，人们经常需要在繁杂、随机的现实世界中抽象、总结出一些相对简单、确定的东西，这个被抽象或总结出来的东西就是所谓的模型。

3.1.1　案例

模型通常是为了解决某种问题而被建立的，模型建立的过程又需要大量数据支撑和建模方法的指引。

例如，想预测一个小孩将来能长多高，应该怎么做？一个人成年后的身高可能和他的遗传基因、后期营养摄入、成长环境、作息习惯甚至性格等方面有关。但是，所有这些可能的有关因素并不一定都和身高强相关。另外，如果把所有这些可能因素都考虑进来，则会使问题变得相当复杂，就没有办法预测这个小孩成年后的身高了，因为他的后期成长的各种环境在当前是未知的。怎么办呢？

首先可以将这个问题继续简化，使用一个更简单的模型。假设一个小孩未来的身高只和遗传基因有关，更进一步假设，只和父母的身高有关。这是用模型解决身高预测问题的第一步，即简单地认为一个孩子的未来身高只与他父母的身高有关。

那么这个孩子父母的身高和子女的身高之间有怎样的关系呢？然后进一步进行假设，假设父母的身高和子女将来的身高之间的关系是线性的，即它们的关系如式（3.1）所示。

$$y=\beta_1x_1+\beta_2x_2 \tag{3.1}$$

式（3.1）中，假设母亲的身高为 x_1、父亲的身高为 x_2，分别乘以一个系数后相加就是子女的身高。显然，式（3.1）这种形式也是有问题的，它在三维空间中决定了一个过原点的平面，这里想用这个平面去近似父母身高（x_1,x_2）与孩子身高 y 的关系，而这样一个必过原点的平面局限性太强，所以还需要在式（3.1）的前面加上一个偏移量 β_0，即

$$y=\beta_0+\beta_1x_1+\beta_2x_2 \tag{3.2}$$

前面的假设中抛弃了很多影响身高的因素，只留下了父母的身高，因此式（3.2）对于每一个孩子未来身高的预测几乎都是有误差的。为了模型公式的精准性，需要在式（3.2）的基础上加上误差项 ε，如式（3.3）所示。

$$y=\beta_0+\beta_1x_1+\beta_2x_2+\varepsilon \tag{3.3}$$

从式（3.3）可知，如果有办法确定系数 β_0、β_1、β_2 的估计值 $\hat{\beta}_0$、$\hat{\beta}_1$、$\hat{\beta}_2$，就可以通过这个公式和父母的身高来预测孩子未来的身高了。当然这个预测是有误差的，等到孩子长大了，他的实际身高和预测身高的差值用 ε 来修正。所以，在使用父母身高预测孩子身高时，真正使用的公式是式（3.4）。

$$\hat{y}=\hat{\beta}_0+\hat{\beta}_1x_1+\hat{\beta}_2x_2 \tag{3.4}$$

由上面的分析可知，在进行数据挖掘工作时经常需要找到一些量（$x_1,\cdots,x_p$）和另一些量（$y_1,\cdots,y_m$）之间的关系，而这些不同量之间的关系往往通过一个模型来描述，如图 3-1 所示。在图 3-1 中，模型是解释变量（$x_1,\cdots,x_p$）到响应变量（$y_1,\cdots,y_m$）的一种映射关系。在建模过程中需要找到合适的解释变量和映射关系（模型）来更好地预测响应变量

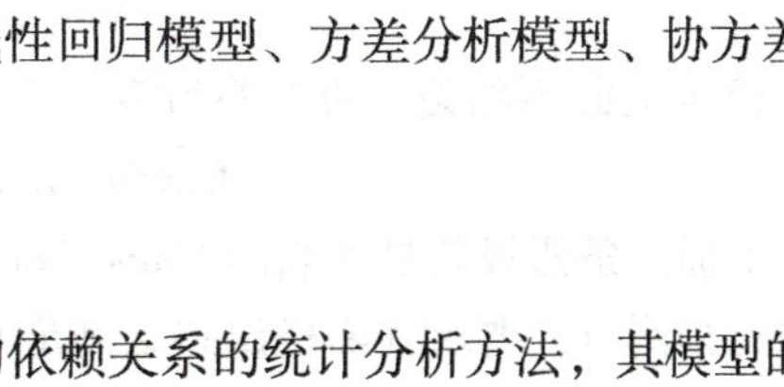

图 3-1 模型概念示意图

线性模型是统计机器学习中应用最广泛的模型之一，在经济、医学、生物、农业等领域都有广泛应用。线性模型是一类统计模型的统称，它包含了线性回归模型、方差分析模型、协方差分析模型等。

3.1.2 回归模型

回归分析是定量描述响应变量 $\boldsymbol{y}$ 对解释变量 $\boldsymbol{X}$ 的依赖关系的统计分析方法，其模型的一般形式如式（3.5）所示。

$$\boldsymbol{y}=f(\boldsymbol{X})+\boldsymbol{\varepsilon} \tag{3.5}$$

式中，$\boldsymbol{y}$、$\boldsymbol{X}$ 是一组观测数据，即已知的一组观测数据；$\boldsymbol{\varepsilon}$ 是随机误差。以父母身高预测子女身高为例，一组观测数据就是已经知道了父母身高对应的成年子女身高的值，期望通过这一组观测值找出父母身高与子女身高之间的关系。

事实上，回归（Regression）这个词的由来也和父母、子女的身高研究有关。英国著名

统计学家、生物学家 Galton 观察了 928 个成年子女及对应的 205 对父母的身高，发现子女的身高和父母的身高是线性相关的。如果父母的身高很高大，那么其子女的身高也会较高，但很大概率没有预期那么高，反之亦然。即父母身高明显偏离平均值时，其子女的身高会向平均值回归（Regression）。基于此，回归分析就用来代指研究变量间关联关系的统计分析。

假设回归模型考虑的解释变量是 p 维的，而响应变量是一维的，即寻找 p 个解释变量和一个响应变量之间的关系，如果进一步假设式（3.5）中的 $f(\boldsymbol{X})$ 是线性的，则由 n 组观测数据可以得到式（3.6）所示的方程组。

$$\begin{cases} y_1=\beta_0+\beta_1x_{11}+\beta_2x_{12}+\cdots+\beta_{p-1}x_{1,p-1}+\varepsilon_1 \\ y_2=\beta_0+\beta_1x_{21}+\beta_2x_{22}+\cdots+\beta_{p-1}x_{2,p-1}+\varepsilon_2 \\ \vdots \\ y_n=\beta_0+\beta_1x_{n1}+\beta_2x_{n2}+\cdots+\beta_{p-1}x_{n,p-1}+\varepsilon_n \end{cases} \tag{3.6}$$

若令

$$\boldsymbol{y}=\begin{pmatrix} y_1 \\ y_2 \\ \vdots \\ y_n \end{pmatrix},\boldsymbol{\beta}=\begin{pmatrix} \beta_0 \\ \beta_1 \\ \vdots \\ \beta_{p-1} \end{pmatrix},\boldsymbol{X}=\begin{pmatrix} 1 & x_{11} & x_{12} & \cdots & x_{1,p-1} \\ 1 & x_{21} & x_{22} & \cdots & x_{2,p-1} \\ \vdots & \vdots & \vdots & & \vdots \\ 1 & x_{n1} & x_{n2} & \cdots & x_{n,p-1} \end{pmatrix},\boldsymbol{\varepsilon}=\begin{pmatrix} \varepsilon_1 \\ \varepsilon_2 \\ \vdots \\ \varepsilon_{p-1} \end{pmatrix}$$

则式（3.6）可简化为

$$\boldsymbol{y}=\boldsymbol{X}\boldsymbol{\beta}+\boldsymbol{\varepsilon} \tag{3.7}$$

式中，$\boldsymbol{y}$、$\boldsymbol{X}$ 均是观测值；$\boldsymbol{\beta}$ 为回归系数；$\boldsymbol{\varepsilon}$ 为随机误差。然而，为了保证模型能够精准反映子女成年后的身高，在预测值的基础上加一个误差项，这是不严谨的。因为，若不对 $\boldsymbol{\varepsilon}$ 进行限制，那么无论 $f(\boldsymbol{X})$ 是何种形式，都可以通过加上误差项的形式预测子女成年后的身高，即任何形式的模型都可以对响应变量进行预测，这显然是不合适的。

因此需要对 $\boldsymbol{\varepsilon}$ 进行一些假设，当使用 $f(\boldsymbol{X})$ 对响应变量进行预测时，只有对应的随机误差项 $\boldsymbol{\varepsilon}$ 满足这些假设，才能认为它是合适的回归模型。

关于 $\boldsymbol{\varepsilon}$，常用以下三条假设使其对应的回归模型满足需求：

1）$\boldsymbol{\varepsilon}$ 均值为零，即 $E(\varepsilon_i)=0(i=1,\cdots,n)$。

2）$\boldsymbol{\varepsilon}$ 等方差，即

$$\mathrm{Var}(\varepsilon_i)=\sigma^2(i=1,\cdots,n) \tag{3.8}$$

3）$\boldsymbol{\varepsilon}$ 彼此不相关，协方差为零，即

$$\mathrm{Cov}(\varepsilon_i,\varepsilon_j)=0(i\neq j,i,j=1,\cdots,n) \tag{3.9}$$

上面三条假设就是著名的 Gauss-Markov 假设，在使用线性模型式（3.7）得到的经验方程进行预测时，要求其随机误差 $\boldsymbol{\varepsilon}$ 满足 Gauss-Markov 假设。

Gauss-Markov 假设（1） 模型中的随机误差 $\boldsymbol{\varepsilon}$ 均值为零的含义是模型的预测值与真实值之间的误差是随机的、不含系统趋势的。还是以父母身高预测成年子女身高为例，进一步简化，假设子女成年后的身高只和母亲的身高有关，则式（3.3）变为

$$y=\beta_0+\beta_1x_1+\boldsymbol{\varepsilon} \tag{3.10}$$

如果存在一组估计值 $\hat{\beta}_0$、$\hat{\beta}_1$，使得式（3.10）满足 Gauss-Markov 假设（1）的要求（即 $\boldsymbol{\varepsilon}$ 均值为零），则使用经验回归方程式（3.11）计算得到的成年子女身高的预测值与真实值

应该是等均值的（即随机误差的均值为零），如图 3-2 所示。

$$\hat{y}=\hat{\beta}_0+\hat{\beta}_1 x_1 \tag{3.11}$$

图 3-2 中，横轴为母亲身高，纵轴为子女成年后的身高，直线为经验回归方程式（3.11），点为观测值。由图可知，一个满足 Gauss-Markov 假设（1）的经验回归方程画出的直线完美照顾到了所有观测点，观测点分布在直线的两边，所有观测点的值与对应相同横坐标的直线上点的值之间的差值（即随机误差 $\boldsymbol{\varepsilon}$）的和是零。

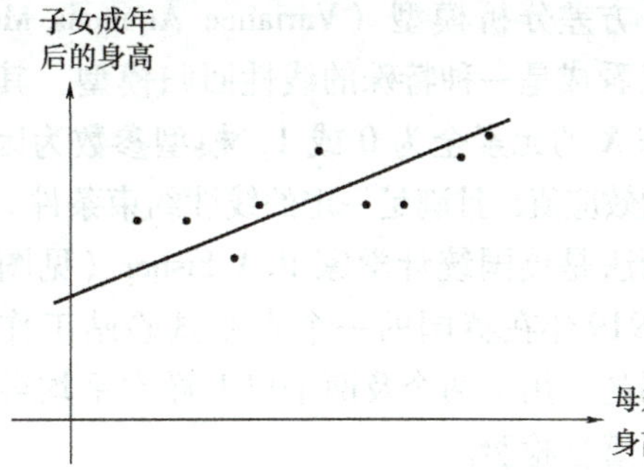

图 3-2　利用母亲身高预测子女身高的效果图

Gauss-Markov 假设（2）　Gauss-Markov 假设（1）要求误差均值为零，但这并不能很好地反映模型的好坏，因为还没法刻画观测值相对于估计值的离散情况，因此有了 Gauss-Markov 假设（2），要求观测值在估计值附近的波动情况是一致的。

以上面预测子女成年后身高的例子来理解假设（2），即处于某一身高的母亲是有很多的，这里把这个母亲的身高值代入经验方程式会得到子女身高的一个估计值。这个估计值与子女的身高实际值的随机误差 $\boldsymbol{\varepsilon}$ 存在一个方差 $\mathrm{Var}(\varepsilon_1)$；若该模型对另外一组由母亲身高预测得到的子女身高与子女实际身高误差的方差为 $\mathrm{Var}(\varepsilon_2)$，则假设（2）要求 $\mathrm{Var}(\varepsilon_1)=\mathrm{Var}(\varepsilon_2)$。

很显然，如果满足了假设（2），对于同一个问题的不同经验模型，就可以通过随机误差的方差 $\mathrm{Var}(\boldsymbol{\varepsilon})$ 来判断模型的优劣。当然，假设（2）是比较难满足的，因此在实际问题中不得不做一些折中。

Gauss-Markov 假设（3）　要求 n 组观测值是不相关的，如果不能满足这一条假设，模型会具有自相关性。模型的自相关性会导致预测效果很差，因为这表明数据中尚有很多可用信息没有包含在模型中。

通过前面的分析可知，若想使用线性回归模型进行数据预测或估计，一般要经过以下几个步骤：

1）根据收集的观测数据确定合适的解释变量（自变量），即找出哪些变量和响应变量（因变量）相关。

2）根据观测数据，使用一定的方法估计式（3.7）中的系数 $\boldsymbol{\beta}$ 的估计值 $\hat{\boldsymbol{\beta}}$，得出经验回归方程 $\hat{\boldsymbol{y}}=\boldsymbol{X}\hat{\boldsymbol{\beta}}$。

3）对 2）中得到的回归方程进行评估，包括回归方程显著性检验、系数显著性检验、回归方程选择等。

3.1.3　方差分析模型

上一小节介绍的回归分析模型中，解释变量 $\boldsymbol{X}$ 以连续型变量为主，通过回归分析可以找到响应变量 $\boldsymbol{y}$ 对解释变量 $\boldsymbol{X}$ 的依赖情况，且这种依赖关系是可以用回归方程定量描述的。但是，在试验前期会比较关心某个解释变量（自变量）是否存在对响应变量的影响，而不是解释变量取值大小对响应变量的影响。例如，为了研究某种感冒药的药效，实验经常会分两组病人，一组服用感冒药，另一组不服用，观察比较这两组病人的情况。也就是说，模型的自变量矩阵 $\boldsymbol{X}$ 的分量只可能取 0、1 两个值。这类问题，就需要用到方差分析模型。

方差分析模型（Variance Analysis Model）可以看成是一种特殊的线性回归模型，其设计矩阵 $\boldsymbol{X}$ 的元素全为 0 或 1，模型参数为因素水平的效应值，且满足一定的线性约束条件。方差分析法是英国统计学家 R. A. Fisher（见图 3-3）于 1919 年在英国的一个农业试验站工作期间发明的，用于两个及两个以上样本平均数差异的显著性检验。

图 3-3　英国统计学家 R. A. Fisher

下面通过一个例子来理解方差分析模型。

例 3.1.1　如果想比较 3 个玉米品种的产量好坏，能想到的试验是开 3 块面积相等的试验田来分别种植不同的玉米品种，然后通过设计使这 3 块田除了播种的玉米品种不同外，其他完全一样，最后比较这 3 块田的玉米产量。如果假设平均的玉米产量为 μ，第 i 个品种对产量的贡献为 α_i，则第 i 个玉米品种的产量可表示为式（3.12）。

$$y_i=\mu+\alpha_i+\varepsilon_i \tag{3.12}$$

式（3.12）可以理解为本来玉米的平均产量是 μ，而由于品种 i 的加持使得产量增加了 α_i（当然也可能是减少），最后一项 ε_i 是随机误差项。

实际试验中往往会增加样本数量，将每个品种的玉米种在 n 块相同的试验田中，设 $n=2$，则可以得到图 3-4 所示的 6 块试验田。

根据式（3.12），若记第 i 个品种的第 j 块试验田的产量为 y_{ij}，对应的随机误差为 ε_{ij}，则 6 块试验田的产量可表示为

$$\begin{pmatrix} y_{11}\\ y_{12}\\ y_{21}\\ y_{22}\\ y_{31}\\ y_{32} \end{pmatrix}=\begin{pmatrix} 1&1&0&0\\ 1&1&0&0\\ 1&0&1&0\\ 1&0&1&0\\ 1&0&0&1\\ 1&0&0&1 \end{pmatrix}\begin{pmatrix} \mu\\ \alpha_1\\ \alpha_2\\ \alpha_3 \end{pmatrix}+\begin{pmatrix} \varepsilon_{11}\\ \varepsilon_{12}\\ \varepsilon_{21}\\ \varepsilon_{22}\\ \varepsilon_{31}\\ \varepsilon_{32} \end{pmatrix} \tag{3.13}$$

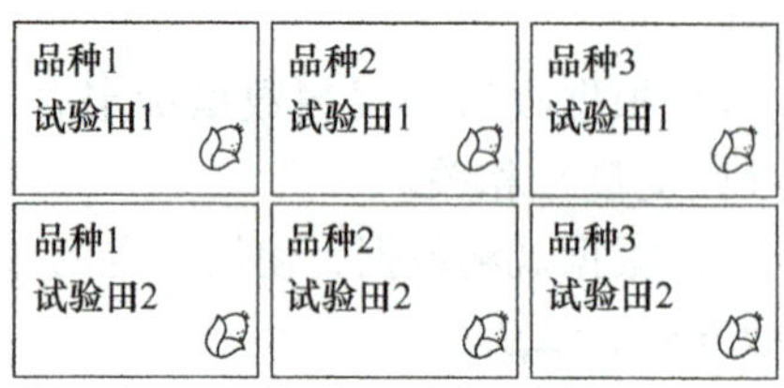

图 3-4　差分试验示意图

式（3.13）可简写为与式（3.7）相同的形式，即

$$\boldsymbol{y}=\boldsymbol{X\alpha}+\boldsymbol{\varepsilon} \tag{3.14}$$

与式（3.7）最大的不同是，式（3.14）中的设计矩阵 $\boldsymbol{X}$ 的取值只有 0 或 1。

例 3.1.1 中只考虑了玉米品种这一个因素对产量的影响，类似这种方差分析的模型被称为单因素方差模型。如果再加上农药这个因素的影响，就变成了双因素方差分析模型。当然，还可以加入更多的因素，变成多因素方差分析模型。

虽然方差分析模型和回归分析模型具有相同的形式，但它们有区别。方差分析模型主要用于研究解释变量对响应变量（即结果）影响程度的定性关系，而非定量关系，从而剔除对结果影响较小的变量，提高试验的效率和精度。而回归分析是研究变量与结果的定量关系，得出相应的数学模型。在回归分析中，可以先进行方差分析，找出对结果影响较大的变量，从而提高回归分析的有效性。

方差分析模型的应用不在本书讨论范围，读者可以参考相关的文献了解如何使用方差分析优化模型。

3.2 线性回归模型应用

现实世界中，很多变量之间存在着线性相关性，而且一些非线性的关系经过变换后也可以转换成线性关系。因此，线性回归模型在现实的数据挖掘与分析中广泛应用。

例 3.2.1 工业经济时代，有一个能反映投入产出关系的经典函数模型，即 Cobb-Douglas 生产函数（Cobb-Douglas Production Function），如式（3.15）所示。

$$Y_t = A_t K^{\alpha} L^{\beta} \tag{3.15}$$

式中，Y_t 表示某一时期的生产水平；A_t 表示某一时期的技术水平；K 表示某一时期的资金投入量；L 表示某一时期的劳动力投入量；α、β 分别表示资金和劳动力对生产水平提高的相对权数。其中，A_t、α、β 是未知参数，对式（3.15）两边同时取对数可得

$$\ln(Y_t) = \ln(A_t) + \alpha\ln(K) + \beta\ln(L) \tag{3.16}$$

式中，令

$$y = \ln(Y_t), \beta_0 = \ln(A_t), \beta_1 = \alpha, x_1 = \ln(K), \beta_2 = \beta, x_2 = \ln(L)$$

同时，再加上随机误差，则式（3.16）可变为

$$y = \beta_0 + \beta_1 x_1 + \beta_2 x_2 + \varepsilon \tag{3.17}$$

由例 3.2.1 可知，一些非线性相关关系通过适当变换后可以通过线性回归模型进行分析。

本节将介绍怎样使用线性回归模型，包括回归参数估计、回归方程选择、模型应用等。本节涉及的线性回归模型默认为经典线性回归模型，不涉及违背经典假设的线性回归模型。对于违背经典假设的线性回归方程参数估计的方法，读者可参考相关文献。

3.2.1 回归参数估计

对于线性回归，当确定了自变量之后就可以确定回归方程的形式。接下来，就是对方程中回归参数的估计，其实质就是利用样本数据确定回归方程中回归参数的值。

最简单的一元线性回归方程形如 $y = \beta_0 + \beta_1 x_1 + \varepsilon$。在这个方程中，如果去除随机误差项 ε，则方程只需要一组样本数据即可求解参数 β_0、β_1。但实际上样本数据有很多，所以传统意义上这个方程是无解的。由于随机误差 ε 和与之对应的 Gauss-Markov 假设的存在，使得式（3.7）的解法不同于普通的多元一次线性方程组的求解，其参数估计的过程如图 3-5 所示。

由图 3-5 知，线性回归模型求解的过程就是通过算法利用训练数据进行模型参数估计的过程，而这些算法中最出名的就是最小二乘法（Least Square，LS）。最小二乘法于统计学的意义就像微积分于高等数学的意义。

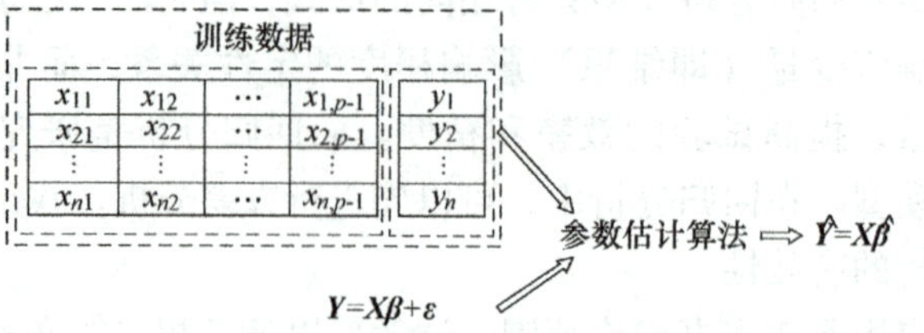

图 3-5　通过训练集估计模型参数的过程

线性回归模型的一般方程式（3.7）与 Gauss-Markov 假设合并，可表示为

$$\boldsymbol{y}=\boldsymbol{X\beta}+\boldsymbol{\varepsilon},E(\boldsymbol{\varepsilon})=0,\mathrm{Var}(\boldsymbol{\varepsilon})=\boldsymbol{\sigma}^2\boldsymbol{I}_n \tag{3.18}$$

最小二乘法就是要找到一组参数 $\hat{\boldsymbol{\beta}}$，使得估计值 $\boldsymbol{X}\hat{\boldsymbol{\beta}}$ 和观测值 $\boldsymbol{y}$ 的残差二次方和最小。

以一元线性回归为例，假设 (x_1,y_1)、(x_2,y_2)、(x_3,y_3)、(x_4,y_4) 为 4 组观测数据，对应图 3-6 中的 4 个实心点，若解得线性回归模型满足最小二乘法的参数估计值为 $\hat{\beta}_0$、$\hat{\beta}_1$（$\hat{y}=\hat{\beta}_0+\hat{\beta}_1x$ 对应图中的直线），则式（3.19）取得最小值。

$$Q=\sum_{i=1}^{4}\left[y_i-(\hat{\beta}_0+\hat{\beta}_1x_i)\right] \tag{3.19}$$

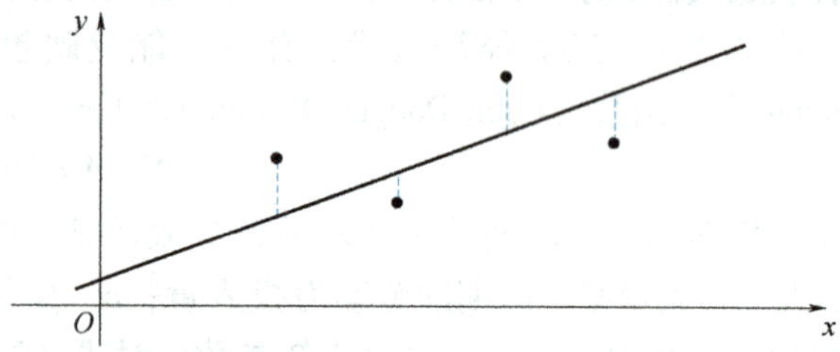

图 3-6　最小二乘示意图

对于一般的线性回归模型，令

$$Q(\boldsymbol{\beta})=\|\boldsymbol{X\beta}-\boldsymbol{y}\|^2=(\boldsymbol{y}-\boldsymbol{X\beta})'(\boldsymbol{y}-\boldsymbol{X\beta}) \tag{3.20}$$

在式（3.20）中，把 $\boldsymbol{\beta}$ 看成变量，求 $Q(\boldsymbol{\beta})$ 的最小值点，可以通过先求出其驻点，然后在驻点中找出最小值点，即可求出对应的参数估计值 $\hat{\boldsymbol{\beta}}$。式（3.20）可以用来衡量线性回归模型对样本值拟合的好坏程度，常被称为代价函数（Cost Function）。

根据式（3.20），对 $Q(\boldsymbol{\beta})$ 求 $\boldsymbol{\beta}$ 的偏导，然后令偏导等于零，可得求驻点的方程为

$$\boldsymbol{X}'\boldsymbol{X\beta}=\boldsymbol{X}'\boldsymbol{y} \tag{3.21}$$

若进一步假设 $\boldsymbol{X}$ 的秩为 p（实际上，当 $\boldsymbol{X}$ 的秩小于 p 时，$\boldsymbol{\beta}$ 是不可估计的），则可以求得式（3.21）的解为

$$\hat{\boldsymbol{\beta}}=(\boldsymbol{X}'\boldsymbol{X})^{-1}\boldsymbol{X}'\boldsymbol{y} \tag{3.22}$$

式（3.22）中，$(\boldsymbol{X}'\boldsymbol{X})^{-1}$是 $\boldsymbol{X}'\boldsymbol{X}$ 的任一广义逆，可以证明式（3.22）中的 $\hat{\boldsymbol{\beta}}$ 可以使得式（3.20）的 $Q(\boldsymbol{\beta})$ 取得最小值，也可以证明使 $Q(\boldsymbol{\beta})$ 取得最小值的必是 $\hat{\boldsymbol{\beta}}$。

在现实中，使用最小二乘法求解线性回归模型参数估计问题时，为了防止过拟合，或者为了实际求解问题的需要，往往需要对参数的可能取值进行一定限制，即带约束的最小二乘法。加入约束条件后的最小二乘参数估计过程如图 3-7 所示。

由图 3-7 可知，带约束的最小二乘估计就是寻找一组参数 $\hat{\boldsymbol{\beta}}_{\boldsymbol{H}}$，使其在满足约束条件的前提下使得 $Q(\boldsymbol{\beta})$ 最小，因此 $Q(\hat{\boldsymbol{\beta}}_{\boldsymbol{H}})\geqslant Q(\hat{\boldsymbol{\beta}})$。一般的约束条件如式（3.23）所示，就是在这 k 个方程的约束下，找到使 $Q(\boldsymbol{\beta})$ 取最小值的参数 $\hat{\boldsymbol{\beta}}_{\boldsymbol{H}}$。

$$\boldsymbol{h}_i'\boldsymbol{\beta}=d_i,\ (i=1,\cdots,k) \tag{3.23}$$

寻找变量受条件限制的多元函数的极值的常用方法是 Lagrange 乘子法，构造如下辅助函数：

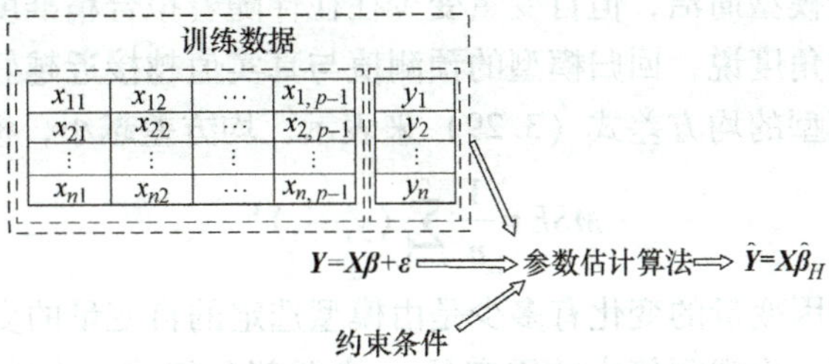

图3-7 加入约束条件后的最小二乘参数估计过程

$$F(\boldsymbol{\beta},\boldsymbol{\lambda})=\|\boldsymbol{y}-\boldsymbol{X\beta}\|^2+2\sum_{i=1}^{k}\lambda_i(h_i'\boldsymbol{\beta}-d_i) \tag{3.24}$$

式（3.24）对$\boldsymbol{\beta}$求偏导并令其为零，得到求驻点的方程式（3.25），与式（3.23）组成方程组，得到解$\hat{\boldsymbol{\beta}}_H$为式（3.26）。

$$\boldsymbol{X'X\beta}=\boldsymbol{X'y}-\boldsymbol{H'\lambda} \tag{3.25}$$

$$\hat{\boldsymbol{\beta}}_H=(\boldsymbol{X'X})^{-1}\boldsymbol{X'y}-(\boldsymbol{X'X})^{-1}\boldsymbol{H'}\hat{\boldsymbol{\lambda}}_H \tag{3.26}$$

其中，$\hat{\boldsymbol{\lambda}}_H=(\boldsymbol{H}(\boldsymbol{X'X})^{-1}\boldsymbol{H'})^{-1}(\boldsymbol{H}\hat{\boldsymbol{\beta}}-d)$。可以证明，式（3.26）的解在满足约束的所有参数$\boldsymbol{\beta}$中，$\|\boldsymbol{y}-\boldsymbol{X}\hat{\boldsymbol{\beta}}_H\|^2$最小。

式（3.24）实质上是在代价函数式（3.20）的基础上加入了一个惩罚项，使得算法在调整参数以使代价函数最小时兼顾约束条件。常用的最小二乘约束还有L1约束、L2约束，其本质都是在代价函数式（3.20）的基础上加入限制$\boldsymbol{\beta}$取值范围的项，使得回归模型不至于过拟合。

3.2.2 回归方程选择

在3.2.1小节中讲解了怎样进行回归参数估计，但这个前提是已经默认线性回归方程能够解决要求解的解释变量与响应变量间的关系问题。但在实际问题求解时并非如此，在构建线性回归模型之前面临两个问题：

1）这个问题能不能使用线性回归模型来求解？

2）如果能用线性回归模型，那么应该将哪些解释变量引入线性回归方程中？

对于第一个问题，统计学上可以对变量进行线性检验。本小节把求解的问题全部限定为适用于线性回归模型的求解，只考虑解释变量的选择问题。

在数据分析前期，人们只能大概知道一些自变量的变化导致因变量的变化，在试验中记录所有这些可能的自变量和因变量，然后构建线性回归模型为

$$\boldsymbol{y}=\beta_0+\beta_1\boldsymbol{x}_1+\beta_2\boldsymbol{x}_2+\cdots+\beta_{p-1}\boldsymbol{x}_{p-1}+\boldsymbol{\varepsilon} \tag{3.27}$$

式（3.27）将所有可能的自变量都选入模型中做回归分析，得到的模型被称为全模型；随着研究的深入，会发现一些自变量和因变量的相关性并不显著，会被排除，模型自变量变少，如式（3.28）所示，剔除了一部分自变量后得到的新模型被称为选模型。

$$\boldsymbol{y}=\beta_0+\beta_1\boldsymbol{x}_1+\beta_2\boldsymbol{x}_2+\cdots+\beta_{q-1}\boldsymbol{x}_{q-1}+\boldsymbol{\varepsilon} \tag{3.28}$$

到底是使用全模型还是选模型需要一定的评价标准，而对于模型的评价标准又有两类：一是模型的精准度，二是模型的简洁性。模型的简洁性主要和模型中自变量的个数有

关，显然选模型要比全模型简洁，但自变量变少往往伴随着拟合精准度的降低。

从模型预测效果的角度说，回归模型的预测值与真实值越接近越好。预测值与真实值的接近程度可以用线性模型的均方差式（3.29）来表示，均方差越小，模型效果越好。

$$MSE=\frac{1}{n}\sum_{i=1}^{n}(y_i-\hat{y}_i)^2 \tag{3.29}$$

此外，还需要知道因变量的变化有多少是由模型选定的自变量的变化引起的，这可以使用判定系数来衡量。某一次观测值中的因变量 y_i 由两部分组成：由线性回归模型解释的预测值 $\hat{y}_i$ 和残差项 ε。综合整个训练样本，一个好的模型，可解释部分占比越高越好。

因变量中可解释的部分定义为“可解释的变差二次方和”或“回归二次方和”，记为 SSR，计算公式为 $\sum(\hat{y}_i-\bar{y})^2$。可以理解为因变量相对于平均值的变化中，由模型中 $\boldsymbol{X}\hat{\boldsymbol{\beta}}$ 引起的那部分自变量引起的变化。

因变量中不能用线性回归方程解释的部分定义为“不可解释的变差二次方”或“剩余二次方和”，记为 SSE，计算公式为 $\sum(y_i-\hat{y}_i)^2$。可以理解为因变量中由线性回归方程中没有引入解释变量的那部分自变量引起的变化，如由父母身高预测子女成年后的身高的例子中，由成长环境、营养摄入等决定的身高。

定义 $SST=SSE+SSR$ 为总的变差二次方，$SST=\sum(y_i-\bar{y})^2$，其中 $\bar{y}$ 为训练集中因变量的平均值。

定义判定系数 R^2 为

$$R^2=\frac{SSR}{SST}=1-\frac{SSE}{SST}=1-\frac{\sum(y_i-\hat{y}_i)^2}{\sum(y_i-\bar{y})^2} \tag{3.30}$$

R^2 反映了回归方程的拟合效果，越接近 1，表示 SSE 在 SST 模型的拟合效果越好。式（3.30）的含义是，SSR 在 SST 中的占比越大，模型拟合度越高，SSR 占比大意味着 y 中的可解释部分占比大，即 $\hat{y}$ 更接近 y。

由式（3.30）还可知，分母 $\sum(y_i-\bar{y})^2$ 与模型无关，要提高模型拟合精准度，只能尽可能多地引入自变量改变 $\hat{y}_i$，而引入更多的自变量会牺牲模型的简洁性，因此在进行模型选择时需要综合考虑模型的精准度和简洁性。根据这一原则，在实际应用中可以将 R^2 调整为

$$\bar{R}^2=1-\frac{SSE}{SST}\frac{n-1}{n-p-1} \tag{3.31}$$

式中，n 表示训练集的样本个数；p 表示模型中引入的自变量的个数。R^2 调整前后与模型中自变量个数的关系如图 3-8 所示。调整前如图 3-8a 所示。调整后，在选择模型时就不必再一味加入更多的自变量来提升拟合精准度，如图 3-8b 所示。

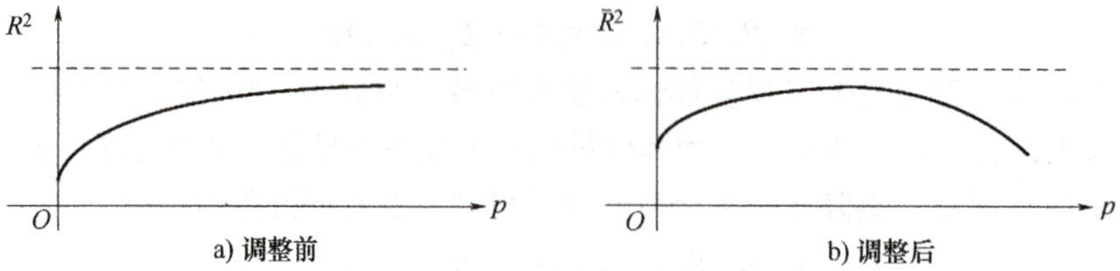

图 3-8　调整前后判定系数与 p 的关系

除此之外，在模型持久化之前（即模型用于实际的预测之前）还需要对其进行各种检验，包括回归系数显著性检验、模型线性关系显著性检验、模型稳定性检验、约束条件检验等。

3.2.3 模型应用

应用线性回归模型解决实际问题的一般流程如图 3-9 所示。

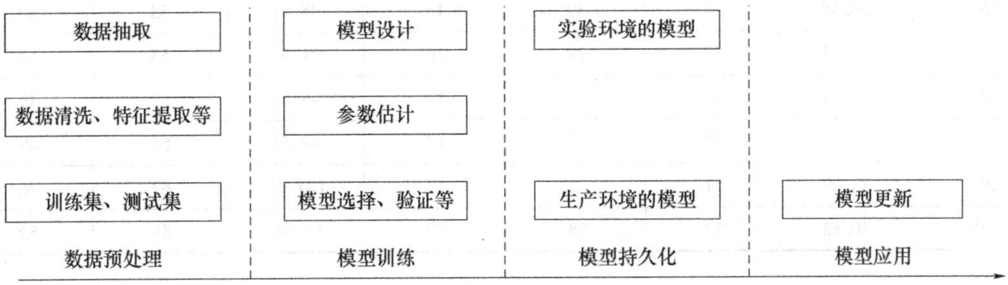

图 3-9 应用线性回归模型解决实际问题的一般流程

利用线性回归模型解决数据分析问题的流程大致上可分为四个阶段：

(1) 数据预处理

此阶段是训练数据集的准备阶段，会通过各种途径从已有的系统中抽取历史数据，然后通过数据清洗、标签处理、特征提取等预处理将数据分成训练集、测试集以备后续环节使用。

(2) 模型训练

前面几个小节的内容都是应用于此阶段的，包括模型设计、参数估计、模型验证等工作。参数估计算法包括损失函数定义、损失函数最小化的参数求解算法等；模型验证包括线性验证、回归方程选择、回归系数显著性检验等。

(3) 模型持久化

前面两个阶段的编码工作是在试验环境下进行的，将模型应用于生产实践之前，需要根据生产系统的运行环境进行模型持久化。如试验阶段用 Python 或 MATLAB 开发模型，而生产系统是 Java 环境，那么训练后的模型可能还需要使用预测模型标记语言处理，便于 Java 环境下被调用。

(4) 模型应用

在模型应用一段时间后，系统积累了更全面、更具时效性的数据，这时需要对模型进行更新以提高模型的各项性能指标。

可见，模型在数据挖掘系统中的应用是一个螺旋式上升的过程，整个流程会不断循环、不断更新，时刻保持模型对于所求解问题、所采集数据的时效性。

下面通过一个例子来加深对线性回归分析的认识。

例 3.2.2 采集到了一些猕猴桃数据（见表 3-1），包括猕猴桃的长、宽和鲜重。目标是建立一个模型，能够通过长、宽来预测猕猴桃的鲜重。这里通过这个案例来理解线性回归用于数据分析的流程。

表 3-1 猕猴桃数据

序号	鲜重/g	长/mm	宽/mm	序号	鲜重/g	长/mm	宽/mm
1	58.76	44	43	11	80.28	52	46
2	57.84	45	42	12	77.35	49	39
3	66.58	46	44	13	83.19	58	45
4	78.66	49	45	14	107.82	61	50
5	53.35	44	39	15	95.91	53	50
6	45.84	38	39	16	91.51	53	42
7	82.11	46	44	17	95.49	57	49
8	41.14	38	37	18	89.58	54	49
9	73.99	51	42	19	104.65	62	46
10	40.82	37	38	20	99.96	59	50

本例中有两个自变量（长 x_1、宽 x_2），一个因变量（鲜重 y），可以组合成三个线性回归方程，分别为式（3.32）~式（3.34），记为模型Ⅰ、Ⅱ、Ⅲ。

$$y=\beta_0+\beta_1x_1+\varepsilon \tag{3.32}$$

$$y=\beta_0+\beta_2x_2+\varepsilon \tag{3.33}$$

$$y=\beta_0+\beta_1x_1+\beta_2x_2+\varepsilon \tag{3.34}$$

式（3.32）、式（3.33）为一元线性回归模型，绘制的猕猴桃长、宽与鲜重关系的散点图分别如图 3-10a、b 所示。由图 3-10 可以看出，猕猴桃的鲜重和其长、宽之间都有比较明显的线性相关性。

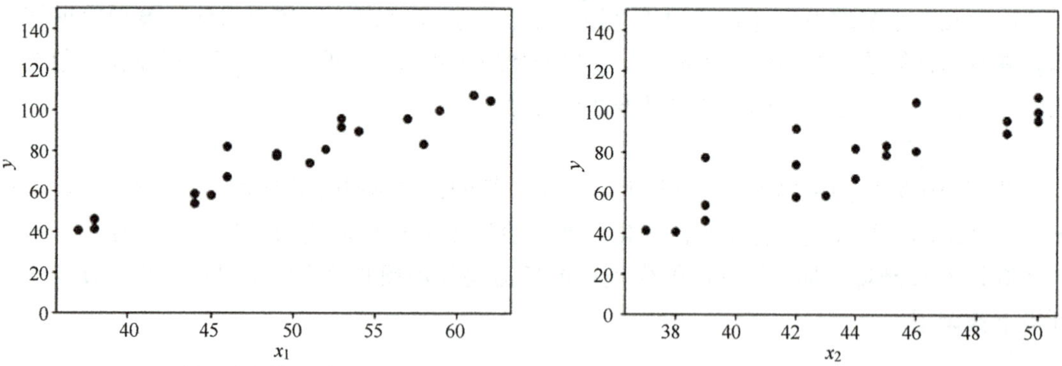

a) 猕猴桃长与鲜重的散点图　　b) 猕猴桃宽与鲜重的散点图

图 3-10 猕猴桃长与鲜重、宽与鲜重散点图

模型Ⅲ对应两个自变量、一个因变量，其散点图在三维空间中，如图 3-11 所示。由图 3-11 可以看出，y 与 x_1、x_2 组成的散点图也在一个平面上下波动，呈现出比较明显的线性相关。

使用最小二乘法估计式（3.32）~式（3.34）中的回归参数，可以得到经验回归方程分别为式（3.35）~式（3.37）。

$$\hat{y}=-54.5+2.62x_1 \tag{3.35}$$

$$\hat{y}=-108.7+4.2x_2 \quad (3.36)$$

$$\hat{y}=-80.1+2.1x_1+1.2x_2 \quad (3.37)$$

计算其 R^2 分别为 0.90、0.73、0.92，可见模型Ⅲ的效果最好。

图 3-12 所示为模型Ⅰ、Ⅱ的拟合效果，为更醒目地显示 β_0，图中将 x 坐标设置为从 0 开始显示。从图 3-12 可以看出，模型Ⅰ的线性拟合效果明显好于模型Ⅱ的线性拟合效果，而模型Ⅰ的 R^2 也确实比模型Ⅱ的 R^2 更接近于 1。读者可以尝试使用三维图形展示模型Ⅲ的拟合效果。

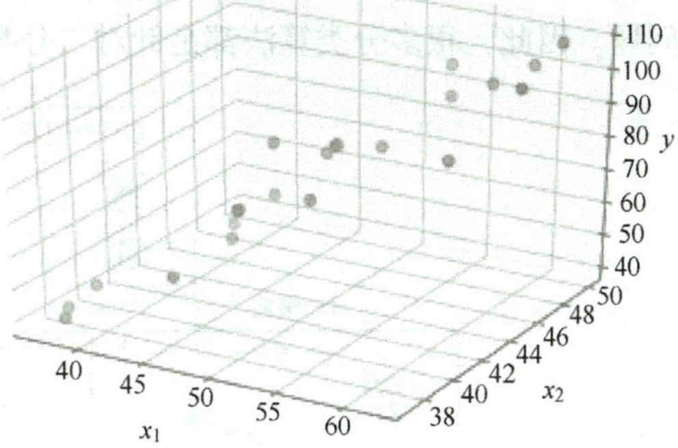

图 3-11　猕猴桃长、宽与鲜重的三维散点图

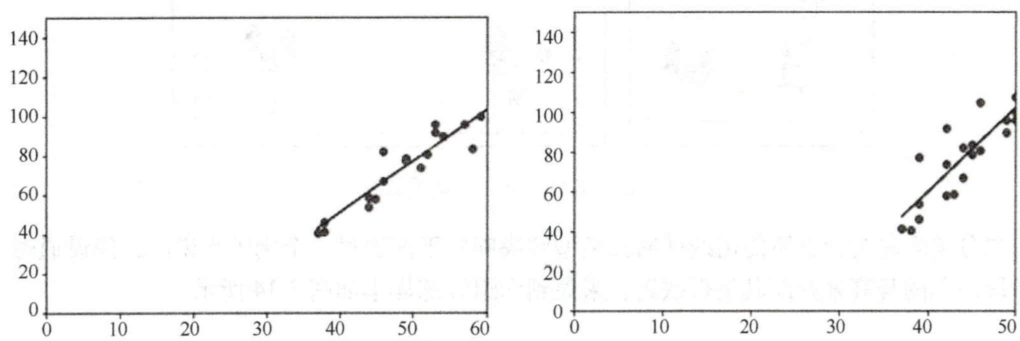

a) 模型Ⅰ的拟合效果　　b) 模型Ⅱ的拟合效果

图 3-12　模型Ⅰ、Ⅱ的拟合效果

3.3　逻辑回归

在 3.2 节中，线性回归研究了如何使用线性回归模型确定自变量与因变量之间的关系，求解得到的线性回归模型可以用来通过因变量预测自变量，而这个预测过程是直接把自变量代入模型公式中进行运算求得的，一般是连续的。

但是，现实中经常会碰到这样一类问题，通过一个事物的若干属性值去判断这个事物从属于哪一类。例如，通过一封电子邮件的很多属性，判断这封邮件是否为垃圾邮件；通过一个孩子的身高、体重等，判断这个孩子是否营养不良；通过肿瘤的各种检测值，判断它是良性还是恶性等。这类问题的求解过程被称为分类，逻辑回归（Logistic Regression，LR）模型可以用来解决分类问题。

3.3.1　二分类问题

所谓二分类问题，就是待分类任务中只有两个类别；同理，多分类问题就是待分类任务中有多个类别。二分类问题在工作和生活中很常见，且很多貌似更复杂的多分类问题也可以通过一对一、一对其余策略转换成二分类问题。如图 3-13 所示，狗、猫、鸡的多分类问题可以转成狗和猫、狗和鸡、猫和鸡的二分类问题，也可以转换成狗和非狗、猫和非猫的二分类问题。因此，很多分类算法都是针对二分类问题提出的。

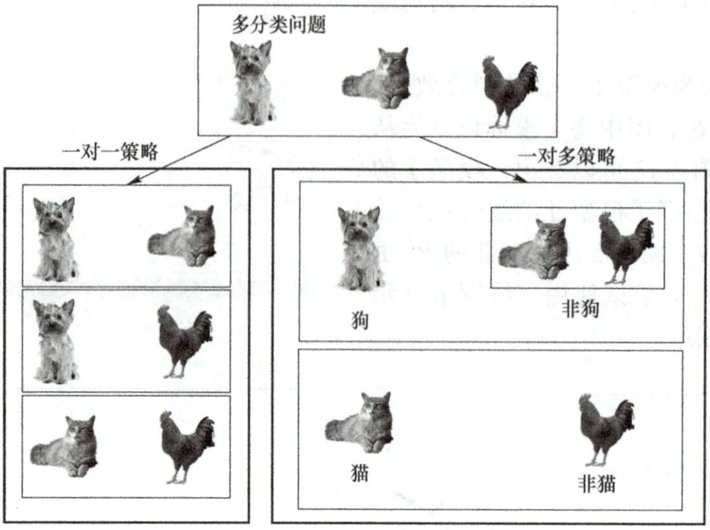

图 3-13　多分类与二分类的关系

二分类问题为什么不能用线性回归模型解决呢？下面通过一个例子来说明，假设通过某年龄段幼儿的身高来判断其是否缺钙，采集到两组训练样本如图 3-14 所示。

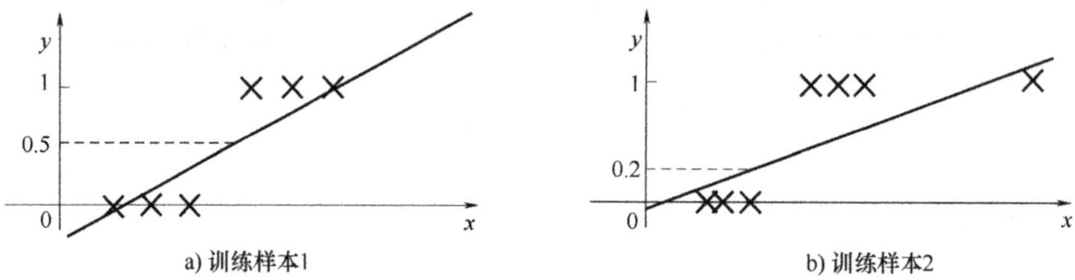

图 3-14　身高与是否缺钙训练样本

图 3-14 中，x 轴表示幼儿身高，y 轴表示是否缺钙（0 表示缺钙、1 表示不缺钙）。若使用线性回归模型进行求解，需要构建式（3.38）所示的模型公式，然后使用最小二乘法进行参数估计，两组训练样本会分别得到图 3-14a、b 所示的两条斜线。

$$y=\beta_0+\beta_1x_1+\varepsilon \tag{3.38}$$

式（3.38）拟合得到的经验模型还有什么问题呢？首先，拟合得到的是一条直线，用自变量求解因变量会是一个连续值，与因变量二分类的取值结果矛盾；其次，模型误差不服从正态分布，就不能对估计量采用精确正态分布进行统计推断，当然很多用线性回归求解的问题也难以满足这一要求。对于第一个问题，如果设置一个阈值，在 $\hat{y}$ 取值超过阈值时为 1，低于阈值时为 0，可以吗？以图 3-14 为例，图 3-14a 中可以将阈值设为 0.5，但如果如图 3-14b 中所示多了一个采样点，就会使阈值大幅下降，这显然也不合理。

综上，对于二分类问题的模型，其因变量 y 的取值应该只有两种可能（即 0 或 1），用线性回归的思想去解决分类问题不合适。而二分类的因变量会以一定的概率取 0 或 1，如果

是 n 组值，就是一个 n 重伯努利试验。因此，希望能构造一种模型函数，函数的取值空间为 [0，1]，而自变量对应函数的取值能够反映这组自变量对应的因变量取值为 1（二分类的一个结果）的概率。

3.3.2　逻辑回归模型

通过 3.3.1 小节的分析可知，二分类问题实质上可以转换为给定一组自变量 $\boldsymbol{x}$，预测其对应因变量取值为 1 的概率 p（对应取值为 0 的概率为 $1-p$）的问题。线性回归模型式（3.38）因为取值连续不能很好地拟合孩子身高和是否缺钙之间的关系，因此考虑使用式（3.39）作为二分类问题模型。

$$p(\boldsymbol{y} \mid \boldsymbol{x},\boldsymbol{\beta})=\begin{cases}1 & (\boldsymbol{x\beta}+\boldsymbol{\varepsilon}>0)\\ 0.5 & (\boldsymbol{x\beta}+\boldsymbol{\varepsilon}=0)\\ 0 & (\boldsymbol{x\beta}+\boldsymbol{\varepsilon}<0)\end{cases} \tag{3.39}$$

式（3.39）是分段函数，它不可导，在使用训练样本进行最优参数估计时无法使用梯度下降一类的方法。另一方面，n 组训练样本的条件概率 $p(\boldsymbol{y} \mid \boldsymbol{x},\boldsymbol{\theta})$ 是 n 重伯努利分布，属于指数分布族，根据广义线性模型的假设，可以构建如式（3.40）所示的函数作为二分类问题的模型。

$$p(\boldsymbol{y}=1 \mid \boldsymbol{x},\boldsymbol{\beta})=\frac{1}{1+\mathrm{e}^{-(\boldsymbol{x\beta}+\boldsymbol{\varepsilon})}} \tag{3.40}$$

将式（3.40）中的 $p(\boldsymbol{y}=1 \mid \boldsymbol{x},\boldsymbol{\beta})$ 记为 $\boldsymbol{y}$，式（3.40）改写为

$$\boldsymbol{y}=\frac{1}{1+\mathrm{e}^{-(\boldsymbol{x\beta}+\boldsymbol{\varepsilon})}} \tag{3.41}$$

形如式（3.41）的函数为 Sigmoid 函数，图形如图 3-15 所示。Sigmoid 函数将 $(-\infty,+\infty)$ 的自变量映射到 [0,1] 区间，且自变量取值越大越接近于 1，越小越接近于 0。而 $\boldsymbol{y}$ 的取值大小反映了在给定 $\boldsymbol{x}$、$\boldsymbol{\beta}$ 条件下其值取为 1 的概率，$\boldsymbol{y}$ 取 0 和 1 的概率和为 1，即 $p(\boldsymbol{y}=1 \mid \boldsymbol{x},\boldsymbol{\beta})+p(\boldsymbol{y}=0 \mid \boldsymbol{x},\boldsymbol{\beta})=1$。

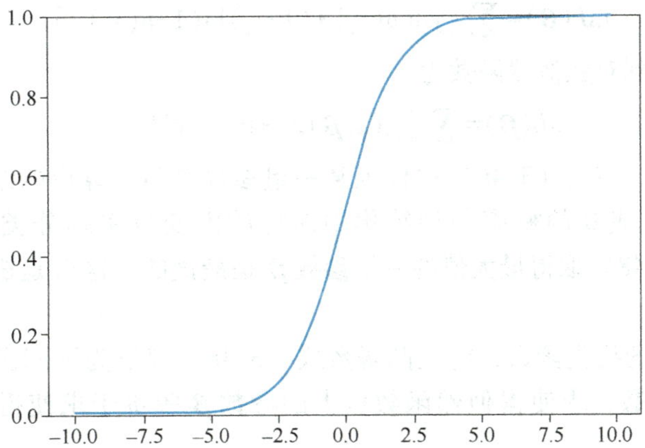

图 3-15　Sigmoid 函数图形

在幼儿身高和是否缺钙的例子中，若已求得模型参数估计，那么得到的经验方程为

$$\hat{\boldsymbol{y}}=\frac{1}{1+e^{-x\hat{\boldsymbol{\beta}}}} \tag{3.42}$$

式中，$\boldsymbol{x}=[1,幼儿身高]$；$\hat{\boldsymbol{\beta}}=[\hat{\beta}_0,\hat{\beta}_1]^{\mathrm{T}}$。若将某幼儿身高代入式（3.42）中算得结果为 0.7，则该幼儿缺钙的概率为 0.7，不缺钙的概率为 0.3。

式（3.41）变换可得式（3.43），也就是说，输出 $\boldsymbol{y}=1$ 与 $\boldsymbol{y}=0$ 的比例的对数与自变量 $\boldsymbol{x}$ 是线性关系，这就是逻辑回归模型。

$$\ln\frac{\boldsymbol{y}}{1-\boldsymbol{y}}=\boldsymbol{x\beta}+\boldsymbol{\varepsilon} \tag{3.43}$$

从式（3.41）、式（3.43）可以看出，逻辑回归实际上是使用线性回归模型的预测值逼近训练样本的分类任务标记的对数概率比，这样做有两个明显的好处：

1）不仅可预测出类别，还能得到该预测的概率，有利于利用概率辅助决策的任务。

2）对数概率函数是任意阶可导的凸函数，许多数值优化算法可用于参数估计。

3.3.3 模型求解

二分类问题模型的训练样本是一组自变量 $\boldsymbol{x}$ 及其对应的因变量（取值为 0 或 1），通过这一组训练样本拟合式（3.41）参数的过程称为逻辑回归模型求解。

类似线性回归模型求解，逻辑回归模型求解也需要先确定合适的代价函数，然后使用数值优化算法求出使得代价函数取得最优目标时的参数值。

逻辑回归中比较常用的参数估计是极大似然估计，设

$$p(\boldsymbol{y}=1\mid\boldsymbol{x},\boldsymbol{\beta})=p(\boldsymbol{x}) \tag{3.44}$$

则

$$p(\boldsymbol{y}=0\mid\boldsymbol{x},\boldsymbol{\beta})=1-p(\boldsymbol{x}) \tag{3.45}$$

在此基础上假设样本相互独立，其似然函数为

$$L(\boldsymbol{\beta})=\prod[p(x_i)]^{y_i}[1-p(x_i)]^{1-y_i} \tag{3.46}$$

为求解方便，对式（3.46）等号两边同时进行对数变换，得

$$\ln L(\boldsymbol{\beta})=\sum[y_i\ln p(x_i)+(1-y_i)\ln(1-p(x_i))] \tag{3.47}$$

进一步化简，可以得到对数似然函数为

$$\ln L(\boldsymbol{\beta})=\sum[y_i(x_i\boldsymbol{\beta}+\boldsymbol{\varepsilon})+\ln(1+e^{x_i\boldsymbol{\beta}+\boldsymbol{\varepsilon}})] \tag{3.48}$$

对于一组训练集，在式（3.46）中代入某一组参数 $\boldsymbol{\beta}$ 后，算得的结果值越大，说明模型求解的因变量取 1 或 0 的概率与训练集中对应的因变量实际分类值越接近，即使得式（3.46）或式（3.48）取得最大值的一组参数 $\boldsymbol{\beta}$ 是最优的，这就是逻辑回归的极大似然估计。

类似线性回归中的损失函数，将上凸函数式（3.48）变形为下凹函数式（3.49）来作为逻辑回归的损失函数，求使得似然函数极大的参数 $\boldsymbol{\beta}$ 等价于求使得损失函数最小的参数 $\boldsymbol{\beta}$。

$$J(\boldsymbol{\beta})=-\frac{1}{N}\ln L(\boldsymbol{\beta}) \tag{3.49}$$

在参数 β 的求解空间中搜寻最优解，常用的算法有梯度下降法、牛顿迭代法，其中的梯

度下降法较容易理解，梯度下降的思想是以一定的步长 λ（学习率）在梯度下降的方向上进行迭代寻优。参数迭代公式为

$$\beta_i^{(k+1)}=\beta_i^{(k)}-\lambda\Delta \tag{3.50}$$

式中，Δ 表示损失函数在该点处的梯度，为

$$\Delta=\frac{\partial}{\partial\boldsymbol{\beta}}J(\boldsymbol{\beta})=[p(x_i)-y_i]x_i \tag{3.51}$$

当相邻两次迭代之间损失函数减少的值小于某个事先设定的阈值时，认为已经找到最优解，停止迭代输出参数。当然，梯度下降法求得的最优解有可能只是局部最优。

与线性回归类似，逻辑回归也存在过拟合问题。如想对狗、猫进行分类，本来只要看爪子下面有无肉垫即可区分，但因为训练样本中恰好狗的身高都比猫高，所以引入身高这一自变量就会得到一个更复杂的模型，从而能更好地拟合训练样本。但这个更复杂的样本反而使得预测准确度降低，如用这个复杂的模型对泰迪分类，那么加入身高这个自变量后反而使得模型预测其为狗的概率降低。

避免陷入过拟合的通用方法有减少特征的数量、正则化两种。减少一些对因变量影响不大的自变量可以减少过拟合，回归方程选择方法就属于减少特征的数量以防止过拟合的方法，这种方法在训练样本较少、自变量较多时常被采用；而正则化的基本思想是在求解损失函数的最优参数时对参数加入一些规则（限制），缩小参数的求解空间，从而减少过拟合的可能性。

换句话说，正则化是指在一定条件下尽可能采用简单的模型来提高泛化预测精准度，这样可以降低特征的权重，使得模型更为简单。在逻辑回归分析中常用L1 范式或L2 范式进行正则化，L1 范式是指变量与 0 之间的曼哈顿距离，L2 范式是指变量与 0 之间的欧式距离。加入 L1 正则化的目标函数如式（3.52）所示，加入 L2 正则化的目标函数如式（3.53）所示。

$$J^*(\boldsymbol{\beta})=-\sum_i[y_i\ln p(x_i)+(1-y_i)\ln(1-p(x_i))]+\frac{1}{2b^2}\sum_j|\beta_j| \tag{3.52}$$

$$J^*(\boldsymbol{\beta})=-\sum_i[y_i\ln p(x_i)+(1-y_i)\ln(1-p(x_i))]+\frac{1}{2\sigma^2}\boldsymbol{\beta}^{\mathrm{T}}\boldsymbol{\beta} \tag{3.53}$$

L1 和 L2 正则化都是在损失函数的基础上加入了惩罚项，对加入正则化项后的损失函数 J^* 进行最优求解，容易得到更简单的模型。一般，L1 正则化会比较容易得到稀疏解，即 $\boldsymbol{\beta}$ 中 0 分量比较多，也就是会剔除一些不重要的自变量；而 L2 正则化得到的解比较平滑，即 $\boldsymbol{\beta}$ 中的一些分量绝对值比较小，也就是一些对因变量影响不大的自变量前的系数较小。

3.3.4 应用案例

例 3.3.1 建立一个逻辑回归模型来预测一个学生期末考试能否及格。假设你是一个大学某学科的老师，你想根据某个学生的平时表现和作业情况预测他在期末考试中能否及格。

记录的前面几届学生学习本门课的历史数据（即学生成绩训练数据）见表 3-2，表中 X_1 表示平时表现的分数，X_2 表示作业的分数，Y 表示是否及格（1 为及格，0 为不及格），“序”表示训练样本的序号。

表 3-2 学生成绩训练数据

序	X_1	X_2	Y	序	X_1	X_2	Y	序	X_1	X_2	Y	序	X_1	X_2	Y
1	0.0	1.27	0	17	3.2	3.73	0	32	2.4	6.4	1	47	3.8	9.13	1
2	2.2	1.53	0	18	3.2	3.13	0	33	3.6	5.07	1	48	3.4	10.0	1
3	1.4	1.0	0	19	4.0	2.4	0	34	6.2	3.33	1	49	8.8	4.0	1
4	2.4	1.8	0	20	3.2	4.07	0	35	2.4	7.0	1	50	10.2	4.47	1
5	3.0	1.47	0	21	4.0	2.87	0	36	4.8	4.67	1	51	7.6	6.33	1
6	2.0	2.87	0	22	3.8	3.8	1	37	4.2	4.93	1	52	4.2	10.0	1
7	2.6	3.0	0	23	4.2	4.4	1	38	4.2	6.53	1	53	7.8	6.6	1
8	3.4	2.8	0	24	3.2	3.73	1	39	4.4	5.8	1	54	4.0	10.27	1
9	2.0	3.73	0	25	2.6	5.47	1	40	5.2	5.53	1	55	9.4	5.0	1
10	2.6	2.2	0	26	3.0	4.13	1	41	5.6	6.4	1	56	5.2	10.4	1
11	3.6	2.87	0	27	3.8	3.53	1	42	7.4	4.67	1	57	9.4	6.47	1
12	2.4	2.6	0	28	3.6	3.87	1	43	2.0	11.27	1	58	3.4	16.93	1
13	3.0	4.47	0	29	2.6	5.93	1	44	5.0	7.0	1	59	5.6	13.93	1
14	2.6	4.2	0	30	3.8	5.07	1	45	6.6	6.67	1	60	20.0	5.27	1
15	3.6	3.13	0	31	6.0	3.53	1	46	2.0	2.6	1	61	16.4	10.13	1
16	2.6	4.33	0												

表 3-2 中及格、不及格的成绩分布如图 3-16 所示，横坐标表示作业成绩，纵坐标表示平时表现成绩，而对应的点分别用点和叉表示及格、不及格。由图 3-16 可以看出，及格和不及格的点之间存在一个比较明显的分界，称为决策边界。这个决策边界怎么来的呢？

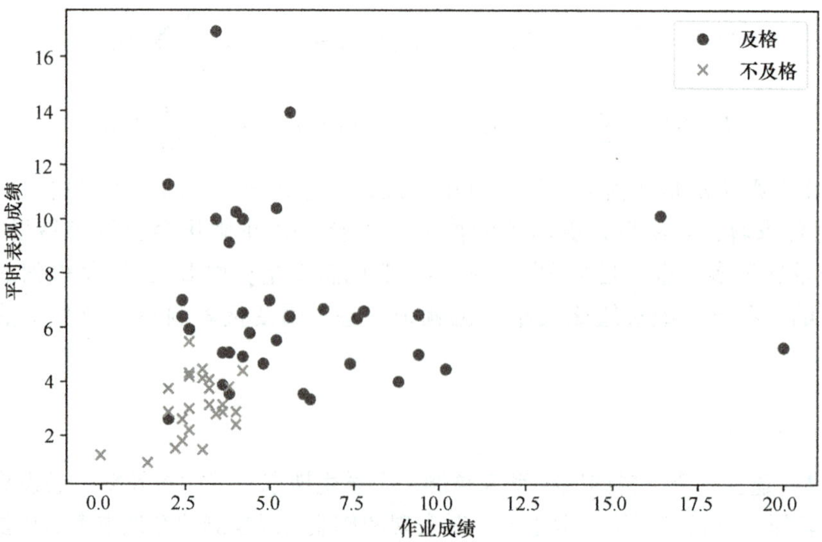

图 3-16 作业成绩及平时表现成绩与总评是否及格的示意图

逻辑回归的模型方程式（3.41）给出的是 $\boldsymbol{y}=1$ 的概率 $p(\boldsymbol{y}=1 \mid \boldsymbol{x},\boldsymbol{\beta})$。在利用这个模型进

行二分类问题预测时，需要根据概率值大小确定因变量的分类，因此进一步得到式（3.54）所示的分类方程。

$$\hat{y}=\begin{cases}1 & [p(\hat{y}=1\mid \boldsymbol{x},\hat{\boldsymbol{\beta}})\geqslant 0.5]\\0 & [p(\hat{y}=1\mid \boldsymbol{x},\hat{\boldsymbol{\beta}})<0.5]\end{cases} \tag{3.54}$$

结合式（3.41）可知，$\boldsymbol{x}\hat{\boldsymbol{\beta}}\geqslant 0$ 使得 $\hat{y}=1$，因此 $\boldsymbol{x}\hat{\boldsymbol{\beta}}=0$ 是因变量取值为 1 还是 0 的分界线（面），即逻辑回归的决策边界。

接下来，对训练集进行逻辑回归分析，训练得到逻辑回归模型，实验过程使用 Python 编码实现。

第一步，将表 3-2 中的训练数据按一定比例随机划分为训练集和测试集两部分，方便进行交叉验证。训练集的随机划分使用 sklearn. model_selection 模块中的 train_test_split 实现。

第二步，使用 L2 正则化的损失函数进行模型训练，得到的模型结果如式（3.55）所示。

$$\hat{y}=\begin{cases}1 & \left(\dfrac{1}{1+\mathrm{e}^{8.17-1.00\times x_1-1.02\times x_2}}\geqslant 0.5\right)\\[2ex]0 & \left(\dfrac{1}{1+\mathrm{e}^{8.17-1.00\times x_1-1.02\times x_2}}<0.5\right)\end{cases} \tag{3.55}$$

第三步，使用测试集验证逻辑回归模型训练的结果。使用模型对测试集的 x 进行预测，预测得到的结果与实际的 $\boldsymbol{y}$ 值比较，结果如表 3-3 所示。

表 3-3 对测试集的预测结果与实际值比较

序号	34	8	1	60	35	24	40
$\boldsymbol{y}$	1	0	0	1	1	0	1
$\hat{\boldsymbol{y}}$	1	0	0	1	1	0	1

3.4 本章小结

本章介绍了一种最基本的数据分析算法模型——线性模型。

模型是指基于一定的目标对某个实际问题、现象、事物等的一种抽象表达。而在数据挖掘中，建立模型的目标通常是分类与预测、聚类分析、关联规则挖掘、时序模式分析、偏差检测等。

线性回归模型因其实现简单、可解释性好，所以在工程中广泛应用。回归分析着重分析响应变量（因变量）与解释变量（自变量）之间的函数关系，如果先将这种函数关系假设为线性的，那么寻找最优的线性模型参数的过程称为线性回归。

逻辑回归是在线性回归的基础上加了一个 Sigmoid 函数（非线性）映射，使得逻辑回归可以更好地解决分类问题。线性回归和逻辑回归都属于广义线性模型，但适用的问题场景不同。逻辑回归解决的是分类问题，输出的是离散值；线性回归解决的是回归问题，输出的是连续值。因为引入了 Sigmoid 函数，因此相对于线性回归，逻辑回归具备两个优点：

1）线性回归在实数域范围内进行预测，而分类范围只需要在 [0,1] 上预测，逻辑回归减少了预测范围。

2）线性回归在实数域上的敏感度一致，而逻辑回归在 0 附近敏感，在远离 0 点的位置不敏感，模型更加关注决策边界，增加了鲁棒性。

3.5　习题

3.5.1　思考题

1. 数据挖掘项目的一般流程是怎样的？
2. 数据挖掘建模的常用方法有哪些？
3. 线性回归模型训练的原理是什么？
4. 线性回归和逻辑回归有什么异同点？
5. 逻辑回归中，Sigmoid 函数的作用是什么？

3.5.2　实验练习

1. 实验目的

使用 Python 代码实现例 3.3.1 中的内容。

2. 实验内容

1）练习使用 Python 加载原始数据，简单分析原始数据的方法。

2）练习使用 Matplotlib 进行简单图表的绘制。

3）练习使用 scikit-learn 包中的逻辑回归模型的训练、预测、测试方法。

3. 实验方法与步骤

（1）使用 VS Code 新建 Chap03 的工程

chap03

在工程中新建 Data 文件夹和名为“main.ipynb”的 Jupyter Notebook 代码文件。注意，在 VS Code 中使用 Jupyter Notebook，需要给对应的 Python 虚拟环境安装 ipykernel 包，安装命令为“conda install-n ai_textbook ipykernel--update-deps--force-reinstall”，其中，“-n ai_textbook”指定要安装 Python 虚拟环境的名称。

将存有学生成绩的 Excel 数据文件“students_score.xlsx”复制到 Data 文件夹中。若要在 VS Code 中查看 Excel 文件，则需要安装 Excel Viewer 扩展，如图 3-17 所示。

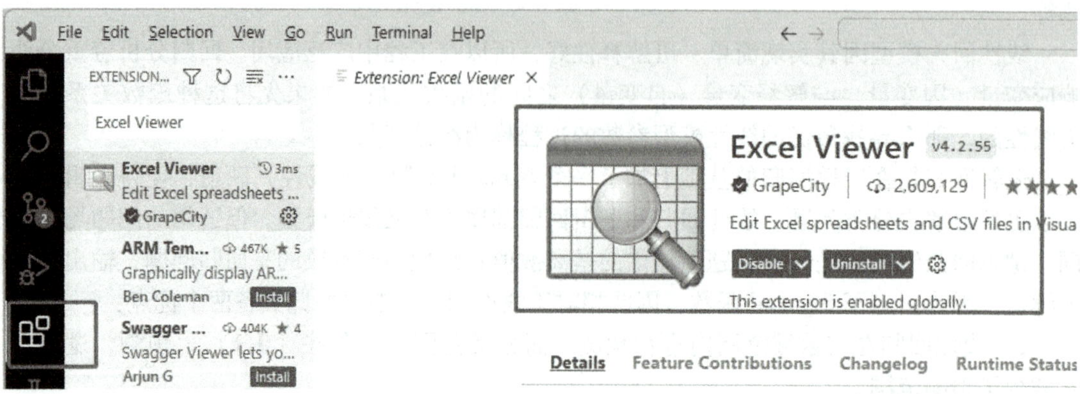

图 3-17　VS Code 中安装 Excel Viewer 扩展

（2）使用 Pandas 加载数据

使用 pip 或 Conda 安装 Pandas 和 openpyxl 包，使用 Pandas 的 read_excel( ) 函数将 Excel 文件中的表格以 DataFrame 的格式读入内存。使用 DataFrame 的 head( ) 函数显示读入数据的前 5 行，如图 3-18 所示。

```
raw_datas.head()
```

✓ 0.6s

	学号	作业成绩	平时成绩	期末是否及格
0	1	0.0	1.27	0
1	2	2.2	1.53	0
2	3	1.4	1.00	0
3	4	2.4	1.80	0
4	5	3.0	1.47	0

图 3-18　学生成绩的前 5 行

将数据表中的“作业成绩”“平时成绩”两列取出并存入 X_raw，作为解释变量；将“期末是否及格”列的数据取出并存入 y_raw，作为响应变量。

安装 Matplotlib 包，然后分别以“作业成绩”作为 x 轴，以“平时成绩”为 y 轴，根据“期末是否及格”绘制出圆点或叉点，如图 3-19 所示。

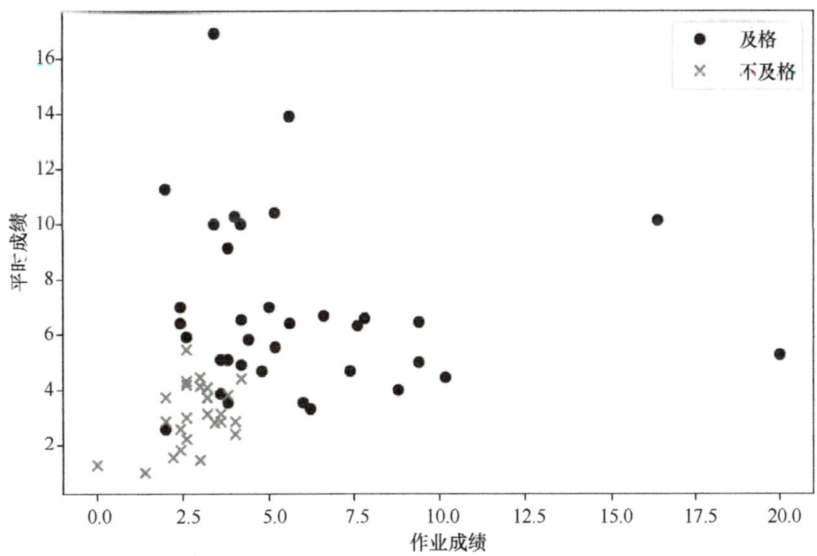

图 3-19　是否及格与作业成绩、平时成绩的关系

（3）训练并测试逻辑回归模型

安装 scikit-learn 包，使用 sklearn. model_selection 中的 train_test_split( ) 方法将原始数据按照 9∶1 的比例拆分成训练集（X_train，y_train，X_test，y_test）和测试集。

在 sklearn. linear_model 中导入 LogisticRegression 类，然后定义 LogisticRegression 类对象，调用对象的 fit( ) 方法对这个对象进行训练。

调用 LogisticRegression 的 predict( )方法预测 X_test，将预测结果与 y_test 中的实际结果进行比对，并计算出预测精准率。

4. 思考

参考 sklearn 的源码，尝试根据逻辑回归的原理使用 Python 语言开发一个逻辑回归模型类。

第 4 章　基于距离的算法

本章目标

- 掌握分类和聚类的区别
- 理解几种常用的距离度量方法
- 掌握 K 近邻算法
- 掌握 K 均值算法

第 3 章介绍的逻辑回归可以根据学生的作业成绩和平时表现成绩预测学生期末总评是否能及格，也就是说，逻辑回归算法将学生分成了“及格”和“不及格”两种类别，类似这样用已知标签的训练集训练一种机器学习算法并给某个个体打上类别标签的过程称为分类。还有一类问题，如需要设计一套算法将学生按其特点归类以制订个性化的人才培养方案，但算法事先并不知道训练样本中的学生具体的类标签，类似这类问题被称为聚类。

分类是一种有监督学习任务，其训练样本有自变量及其对应的因变量，即根据一堆已经打上分类标签的训练数据寻找合适的分类算法；而聚类是一种无监督学习任务，无监督学习的处理对象是一堆无标签的数据，算法需要从数据集中发现和总结模式或者结构来完成聚类任务。本章的重点是介绍属于有监督学习的 K 近邻算法、属于无监督学习的 K 均值算法。

虽然 K 近邻和 K 均值分别属于有监督、无监督学习算法，但因其实现原理有一定相似性，因此本书将此两种算法放在同一章节介绍。

4.1　分类与聚类的区别

所谓分类，就是从已知类别样本组成的集合中训练出一种分类器，用这个分类器对未知类别的样本进行分类。分类算法的分类过程就是建立一种分类模型来描述预定的数据集或概念集，通过分析由属性描述的数据库元组来构造模型。分类的目的就是使用分类对新的数据集进行划分，其主要涉及分类规则的准确性、过拟合、矛盾划分的取舍等，分类问题示意图如图 4-1 所示。图 4-1 中，由已知分类的 3 组样本共同组成的样本集得到一个分类器，此分类器可以用于对一个未知样本进行分类。

“物以类聚，人以群分”，在一个空间中，如果两个样本距离较近，那么它们同属一个类别的可能性也较高。根据这一思想，在对一个新的、未知类别的样本进行分类时，可以参考与它距离较近的一些样本的类别，据此来对新样本进行分类，这就是 K 近邻分类算法的

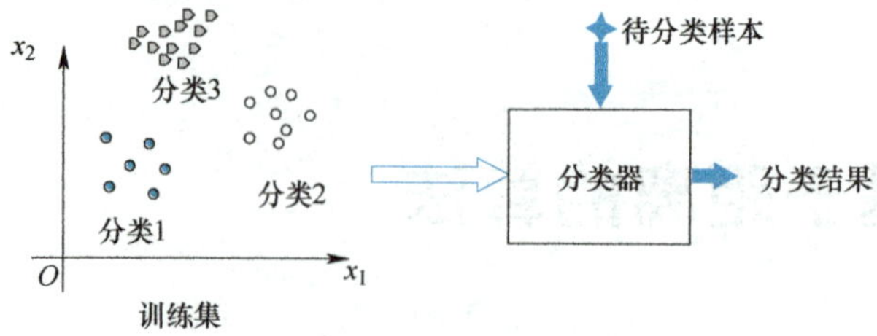

图 4-1　分类问题示意图

基本思想。

聚类算法分为层次聚类、划分聚类两种。层次聚类的初始阶段将每个样本点看成一类，然后对这些类的每次迭代都进行两两合并，直到所有的类聚集完成。划分聚类时，首先指定类的个数 K，然后将样本集随机分成 K 类，每次迭代时对样本集进行重新优化并组合成为新的 K 类，最后使得类内的相似度、类间的差异或迭代次数达到设定值。聚类任务的流程可划分为数据准备、特征选择、特征提取、聚类、聚类结果评估等几个阶段。

假设有一组样本，如图 4-2a 所示，事先不知道这些样本的具体类别，如果指定要分为两类（$K=2$），分类结果如图 4-2b 所示，这就是划分聚类。各种划分聚类算法中，K 均值是最著名的一种。

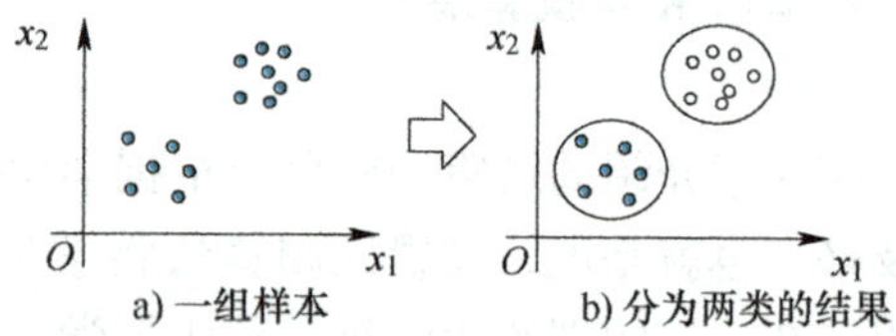

图 4-2　聚类示意图

K 均值聚类是一种迭代求解算法。首先，随机选取 K 个中心，计算样本点与 K 个中心的距离，并将此样本点暂时归类为离它最近的那个中心，这样处理完每个样本点后，就可以临时将样本空间分为 K 个类；然后，将这 K 个类的中心作为新的中心点，再重新按样本点与新的中心的距离来重新聚类一次；循环往复，直至达到循环结束条件。

K 近邻分类和 K 均值聚类算法的一个重要依据是距离。数据挖掘中的样本通常由一个多维度的向量表示，而样本的相似性大小的度量可以转换为对应向量之间的距离的求解。因此对于距离概念的深入理解，是掌握数据挖掘算法的必要前提。

4.2　距离度量问题

在数学中，距离是一个函数，将样本空间中的两个样本点映射为一个实数，其公式为

$$\mathrm{dist}(\boldsymbol{x}_1,\boldsymbol{x}_2)\rightarrow r(r\in R) \tag{4.1}$$

机器学习中用到的距离函数很多，包括欧式距离、曼哈顿距离、切比雪夫距离等。但一个距离函数又不能随意地将两个样本点映射为一个实数，此映射函数只有在满足一定前提条件后才能被当成距离函数使用。

假设有一个 N 维空间 X，x_i 为空间中的任一点，若函数 $d(x_i,x_j)$ 为空间 X 中的距离函数，则函数 $d(\,)$ 应满足以下条件：

1）$d(x_i,x_j)\geqslant 0$（即距离函数的结果满足非负性）。

2）$d(x_i,x_j)=0$，当且仅当 $x_i=x_j$（即若两点间的距离为 0，则此两点重合）。

3) $d(x_i,x_j)=d(x_j,x_i)$（即距离函数满足对称性）。

4) $d(x_i,x_j)\leqslant d(x_i,x_k)+d(x_k,x_j)$（即距离函数满足三角不等式）。

上述四个条件中，条件 1）已经包含在条件 2)～4）中了。因为，由条件 4）知 $d(x_i,x_j)+d(x_j,x_i)\geqslant d(x_i,x_i)$，又由条件 2）得 $d(x_i,x_j)+d(x_j,x_i)=2d(x_i,x_j)$，再加上条件 3) $2d(x_i,x_j)\geqslant d(x_i,x_i)=0$，即为条件 1）。而条件 4）的含义是从一个点 A 到另一个点 B 的直线距离肯定小于或等于从点 A 经过点 C 再到点 B 的距离之和，即两点之间直线距离最短。

描述样本点的向量的维度值有两类变量，包括表示身高、体重这一类属性的数值型维度，以及表示性别、是否及格等的布尔型维度。根据向量的特点可以将距离函数分成数值向量距离函数和布尔向量距离函数两类，下面分别予以介绍。

4.2.1　数值向量距离函数

数值向量距离函数很多，常用的有欧式距离（Euclidean Distance）、曼哈顿距离（Manhattan Distance）、闵可夫斯基距离（Minkowski Distance）等。

1. 欧式距离

在图 4-3 所示的二维平面中，两个向量 (x_1,x_2)、(y_1,y_2) 间的欧式距离可由勾股定理推出，即

$$d(\boldsymbol{x},\boldsymbol{y})=\sqrt{(x_1-y_1)^2+(x_2-y_2)^2} \tag{4.2}$$

类似的，n 维向量的欧式距离计算公式定义为

$$d(\boldsymbol{x},\boldsymbol{y})=\sqrt{\sum_{i=1}^{n}(x_i-y_i)^2} \tag{4.3}$$

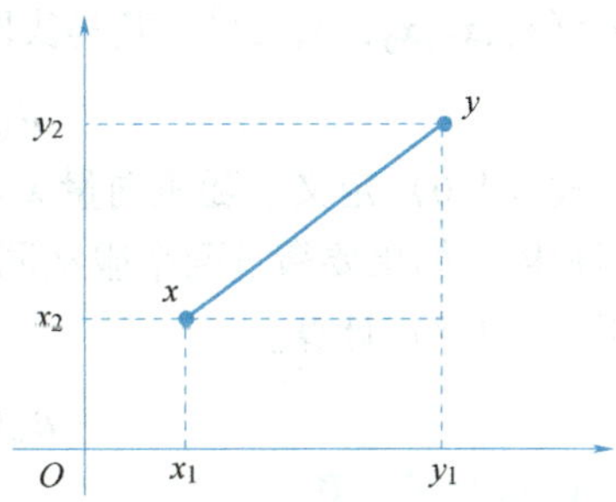

图 4-3　二维向量欧式距离示意图

欧式距离简明易懂，但在数据挖掘算法中使用时存在明显缺陷。由欧式距离的计算公式可知，它的结果与度量单位有关，这在应用时往往会与实际意愿相背离。例如，在教育数据挖掘项目中要计算两个学生的相似性，如果以米为单位，那么在身高这一维度上可能有 0.2 的差距；但如果以厘米为单位，那么这一差距就变成 20 了。这样，和其他维度（比如体重）相结合来计算两个学生的相似性，就没有一致性。

针对这一缺点，可以使用标准化欧式距离（Standardized Euclidean Distance），先将向量的各个维度的数值投影到［0,1］区间，再进行欧式距离计算。

2. 标准化欧式距离

标准化欧式距离对所有维度分别进行式（4.4）所示的处理。

$$x_i'=\frac{x_i-\mu_i}{\delta_i} \tag{4.4}$$

式中，μ_i 为样本向量第 i 维的均值；δ_i 为对应的方差。经过式（4.4）处理后，样本空间中样本向量的每个分量的均值都为 0、方差为 1。对于标准化后的样本，进行欧氏距离计算的公式为

$$d(x',y')=\sqrt{\sum_{i=1}^{n}\frac{(x_i-y_i)^2}{\delta_i^2}} \tag{4.5}$$

标准化后再进行欧氏距离计算，虽然消除了各种维度间不同计量标准的差异问题，但是样本的分布情况也会影响个体间的差异。例如，某样本集第一个维度上的方差为 0.1，而

第二个维度上的方差为 10，显然同样是距离为 1，在第一个维度上，距离为 1 的点是离群点的可能性更大。如图 4-4 所示，点 A 和点 B 离中心点的距离相等，但因为样本集在维度 1 上的方差更小，所以样本点 B 是离群点（即不属于这个类）的可能性更大，而这个问题通过归一化也无法避免。换句话说，在很多实际情况下，计算两个样本点的距离时，每个维度的权重应该不同。

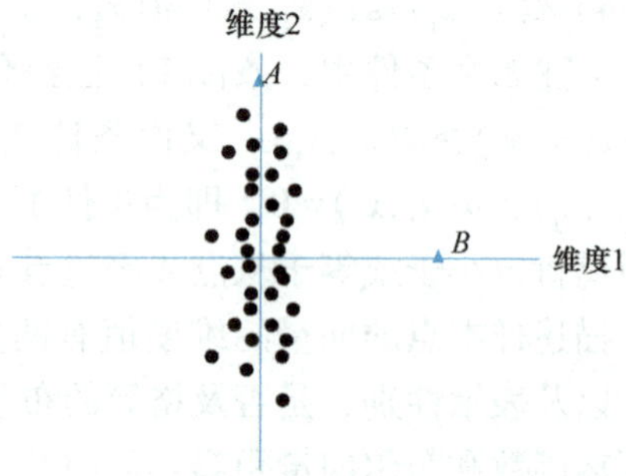

图 4-4 欧氏距离缺点示意

3. 马氏距离

印度统计学家马哈拉诺比斯（P. C. Mahalanobis）提出了一种向量间的协方差距离，称为马氏距离（Mahalanobis Distance）。它是欧式距离的一种修正，既考虑了数据特征之间的联系，同时又独立于测量尺度。

马氏距离的定义是基于分布的，对于一个已知均值为 $\boldsymbol{\mu}$ 和协方差矩阵为 $\boldsymbol{\Sigma}$ 的多维度向量 $\boldsymbol{x}=(x_1,x_2,x_3,\cdots,x_p)^{\mathrm{T}}$，其马氏距离定义为

$$d_M(\boldsymbol{x})=\sqrt{(\boldsymbol{x}-\boldsymbol{\mu})^{\mathrm{T}}\boldsymbol{\Sigma}^{-1}(\boldsymbol{x}-\boldsymbol{\mu})} \tag{4.6}$$

式（4.6）定义了随机向量 $\boldsymbol{x}$ 与整个样本集的距离，即这个随机向量相对于样本中心的偏离程度。如果要衡量两个服从同一分布且协方差都为 $\boldsymbol{\Sigma}$ 的随机向量 $\boldsymbol{x}$ 和 $\boldsymbol{y}$ 的距离，则可以使用式（4.7）计算。

$$d_M(\boldsymbol{x},\boldsymbol{y})=\sqrt{(\boldsymbol{x}-\boldsymbol{y})^{\mathrm{T}}\boldsymbol{\Sigma}^{-1}(\boldsymbol{x}-\boldsymbol{y})} \tag{4.7}$$

4. 曼哈顿距离

欧式距离是两点之间的直线距离，但在路径规划这一类实际问题中，两点之间很可能没有直线相连，曼哈顿距离的定义就考虑了这种情况。

曼哈顿距离是由 19 世纪著名的德国犹太人数学家赫尔曼 · 闵可夫斯基（Hermann Minkowski）发明的。曼哈顿距离又称为城市区块距离，在欧几里得空间的固定直角坐标系上，两点间的曼哈顿距离是这两个点所形成的线段对坐标轴产生的投影的距离总和。如图 4-5 所示，假设 A、B 两点的坐标分别为（x_1,y_1）和（x_2,y_2），则 A、B 两点的曼哈顿距离为

$$d(A,B)=|x_1-x_2|+|y_1-y_2| \tag{4.8}$$

图 4-5 所示的 A、B 两点间有三条连接线，线 1 是欧式距离，线 3 是曼哈顿距离，而线 2 是与线 3 等效的一条曼哈顿距离线。把式（4.8）从二维扩展到更多维度时，曼哈顿距离的计算方式类似，公式为

$$d(\boldsymbol{x},\boldsymbol{y})=\sum_{i=1}^{n}|x_i-y_i| \tag{4.9}$$

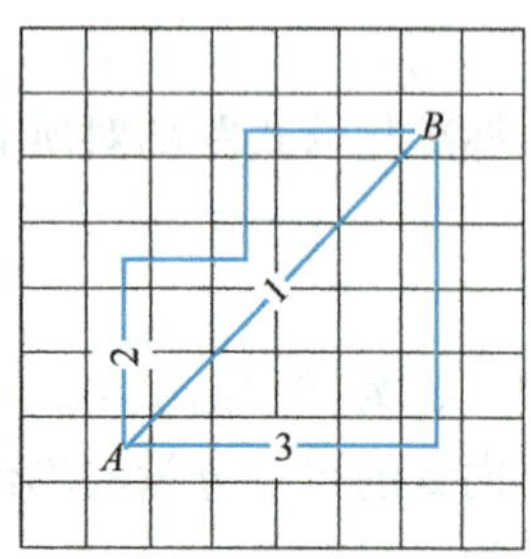

图 4-5 曼哈顿距离示意图

从式（4.9）可以看出，相对于欧式距离，曼哈顿距离的求解只需要做加减法，不需要二次方和开方运算，使得计算效率提高的同时消除了开方运算的误差影响。

5. 闵可夫斯基距离

闵可夫斯基距离是欧氏距离、曼哈顿距离的一般形式。如果利用闵可夫斯基距离求解向

量点 $\boldsymbol{X}=(x_1,x_2,\cdots,x_n)$ 和向量点 $\boldsymbol{Y}=(y_1,y_2,\cdots,y_n)$，则其求解公式为

$$d(\boldsymbol{X},\boldsymbol{Y})=\left(\sum_{i=1}^{n}|x_i-y_i|^p\right)^{1/p} \tag{4.10}$$

式（4.10）中，若取 $p=2$，就是欧式距离；若取 $p=1$，就是曼哈顿距离。显然，闵可夫斯基距离也没有考虑样本各个维度的分布情况，可能会过度放大某个维度的作用。

除了上述介绍的欧式距离、马氏距离、曼哈顿距离、闵可夫斯基距离外，常用的数值向量距离函数还有余弦距离、切比雪夫距离、加权闵可夫斯基距离等。

4.2.2　布尔向量距离函数

布尔向量又称为逻辑向量，与数值向量不同，一个逻辑向量储存一组 True 或 False 值，即向量的各个维度的取值只能是 0 或 1。例如，图 4-6 所示为一个手写大写英文字母“E”图像经过预处理后的效果，图中像素点的值全部是布尔值。

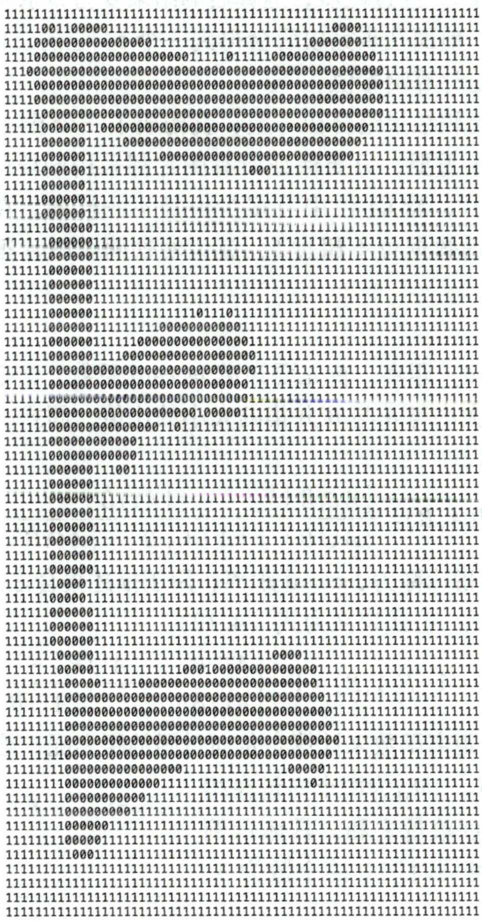

图 4-6　由 0 和 1 组成的字母“E”

常用的布尔向量距离函数包括汉明距离（Hamming Distance）、杰卡德距离（Jaccard Distance）、Dice 系数（Dice Dissimilarity）等。

1. 汉明距离

在信息论中，两个等长字符串之间的汉明距离是指两个字符串对应位置的不同字符的个数。换句话说，它就是将一个字符串变换成另外一个字符串所需要替换的字符个数。如果是两个布尔向量，则只需取异或运算，那么结果中 1 的数目就是汉明距离，又称为汉明权重。汉明距离在数据处理与挖掘领域的应用非常广泛，如 Google、Baidu 等搜索引擎都推出了“以图搜图”的功能。这个功能的基本原理并不复杂，大致步骤如下：

第一步，缩小尺寸。将图片缩小到 8×8 像素的尺寸，总共 64 个像素。这样可以去除图片的细节，只保留结构、明暗等基本信息，摒弃不同尺寸、比例带来的图片差异，同时可以减少图片处理的复杂度，减少运算量。

第二步，简化色彩。将缩小后的图片转换为 64 级灰度，进一步减少图像处理的运算量。

第三步，计算平均值。计算 64 个像素的灰度平均值。

第四步，比较像素的灰度。将每个像素的灰度与平均值进行比较，大于或等于平均值，记为 1；小于平均值，记为 0。经过此步，运算后的结果变为布尔向量。

第五步，计算哈希值。前面几步完成后会得到一个 64 位的二进制数组，进一步将这个数组转换为十六进制，就是计算哈希值。

最后，将两张图片的比较结果组合在一起，就构成了一个 64 位的整数，这就是这张图片的指纹。组合的次序并不重要，只要保证所有图片都采用同样的次序即可。得到指纹以后，就可以对比不同的图片，看 64 位中有多少位是不一样的。在理论上，这等同于计算“汉明距离”。如果不相同的数据位不超过 5，就说明这两张图片很相似；如果大于 10，则说明这是两张不同的图片。

2. 杰卡德距离

要了解杰卡德（Jaccard）距离，首先要知道 Jaccard 系数。给定两个集合 A、B，Jaccard 系数定义为 A 与 B 交集的大小与 A 与 B 并集的大小的比值，即式（4.11）。当集合 A、B 都为空时，$J(A,B)$ 定义为 1。

$$J(A,B)=\frac{|A\cap B|}{|A\cup B|}=\frac{|A\cap B|}{|A|+|B|-|A\cap B|} \tag{4.11}$$

与 Jaccard 系数相关的指标称为 Jaccard 距离，用于描述集合之间的不相似程度。Jaccard 距离越大，样本相似度越低。公式定义为式（4.12）。

$$d_j(A,B)=1-J(A,B)=1-\frac{|A\cap B|}{|A\cup B|}=\frac{|A\cup B|-|A\cap B|}{|A\cup B|} \tag{4.12}$$

那么如何使用 Jaccard 距离函数来计算布尔向量间的距离呢？给定两个 n 维布尔向量 $\boldsymbol{X}$、$\boldsymbol{Y}$，分别定义 M_{00}、M_{01}、M_{10}、M_{11} 为两个向量在相同维度上取下标的值的维度数量之和，具体示例如图 4-7 所示（如相同维度同时取 0 的个数为 3，则 $M_{00}=3$）。

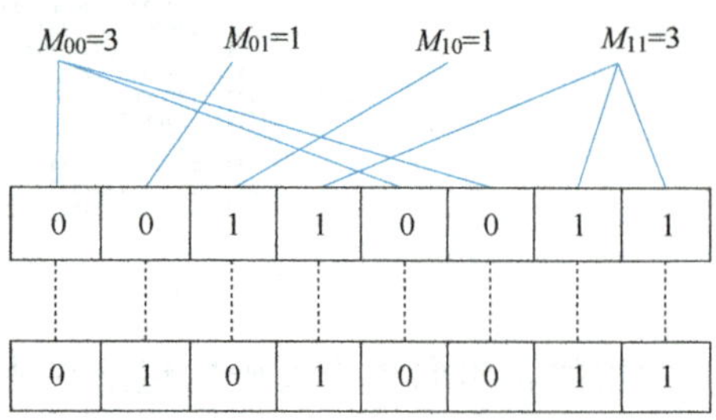

图 4-7　Jaccard 系数示例

由图 4-7 可知，M_{00}、M_{01}、M_{10}、M_{11} 的和为向量的维度 n，实际应用场景中较为关注 M_{11} 在总维数中的比重，即两个布尔型向量在相同的位置上同时取 1 的比例，由此给出两个维度相同的布尔向量的 Jaccard 系数，即式（4.13），则 Jaccard 距离公式变换为式（4.14）。

$$J(\boldsymbol{X},\boldsymbol{Y})=\frac{M_{11}}{M_{01}+M_{10}+M_{11}} \tag{4.13}$$

$$d_j(\boldsymbol{X},\boldsymbol{Y})=1-J(\boldsymbol{X},\boldsymbol{Y})=\frac{M_{01}+M_{10}}{M_{01}+M_{10}+M_{11}} \tag{4.14}$$

Jaccard 距离的应用场景包括网页去重、考试防作弊系统、论文查重等，特别适用于“文章查重”一类的稀疏度过高的向量相似性求解的领域。

3. Dice 系数

与 Jaccard 系数类似，Dice 系数本质上也是一种集合相似度度量函数，通常用于计算两个集合的相似度，计算方法为式（4.15）。

$$\text{Dice}(\boldsymbol{X},\boldsymbol{Y})=\frac{2(\boldsymbol{X}\cap\boldsymbol{Y})}{|\boldsymbol{X}|+|\boldsymbol{Y}|} \tag{4.15}$$

Dice 系数也可以用来测量两个布尔型向量的相似性，其取值范围为 0~1。更一般的情况，Dice 系数计算相似性的示意图如图 4-8 所示。Dice 系数的取值越大，表示两个被比较的对象越相似。

除汉明距离、杰卡德距离、Dice 系数外，常用的布尔型向量距离函数还有库尔辛斯基差异（Kulsinski Dissimilarity）、田本罗杰斯差异（Rogers-Tanimoto Dissimilarity）、拉塞尔差异（Russell-Rao Dissimilarity）、Yule 差异（Yule Dissimilarity）等。

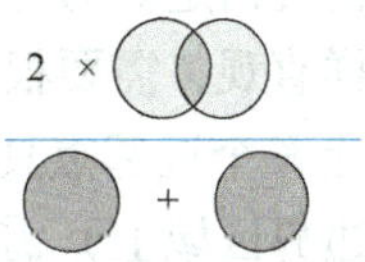

图 4-8　Dice 系数示意图

4.3　K 近邻算法

K 近邻（K-Nearest Neighbor，KNN）算法是由 Cover T 和 Hart P 于 1967 年提出的一种既可用于分类又可用于回归的算法，它在算法理论上较成熟，是最简单、最流行的机器学习算法之一。KNN 算法的基本思路是：如果已经有一个分类好的样本集，就可以用这个样本集去对一个新的、未知分类标签的样本点进行分类，而分类的方式就是在这个样本集中找到 K 个离新的样本最近的点，并利用一定的决策规则让这 K 个近邻去决定新样本点的所属类别。

在日常生活中，人们会不自觉地使用 K 近邻算法进行一些判断，如经常通过地段来预估一个房子的价值。

KNN 算法既可以进行分类，也可以进行回归，主要区别在于最后做预测时的决策方式不同。KNN 算法进行分类预测时，一般选择多数表决法，即将训练集里与预测的样本特征最近的 K 个样本预测为里面有最多类别数的类别。而 KNN 算法进行回归时，一般选择平均法，即将最近的 K 个样本对应输出的平均值作为回归预测值。KNN 算法进行分类和回归的方法类似，本书只介绍 KNN 分类算法。

4.3.1　算法描述

KNN 算法是一种基于实例的算法。K 近邻分类问题示意图如图 4-9 所示，有一个已知每个样本所属类别的样本集，有了 KNN 算法，就可以通过图 4-9a 中的样本集来判断一个新加入的点属于哪一类，如图 4-9b 所示。

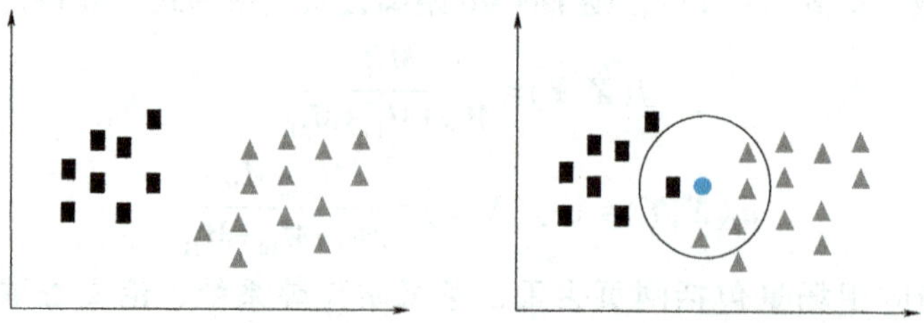

a) 样本集　　b) 判断新加入的点属于哪一类

图 4-9　K 近邻分类问题示意图

1. KNN 算法的三要素

在图 4-9b 中，如果只看待识别点的一个最近邻点，可能并不能很准确地对它进行分类，因为最近的那个点有可能是噪声点，一般会选择 K 个点（K>1），然后让这 K 个最近邻的点进行投票，以决定这个待识别的点到底属于矩形类还是属于三角形类。

K 值的选择是由算法使用者自行决定的，像图 4-9 这样的两分类问题，K 应该选为奇数值，这样在进行投票时就不会出现两个类别得票相等的情况。由此可见，K 值的选取需要视实际情况而定。另外，大多数实际应用的场景中，样本点的近邻并不像图 4-9 所示的二维平面那样直观，需要根据距离计算方案来求与待分类点距离最近的 K 个近邻。最后，看似民主的让 K 个近邻点具有相同的投票权利可能未必合理，在一些应用场景（如图 4-9 中两个分类的边界区域上）需要设计更加合理的投票机制。

综上，K 近邻算法的三要素是：K 值的选取、距离度量的方式、分类决策规则。

K 值是待分类样本点在训练集中选择的近邻点的个数，理论上讲，K 值越大，分类错误的可能性越小。但在工程实际中，K 值增加并不能持续地降低错误率。如图 4-10 所示，K 值增加到一定程度后反而会使错误率变大。合理的解释是，当 K 值选择过大时，将会引入和待分类点过远的点，而这些点和待分类点可能并没有什么关联，将过多的无关的点引入投票中势必会对分类产生干扰。

另外，如果样本的维度选择不合理，则可能会使两个并不相似的点的距离很小，而相似的点却距离很大，因此在使用 KNN 算法时需要谨慎选择距离度量函数。

在图 4-11 中，使用的是 5 近邻分类器，按照民主投票规则，待分类点被分为矩形类。但是，直观上看，待识别点是三角形类的可能性更大。这是因为待识别点的最近 5 个近邻点中，3 个矩形点距离待识别点较远，而 2 个三角形点距离待识别点较近。针对这一问题，实际应用中 KNN 算法的决策规则多采用加权最近邻。

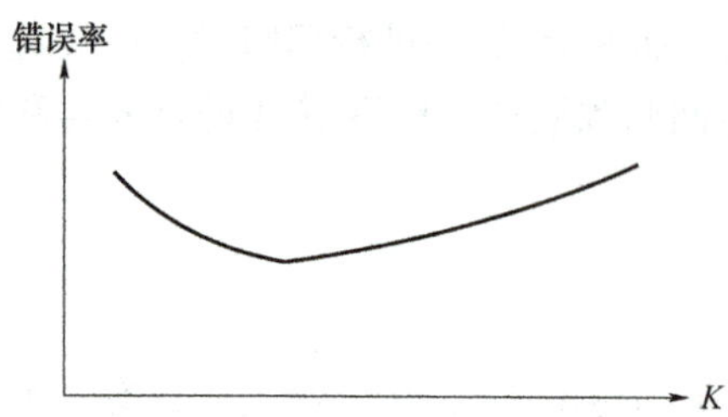

图 4-10　K 值增加并不能持续地降低错误率

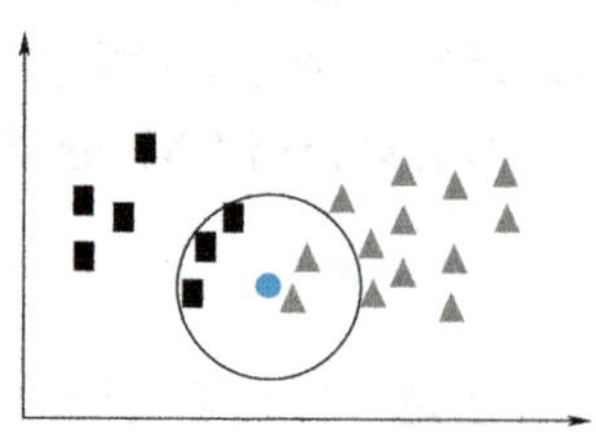

图 4-11　分类决策规则问题

所谓加权最近邻，就是所选择的 K 个近邻点的第 i 个点在进行投票决策时乘以类似式（4.16）的一个系数后再进行投票。

$$\omega_i=\frac{d_{\max}-d_i}{d_{\max}-d_{\min}} \tag{4.16}$$

式中，$d_{\max}$ 为 K 个近邻点中离待识别点的最远距离；$d_{\min}$ 为最短距离。当第 i 个点与待识别点的距离在 K 个近邻点中取得最大值时，权重为 0，当距离取得最小值时，权重为 1。所以，加权 K 近邻算法的基本思想是距离待识别点越近的点在进行投票决策时的话语权越大。

2. 训练集对 KNN 算法的影响

前面关于 KNN 算法的讨论都没考虑样本训练集本身是否合理，实际上，在使用 KNN 时，其训练集的好坏也会较大地影响 KNN 算法的实施效果。因此，在使用 KNN 算法对待识别点进行分类时需要先对训练集进行预处理。

对样本训练集的预处理主要是对两类样本点的处理：

1）对 KNN 算法的分类结果可能产生错误导向的样本点。

2）虽然不会影响分类结果的正确性，但是会降低分类效率的点，即移除这些点不会影响分类结果，但是可以提高分类的速度。

图 4-12 的 A、B 区域中各有一个三角形点，A 区域中的三角形点被矩形点包围，B 区域中的三角形点处在三角形区域和矩形区域的交界处。A 区域中的三角形点可能是由噪声引起的，也可能是在类别标签阶段的误处理造成的；而 B 区域中的三角形点是比较敏感的，因为某个（些）属性值的轻微变动都可能会改变这个样本点的类别。如果这两种类别的点被包含在 KNN 算法的 K 个近邻点中，就有可能会对分类决策产生不好的影响，因此在进行训练样本集预处理时需要将这两类点剔除。

进行样本集中有害样例点剔除的第一步是要找出这些点，具体的有害样例点检测算法请见 4.3.2 小节的介绍。

根据图 4-13 中的虚线圆框求圆形待识别点的 K 近邻点，就需要求解本集中的所有点与待识别点的距离，运算量较大。然而，如果将虚线圆框中的矩形点减少，并不会影响待识别点的分类结果，因此对于一些训练样本点，如果剔除它们非但不会影响分类结果的正确性，还能降低计算复杂度，类似这样的点就是多余点，在训练样本集预处理时也要剔除。

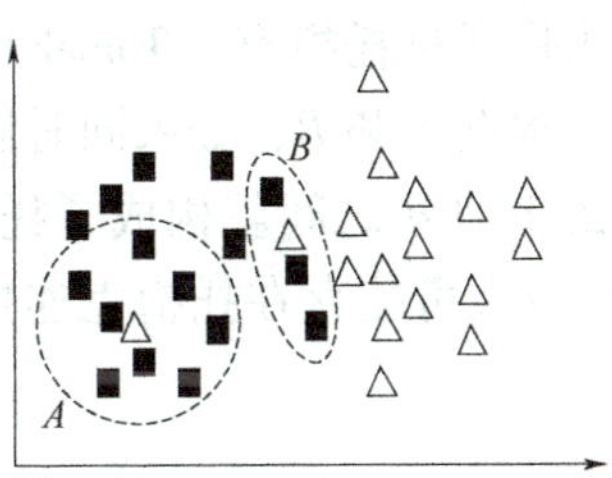

图 4-12　KNN 有害样例点示意

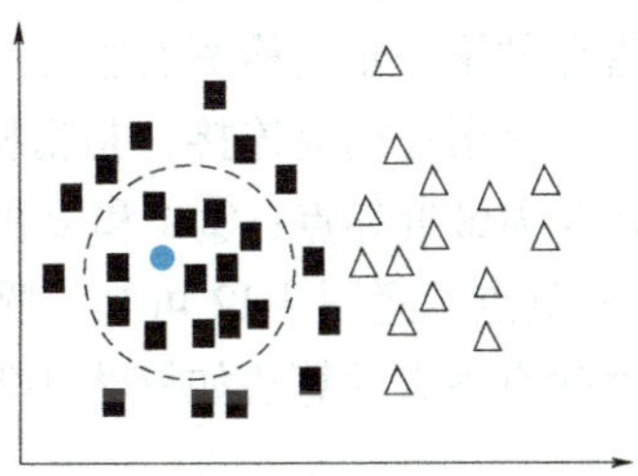

图 4-13　KNN 多余样例点示意

4.3.2　算法实现

从前面的介绍可知，若要通过 KNN 算法进行分类，需要经过两大步骤：第一步，需要准备合适的已知分类标签的训练样本集；第二步，将待识别点输入训练集用 KNN 算法进行分类。具体流程如图 4-14 所示。

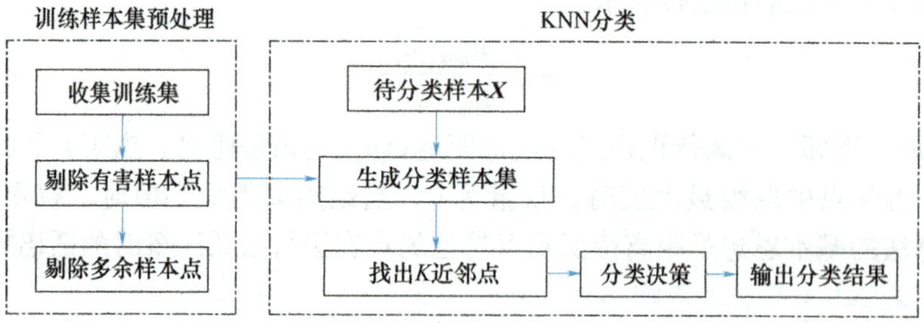

图 4-14　通过 KNN 算法进行分类的流程

图 4-14 右侧的 KNN 分类有两个关键问题：①在分类样本集中找出 **X** 的 K 个最近邻点；②分类决策的实现。

寻找 K 近邻点容易想到的简单粗暴的方法是：计算所有样本点与输入实例 **X** 的距离，再取 K 个距离最小的点作为 K 近邻点。问题是，当训练集很大时，这种方法计算非常耗时。为了提高 K 近邻的搜索效率，常用的方法是先构建数据索引，即通过构建树对输入空间进行划分，KD 树就是常用的算法。

找到待分类样本 **X** 的 K 个近邻之后的分类决策算法一般由用户自行指定，最简单的方法就是将 **X** 归类为 K 近邻点中最多点的那个类别，算法如算法 4-1 所示。

算法 4-1　最简单的 KNN 分类决策

假设需要对 **X** 进行分类：

1）在训练样本中找 **X** 的 K 个最近邻。

2）假如 K 近邻点中 c_i 类别的点最多。

3）**X** 的类别为 c_i。

图 4-14 左侧是对训练样本集预处理的流程，其关键步骤是：

1）有害点（容易使 KNN 分类结果出错的点）剔除；

2）多余点（剔除之后不影响 KNN 分类结果的点）剔除。

剔除有害点的第一步是检测有害点，一种常用的方法是通过托梅克（Tomek）连接技术来检测有害点。所谓托梅克连接，是指样本集中的两个样本点 A 和 B，如果同时满足两个条件：①A 和 B 互为最近邻点；②A 和 B 的类别不同；那么 A 和 B 之间就构成了托梅克连接。由 KNN 有害样例点示意图 4-12 可知，噪声点、分界点有较大可能存在托梅克连接点。通过托梅克连接移除有害点的算法如算法 4-2 所示。

算法 4-2　通过托梅克连接移除有害点的算法

输入样例数为 N 的训练集：

1）令 $i=1$，T 为空集。

2）令 $\boldsymbol{x}$ 表示第 i 个训练样例，$\boldsymbol{y}$ 是 $\boldsymbol{x}$ 的最近邻。

3）如果 $\boldsymbol{x}$ 和 $\boldsymbol{y}$ 是同一个类别，转到 5。

4）如果 $\boldsymbol{y}$ 是 $\boldsymbol{x}$ 的最近邻，且不同类别，则令 $T=T\cup\{\boldsymbol{x},\boldsymbol{y}\}$。
5）令 $i=i+1$，若 $i\leqslant N$，则转到 2。
6）从训练集中将所有 T 中的样例点剔除。

由图 4-13 可知，KNN 算法的训练集可能会有大量的冗余点（删除这些点不影响 KNN 分类的性能），而这些冗余点的存在使得 K 近邻点的搜索运算量大大增加。那么如何将训练集中的冗余点找出并剔除呢？

剔除多余样例点的目标是：对于训练样本全集的一个子集 $\boldsymbol{T}$，用一个比它样本点数更少的子集 $\boldsymbol{S}$ 替换，不会影响 KNN 算法的分类性能。子集 $\boldsymbol{S}$ 和子集 $\boldsymbol{T}$ 被称为一致子集，移除多余样例点的工作就等价于为样本集构建更少点的一致子集问题。由此，移除多余样例点的算法如算法 4-3 所示。

算法 4-3　移除两分类训练集多余样例点的算法

1）使得 $\boldsymbol{S}$ 包含训练样本全集 $\boldsymbol{T}$ 中的一个正类样例和一个负类样例。
2）基于 $\boldsymbol{S}$ 中的样例，用 KNN 算法对 $\boldsymbol{T}$ 中的样例重新分类，假设此时被错误分类的样例的集合为 $\boldsymbol{M}$。
3）将 $\boldsymbol{M}$ 中的样例复制到 $\boldsymbol{S}$ 中。
4）如果 $\boldsymbol{S}$ 中的元素没有变化，那么结束算法，否则转到 2）。

K 近邻算法自被提出以来，因其简单、易解释等优点在机器学习领域得到广泛应用。各种改进型的 KNN 算法也层出不穷，对于 KNN 算法的改进主要包括：

1）对三要素的升级，包括 K 值选择算法、距离度量算法、分类决策算法的改进。

2）对训练样本集的优化处理，包括样本属性的预处理、有害样本点和多余样本点的预处理等。

4.3.3　应用案例

例 4.3.1　对用户手写的数字进行识别。图 4-15 所示为计算机采集到的用户手写的图片，能够将其识别为数字“8”。

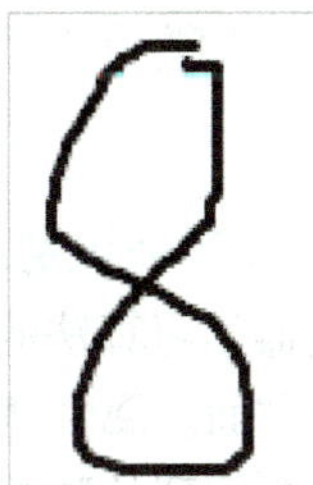
图 4-15　手写体“8”

1. 问题分析

根据前面对 K 近邻分类算法的介绍，使用 K 近邻算法进行手写体数字识别的本质是将用户手写的数字在 0~9 这 10 个类别上进行分类。而训练样本集是很多已经处理好的手写数字向量，每个向量的数字类别是已知的，待识别的手写数字就是待分类的向量，将此向量放到训练集中，寻找与之最近的 K 个点，最后根据制定好的决策规则来对待识别向量进行分类。流程如图 4-16 所示。

训练集中图像的预处理包括大小统一、二值化处理、平滑去噪等。最终目标是将每一张已知数字的手写体照片转变成形状相等的布尔向量，将这些向量存为训练集。

待识别的图像需要经过类似处理，成为与训练集中等长的布尔向量后才能进行 K 近邻算法识别。

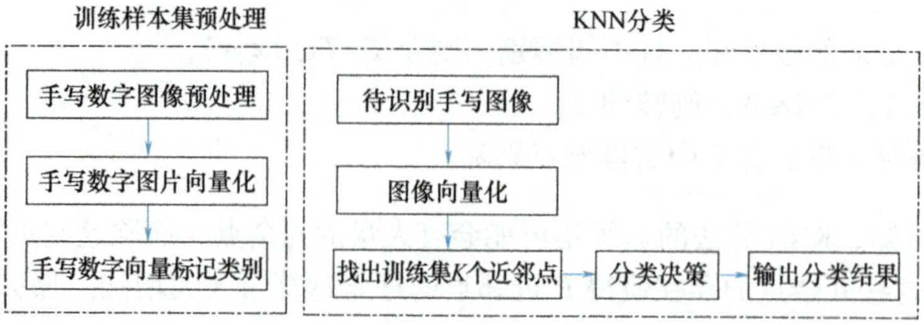

图 4-16　K 近邻算法识别手写体数字的流程

2. 训练集构建

首先，对 0~9 这 10 个阿拉伯数字采集若干张（200 张左右）照片，然后对每张图片进行图像缩放、二值化、去噪处理。为简单起见，可将二值化后的向量存为文本文件，文本命名为“数字_编号”的样式。手写体“0”的训练集如图 4-17 所示。

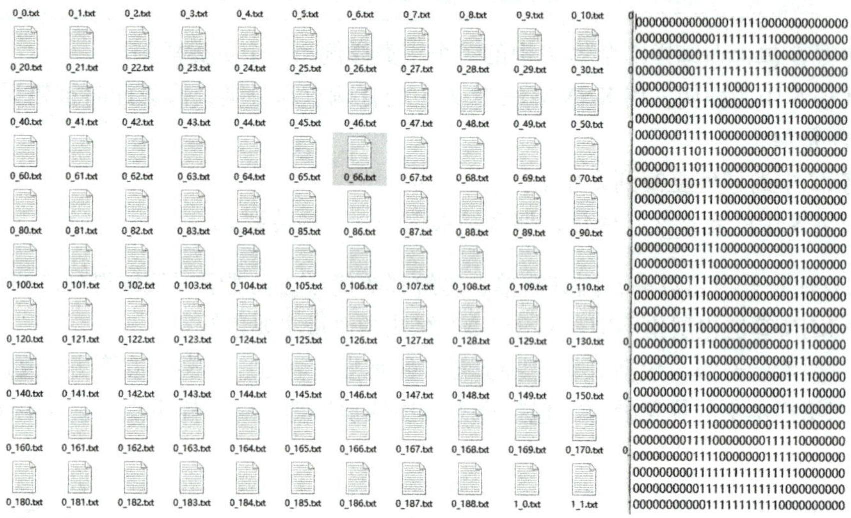

图 4-17　手写体“0”的训练集

3. K 近邻识别测试

机器学习算法的测试需要注意的内容主要包括属性测试、测试组件、测试流程、应用场景等几个方面。属性测试包括机器学习算法的正确性、健壮性、公平性等；测试组件包括测试过程中需要用到的数据、学习程序、框架等；测试流程包括测试结果生成、测试评估等工作；应用场景则是机器学习算法在自动驾驶、机器翻译、OCR 识别等具体应用场景中的测试。

本案例仅对算法正确性进行测试。测试数据集的构建和训练集类似，测试集中的每一张手写数字图片向量都要与训练集中的所有向量计算距离，然后找出 K（取 $K=3$ 或 5 一类的奇数值）个最近的向量点，然后进行投票来决定测试向量的数字。

4.4　K 均值聚类算法

K 均值（K-Means）一词于 1967 年被 James MacQueen 首次使用，算法目的是把 n 个未标记类别标签的点（可以是样本的一次观察或一个实例）划分到 K 个聚类中，使得每个点都属于离其最近的均值（此即聚类中心）对应的聚类，以之作为聚类的标准，是一种无监督学习算法。由此可以看出，K 均值聚类和 K 近邻是两种不同的机器学习算法。

例 4.4.1　快递员设置自助取货点问题。假设有一位快递员负责几个相邻农村（共 1000 户）的送货任务，快递员要设置 4 个自助取货点，请问如何较好地设置取货点位置以尽量照顾到所有的村民呢?

一开始快递员随意选 4 个取货点，并且把这 4 个点的位置公告给了所有的村民，于是村民到离自己家最近的取货点取货。然而一些村民觉得距离太远，于是快递员统计到各取货点取货的村民的地址，然后将取货点位置搬到对应的村民地址的中心位置，再公告给所有村民。

快递点的位置更新后，所有村民重新选择离自己最近的快递点。然后，又有村民觉得快递点较远，快递点重新更新位置。就这样，快递点每更新一次自己的位置，村民都会根据自己的情况重新选择快递点，直到最终稳定下来，如图 4-18 所示。

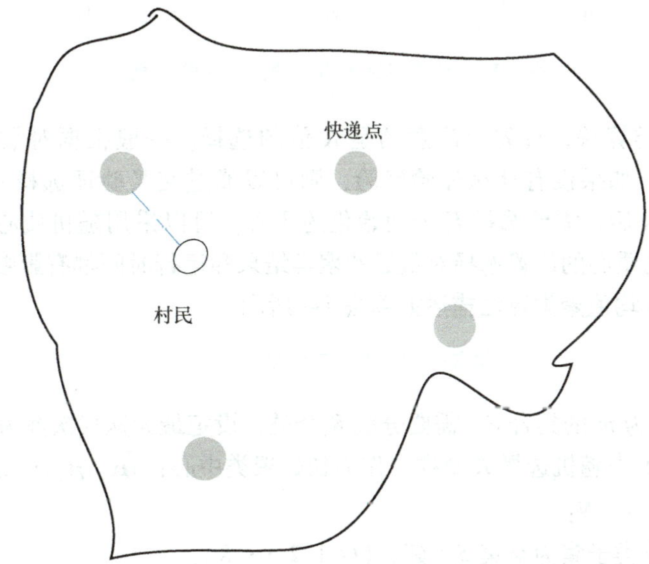

图 4-18　快递点每次更新，村民自动选择离自己最近的快递点

4.4.1　算法描述

假设由 n 个 d 维向量组成一个集合 $S=\{\boldsymbol{x}_1,\boldsymbol{x}_2,\cdots,\boldsymbol{x}_n\}$，需要把这个集合分成 K 个子集，即 $S=\{S_1,S_2,\cdots,S_k\}$，分类完成后，子集内部的点应尽量紧密，不同子集之间的距离应尽量大。若假设 $\boldsymbol{\mu}_i$ 为第 i 个子集的均值向量，则理想的分类是使得式（4.17）取得最小值。

$$E=\sum_{i=1}^{K}\sum_{\boldsymbol{x}\in S_i}\|\boldsymbol{x}-\boldsymbol{\mu}_i\|_2^2 \tag{4.17}$$

式（4.17）中，子集的均值向量 $\boldsymbol{\mu}_i$ 又被称为质心，每次迭代都需要重新计算质心的位置。因此，对于 K 均值聚类算法，只需要找到 K 个合适的质心，就可以将 n 个点分成 K 个满足条件的类。K 均值聚类算法的实现过程示意如图 4-19 所示。图 4-19 展示了将一个未知类标签的集合如何通过不停优化两个质心的位置分成 2 个类的过程（$K=2$），由图中看出，

K 均值算法是一种启发式的迭代方法。

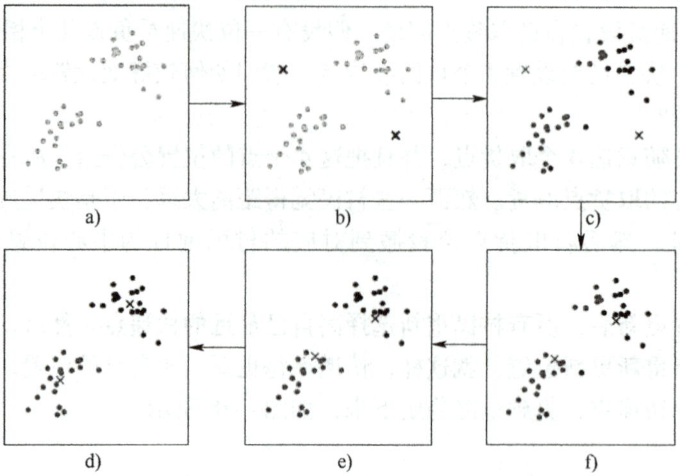

图 4-19　K 均值聚类算法的实现过程示意

对于 K 均值聚类算法，首先要注意的是 K 值的选择，一般根据对数据的先验经验选择一个合适的 K 值。如果没有什么先验经验，则可以通过交叉验证选择一个合适的 K 值。在确定了分类个数 K 后，需要选择 K 个初始化的质心，可以采用随机质心。因为是启发式算法，K 个初始化的质心的位置选择对最后的聚类结果和运行时间都有影响，这些质心不应太近。更一般地，K 均值聚类算法描述如算法 4-4 所示。

算法 4-4　K 均值聚类算法

输入样例个数为 m 的集合 S，需要分成 K 个类，设定最大迭代次数为 N：

1）从数据集 S 中随机选择 K 个样本作为初始聚类中心：$\{\boldsymbol{\mu}_1,\boldsymbol{\mu}_2,\cdots,\boldsymbol{\mu}_k\}$。

2）$n=1, 2, \cdots, N$：

① 初始化各分类子集为空集 $S_t=\varnothing$，$(t=1,2,\cdots,K)$。

② 对于 $i=1, 2, \cdots, m$，计算样本 x_i 和各个聚类中心 $\boldsymbol{\mu}_j(j=1,2,\cdots,K)$ 的距离 d_{ij}，将 x_i 标记为距离最近的那个质心所对应的类别 λ_i，此时更新 $S_{\lambda_i}=S_{\lambda_i}\cup\{x_i\}$。

③ 对于 $j=1, 2, \cdots, k$，对 S_j 中所有的样本点重新计算新的聚类中心 $\boldsymbol{\mu}_j=\frac{1}{|S_j|}\sum_{x\in S_j}x$。

④ 如果所有的 K 个聚类中心都没有发生变化，则转到步骤 3）。

3）输出分类结果 $S=\{S_1,S_2,\cdots,S_k\}$。

从算法过程可知，使用 K 均值算法对集群进行聚类时已经做了一些假设：

1）数据集由 K 个聚类组成。

2）数据集是一个凸数据集，即聚类结果内任意两点连线上的所有点都在数据集内，否则聚类效果差。

3）每个聚类中的元素个数几乎一样。

第 2 条假设指 K 均值算法对类似于图 4-20 所示的数据集聚类效果较差，即 K 均值算法对球状簇的聚类效果较好，而对于基于邻近的簇、基于概念的簇、基于密度的簇等非凸数据集的聚类效果较差。在图 4-20 中，K 均值算法将数据集（见图 4-20a）错误地聚类为图 4-20b 中所示数据集，这与直观印象极度不符。

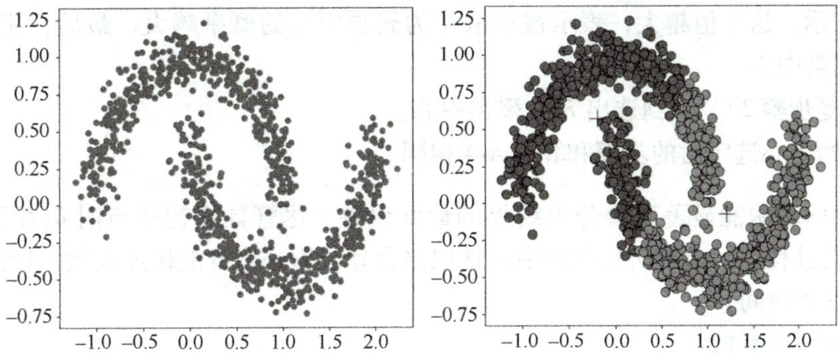

a) 原数据集　　b) 错误聚类后的数据集

图 4-20　K 均值算法对非凸数据集的错误聚类

图 4-21 所示的直观上稀疏不同的 3 个球状簇，使用 K 均值算法聚类得到了 3 个数量相似的 3 个簇，不满足第 3 条假设。

在图 4-21 中，左上方子类的质心明显偏离了实际的左上方子类的中心位置。

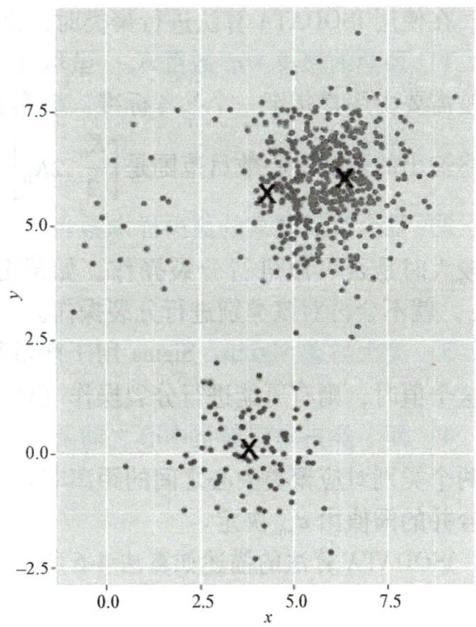

图 4-21　K 均值算法对非均匀数据集的错误聚类

总之，传统 K 均值算法是一种简单实用的聚类算法，具有以下优点：

1）原理比较简单、实现容易。

2）收敛速度快。

3）算法的可解释度比较强。

同时，它也有几个比较明显的缺点：

1）K 值不好选取。

2）采用迭代方法得到的结果容易陷入局部最优。

3）对噪声和异常点比较敏感。

4）无法完成对非凸数据集的聚类。

4.4.2　算法优化

不少研究人员对经典 K 均值算法提出改进，比较典型的两种改进算法为 K-Means++、ISODATA。

1. K-Means++算法

初始质心的选取对 K 均值算法的聚类结果影响较大，K-Means++算法的主要改进在于初始质心的合理选择，其他步骤和经典 K-Means 算法相同。整个算法的描述如算法 4-5 所示。

算法 4-5　K-Means++算法

> 输入样例个数为 m 的集合 S，需要分成 K 个类，设定最大迭代次数为 N：
>
> 1）随机选取一个样本作为第一个聚类中心 C_1。
>
> 2）计算每个样本与当前已有类聚中心的最短距离（即与最近一个聚类中心的距离），用 $D(x)$ 表示。这个值越大，表示被选取作为聚类中心的概率越大。最后，用轮盘法选出下一个聚类中心。
>
> 3）重复步骤 2），直到选出 K 个聚类中心。
>
> 4）初始中心选定后的步骤和算法 4-4 相同。

K-Means++算法能显著改善分类结果的最终误差。尽管计算初始点时花费了额外的时间，但在迭代过程中，由于初始聚类中心选取更合理，算法本身能快速收敛，因此该算法实际上降低了计算时间。

2. ISODATA 算法

经典 K-Means 算法和 K-Means++算法的 K 值是固定不变的，而 ISODATA 算法可以根据分类情况自动调整 K 值的大小。ISODATA 算法通过分裂操作来增加 K 值，通过合并操作来减少 K 值，以此调整 K 值的大小。

在使用 ISODATA 算法进行聚类时，需要给定算法的输入包括：

1）预期的聚类中心数目 K_0。虽然在 ISODATA 运行过程中聚类中心数目是可变的，但还是需要由用户指定一个参考标准。事实上，该算法的聚类中心数目变动范围也由 K_0 决定，最终输出的聚类中心数目范围是 $\left[\frac{K_0}{2},2K_0\right]$。

2）每个类所要求的最少样本数目 $N_{\min}$。$N_{\min}$ 用于判断当某个类别所包含样本的分散程度较大时是否可以进行分裂操作。如果分裂后会导致某个子类别所包含的样本数目小于 $N_{\min}$，就不会再对该类别进行分裂操作。

3）最大方差 Sigma。Sigma 用于衡量某个类别中样本的分散程度。当样本的分散程度超过这个值时，则有可能进行分裂操作（注意，同时需要满足 **2**）中所述的条件）。

4）两个类别对应聚类中心之间所允许的最小距离 $d_{\min}$。如果两个类别靠得非常近（即这两个类别对应聚类中心之间的距离非常小），则需要对这两个类别进行合并操作。是否进行合并的阈值由 $d_{\min}$ 决定。

ISODATA 算法的描述如算法 4-6 所示。

算法 4-6　ISODATA 算法

> 输入样例个数为 m 的集合 S，初始预期聚类个数为 K_0，类最少样本数目为 $N_{\min}$，最大方差为 Sigma，类中心最小距离为 $d_{\min}$，最大迭代次数为 N：
>
> 1）随机选取 $K=K_0$ 个样本作为初始聚类中心，令 $S=\{S_1,S_2,\cdots,S_K\}$。
>
> 2）计算 S 中每个样本到各个聚类中心的距离，并将该样本分到距离最小的聚类中心对应的类中。
>
> 3）判断每个聚类中的元素个数是否小于 $N_{\min}$，如果小于 $N_{\min}$ 则丢弃该类，令 $K=K-1$，并将该类中的样本按步骤 2）重新聚类。

4）针对每个聚类 S_i，计算新的聚类中心 $c_i=\frac{1}{|S_i|}\sum_{x\in S_i}x$。

5）若 $K\leqslant\frac{K_0}{2}$，则聚类太少，分裂。

6）若 $K\leqslant 2K_0$，则聚类太多，合并。

7）若达到最大迭代数，则终止，否则转到步骤 2）。

在 ISODATA 算法中，合并操作是指首先计算聚类中心两两之间的距离，对于小于最小距离 $d_{\min}$ 的两个类进行合并，并按照算法中的步骤 4）计算合并后的聚类中心；分裂操作则需要计算每个聚类下所有样本在每个维度下的方差，判断每个类别中的最大方差是否大于输入的聚类最大方差 Sigma，若大于则进行分裂操作，即令 $K=K+1$，再重新聚类。

由前面的介绍可知，ISODATA 算法的运算量较大，也因此出现了一些改进型快速收敛的 ISODATA 算法。

4.4.3　应用案例

例 4.4.2　通过地理位置对城市群进行聚类。城市群是工业化、城市化进程中区域空间形态的高级现象，能够产生巨大的集聚经济效益，是国民经济快速发展、现代化水平不断提高的标志之一。城市群在特定的区域范围内云集形成，是以一个或两个特大城市为中心，依托一定的自然环境和交通条件，城市之间的内在联系不断加强，共同构成的一个相对完整的城市“集合体”。

1. 解题思路

本例以经纬度为城市坐标，全国主要城市经纬度见表 4-1，另外仅将所有城市聚成 2 个类。

表 4-1　全国主要城市经纬度

城市	经度	纬度	城市	经度	纬度
北京	E116°28′	N39°54′	上海	E121°29′	N31°14′
天津	E117°11′	N39°09′	重庆	E106°32′	N29°32′
哈尔滨	E126°41′	N45°45′	长春	E125°19′	N43°52′
沈阳	E123°24′	N41°50′	呼和浩特	E111°48′	N40°49′
石家庄	E114°28′	N38°02′	太原	E112°34′	N37°52′
济南	E117°	N36°38′	郑州	E113°42′	N34°48′
西安	E108°54′	N34°16′	兰州	E103°49′	N36°03′
银川	E106°16′	N38°20′	西宁	E101°45′	N36°38′
乌鲁木齐	E87°36′	N43°48′	合肥	E117°18′	N31°51′
南京	E118°50′	N32°02′	杭州	E120°09′	N30°14′
长沙	E113°	N28°11′	南昌	E115°52′	N28°41′
武汉	E114°21′	N30°37′	成都	E104°05′	N30°39′
贵阳	E106°42′	N26°35′	福州	E119°18′	N26°05′

（续）

城市	经度	纬度	城市	经度	纬度
台北	E121°31′	N25°03′	广州	E113°15′	N23°08′
海口	E110°20′	N20°02′	南宁	E108°20′	N22°48′
昆明	E102°41′	N25°	拉萨	E91°10′	N29°40′

2. 算法

使用经典 K-Means 算法进行聚类分析，由题意知 $K=2$，以欧氏距离作为距离函数，算法描述如算法 4-7 所示。

算法 4-7　基于 K 均值城市聚类算法

输入 34 个城市名及其经纬度坐标，需要分成 2 个类，设定最大迭代次数为 100：

1）从城市群 S 中随机选择 2 个样本作为初始聚类中心。

2）对于 $n=1:100$：

① 初始化各分类子集为空集 $S_t=\varnothing$（$t=1,2$）。

② 对于 $i=1$，2，…，34，计算样本 x_i 和各个质心向量 $\boldsymbol{\mu}_j(j=1,2)$ 的距离 d_{ij}，将 x_i 标记为距离最近的那个中心所对应的类别 λ_i，此时更新 $S_{\lambda_i}=S_{\lambda_i}\cup\{x_i\}$。

③ 对于 $j=1$，2，对 S_j 中所有的样本点重新计算新的质心 $\boldsymbol{\mu}_j=\dfrac{1}{|S_j|}\sum_{x\in S_j}x$。

④ 如果所有的 2 个质心向量都没有发生变化，则转到步骤 3)。

3）输出分类结果 $S=\{S_1,S_2\}$。

3. 效果

以经度作为横轴、维度作为纵轴将城市散点图绘制到一个直角坐标系，并将每个散点代表的城市标注上，如图 4-22 所示。

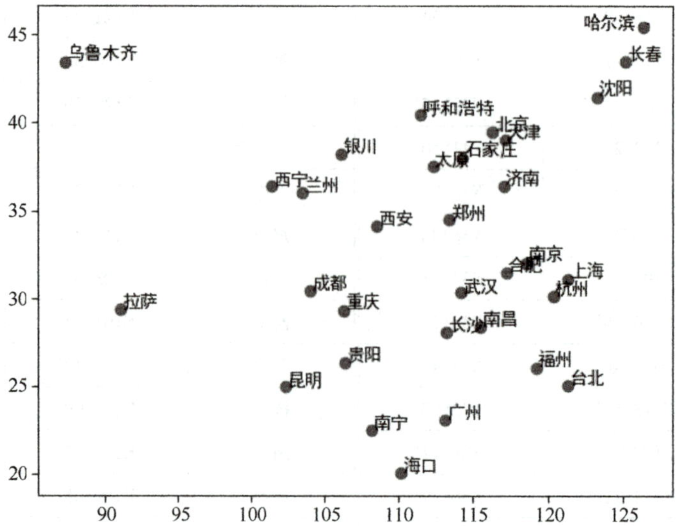

图 4-22　城市散点图

使用 K-Means 算法对城市进行聚类后的结果如图 4-23 所示。由图 4-23 可知，仅按照地理位置对城市进行聚类，效果并不理想。在使用 K-Means 算法解决实际问题时，待聚类点的变量选择、K 值选择等对结果的影响很明显，这要在实际应用场景中进行多次尝试。

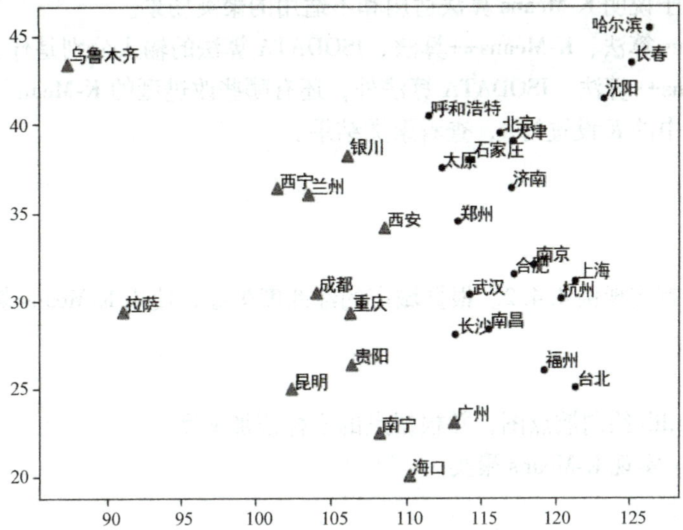

图 4-23　聚类结果

4.5　本章小结

虽然本章同时介绍了 KNN 和 K-Means 算法，但它们是有本质区别的。KNN 是有监督学习，而 K-Means 是无监督学习；KNN 是分类算法，而 K-Means 是聚类算法；KNN 中的 K 是待分类点进行类别决策时参与投票的最近邻点个数，而 K-Means 中的 K 是聚类算法将输入样本集聚成的类别个数。

KNN 算法的特点：①一种监督学习算法，训练样本集中的样本点带有分类信息；②算法简单易实现，可解释性强；③结果受到 K 值的影响，K 一般不超过 20；④计算量大，需要计算与样本集中每个样本的距离；⑤训练样本集不平衡容易导致结果不准确。

经典 K-Means 算法的特点：①原理简单、易实现；②需要调参的主要参数较少（K）；③K 值选取困难；④使用迭代方法，容易得到局部最优解；⑤对噪声和异常点敏感。

另外，本章介绍的 K-Means 聚类算法是“硬聚类”算法，即数据集中的每一个样本都是被百分百确定分到某个类别中的，而与之相对的“软聚类”可以理解为每个样本都是以一定的概率被分到某一个类别中的。

4.6　习题

4.6.1　思考题

1. 距离和相似性有什么区别与联系？
2. 分类任务和聚类任务有什么区别？

3. Dice 系数满足广义距离函数的条件吗?
4. 使用 KNN 算法解决分类问题时 K 值应该怎么选择?
5. KNN 算法中的 K 和 K-Means 算法中的 K 有什么区别?
6. 各举一个例子说明 K-Means 算法适用和不适用的聚类场景。
7. 经典 K-Means 算法、K-Means++算法、ISODATA 算法的输入分别是什么?
8. 除了 K-Means++算法、ISODATA 算法外,还有哪些改进型的 K-Means 算法?
9. 将例 4.4.2 中的 K 设置为 4,查看聚类结果。

4.6.2 实验练习

1. 实验目的

使用 Python 语言实现例 4.4.2。根据城市的经纬度坐标,使用 K-Means 算法(取 $K=2$)将城市分成 2 个群。

2. 实验内容

1)使用 Matplotlib 绘制散点图,并根据点的坐标添加文字。

2)使用 NumPy 实现 K-Means 聚类。

3. 实验方法与步骤

(1)载入城市数据并展示

使用 Pandas 的 read_excel()方法读取原始数据,然后将经度、维度、城市名取出,分别存入 Series 型对象。

以城市的经度为 x 轴坐标、纬度为 y 轴坐标,使用 Matplotlib 绘制每个城市的散点图,然后根据城市经纬度值调用 Matplotlib 的 annotate()方法,在二维坐标平面上为每个城市点添加城市名标注。

(2)使用 NumPy 实现 K-Means 聚类

首先,导入 NumPy 包并使用它的 stack()方法将每个城市的经度和纬度组成一个点;然后,得到城市点坐标的一个 ndarray 型对象;最后,通过 numpy. random. choice()方法随机选取 K 个点作为初始的中心点。K-Means 算法的准备工作完成。

对于 K-Means 聚类,在设定的循环次数(如 loop_count = 100)内不断地寻找更优的 K 个中心点($K=2$),每一轮循环都按照上一轮的中心点进行重新聚类,又以本轮的聚类结果计算下一轮的中心点。

(3)聚类结果展示

该步骤的图表绘制方法与数据载入时的图表绘制类似,只是因为城市的经度、纬度数据被组成了一个点,需要重新分别将它们拆分成两组向量,符合 Matplotlib 中 scatter()函数的输入要求。

实验参考代码可以在本书配套电子资源中获取。

chap04

4. 思考

按照本次实验中的实现方案,分多次执行代码为城市进行聚类,每次聚类的结果是否相同?尝试分析原因。

第 5 章　决策树

本章目标

- 掌握决策树的一般定义
- 理解信息熵与信息增益
- 掌握 ID3、C4.5 决策树算法
- 理解决策树剪枝

树状结构（Tree Structure）或称为树状图（Tree Diagram），是一种以图像方式表现的层级结构。它以树来表现构造之间的关系，它在图像的呈现上是一个倒立的树，其根部在上，叶子在下。树状结构只是一个概念，可以用许多不同的形式来展现，多以递归方式表示。

决策树也是一种树状结构，由 Morgan 和 Sonquist 在 1963 年提出，决策树上的节点代表某个属性，一条边代表属性取值，而这棵决策树就可以表示决策的过程。因为树状结构易于理解且可解释性强，因此在规则可视化、回归问题、分类问题等领域广泛应用。

本章将详细介绍与机器学习中的决策树相关的基本概念，以及常用的决策树生成算法 ID3、C4.5、CART 等。

5.1　初识决策树

决策树是一种比较特殊的树状结构。本节首先介绍一般树的概念，然后引出决策树的概念。

5.1.1　一般树简介

树和图一样都是非线性结构，树是由 $n(n>0)$ 个节点和 $n-1$ 条边共同组成的有限集合。特殊的，当树的节点 $n=0$ 时，称这棵树为空树。非空树有以下特征：

1）有且仅有一个称为根的结点（Root Node）；

2）如果 $n>1$，那么除根节点以外的其他节点可以分为 $m(m>0)$ 个不相交的子集 T_1，T_2，…，T_m，其中的每一个集合都是一棵树，称为子树（Subtree）。

一般树示意图如图 5-1 所示。图中，各个节点通过边相连，由于每个节点所处的位置不同，因此被分成不同的节点。例如，A 节点为整棵树的根节点，同时 A 节点又是 B、C 节点的父节点（或称双亲节点，Parent Node）。相应的，B、C 节点为 A 的子节点，而一个节点的子节点的个数称为这个节点的度，树的度被定义成整棵树中度最大的那个节点的度。

由图 5-1 可知，整棵树中只有根节点 *A* 没有父节点，而 *D*、*E*、*F*、*G* 这 4 个节点没有子节点（即度为 0），树中度为 0 的节点称为叶节点（Leaf Node），或称为终端节点（Terminal Node）。像 *B*、*C* 节点这种具有同一个父节点的节点互为兄弟节点。此外，树还有明显的层级结构，根为第 1 层，其子节点为第 2 层，依此类推。如何定位一个节点层级呢？如果从根节点开始算，则用深度来表示；如果从叶节点开始算，则用高度来表示。

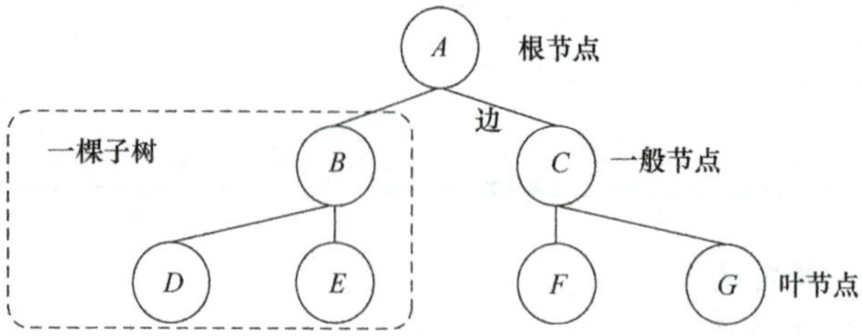

图 5-1　一般树示意图

如果由多棵树组成一个集合，则该集合称为森林，如图 5-2 所示。由森林的定义可知，任意一棵树删除根节点就会变成森林。

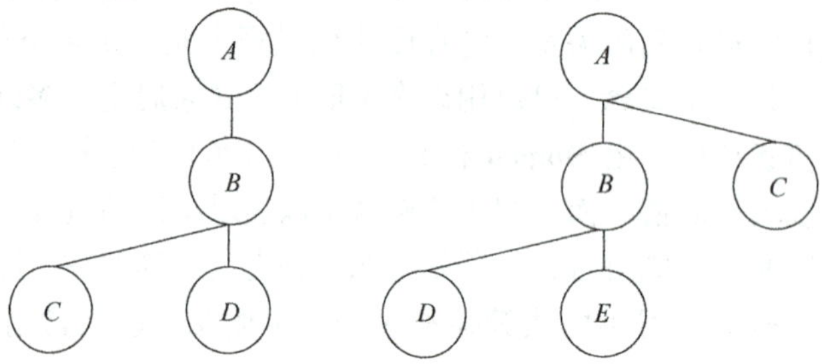

图 5-2　森林示意图

5.1.2　决策树简介

在机器学习中，决策树是一个预测模型，它代表对象属性与对象值之间的一种映射关系。图 5-3 所示为根据天气情况决定是否去室外打篮球的决策树。树中每个节点都表示某个对象，每个分叉路径都代表某个可能的属性值，而每个叶节点都可以找到一条从根节点到该叶节点的路径，这条路径表示从根节点开始一直到该叶节点所经历的各种属性及其取值。更详细的内容将在 5.3 节介绍。

在数据挖掘中，决策树是一种经常要用到的技术，根据所解决问题（输出结果）的不同可分为回归树和分类树。回归树的叶节点输出为实数，而分类树的输出为分类信息。

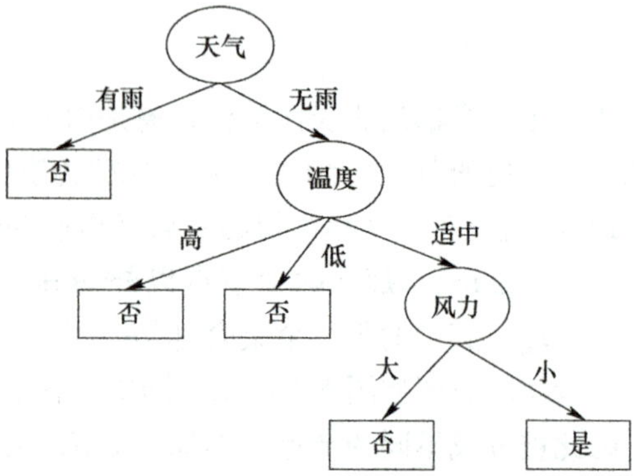

图 5-3　决策树案例

5.2　信息熵与信息增益

决策树绘制的依据是什么呢？与机器学习算法类似，决策树也是根据训练样本集得到的。图 5-3 所示的决策树由类似表 5-1 所示的训练数据得到，表 5-1 可能是对某人或某些人以往是否去室外打篮球与当天的天气情况的记录。

表 5-1　根据天气情况决定是否去室外打篮球的训练数据

天气	温度	风力	是否室外打篮球
有雨	低	大	否
有雨	适中	大	否
有雨	适中	小	否
无雨	低	大	否
无雨	高	小	否
无雨	适中	大	否
无雨	适中	小	是

由表 5-1 绘制图 5-3 会碰到一个问题，该选哪一个属性作为根节点呢？根节点确定后，第 2 层的子节点又如何确定呢？一种较常用的方法就是观察属性的熵值，依此制定属性选择策略。本节主要介绍熵、信息增益的概念。

5.2.1　信息熵

熵的概念最早在物理中使用，用来描述“能量退化”的物质状态参数之一，在热力学中广泛应用。1948 年，香农在将统计物理中熵的概念引入信道通信的过程中，开创了信息论。在信息论中，熵被称为信息熵（或香农熵）。

从常识讲，一条信息的不确定性越大，能预测它的价值也就越大。例如，如果一个算法能够预测某只股票的涨跌情况，那么这个算法就非常有价值，但预测早上太阳从哪边升起的算法价值为 0。然而在香农提出信息熵理论之前，信息的价值很难量化。信息熵第一次用数学语言定量描述了信息与概率之间的关系，其定义为式（5.1），信息熵的单位为比特（bits）。

$$H(X)=-\sum_{x}p(x)\log p(x)=-\sum_{i=1}^{n}p(x_i)\log p(x_i) \tag{5.1}$$

式中，X 是随机变量，其可能取值的个数为有限数 n，概率分布密度为 $P(X=x_i)=p(x_i)$；$H(X)$ 为随机变量 X 的熵，表示随机变量不确定的度量，是对所有可能发生的事件产生信息量的期望。由式（5.1）可知，随机变量的不确定性越大，熵越大；信息熵具有非负性，它的取值范围为 $0\leqslant H(X)\leqslant \log n$，且当 $p(x_i)=\dfrac{1}{n}$时，熵取得最大值 $\log n$。进行进一步的推导可知，信息熵还具有唯一性、可加性、等概单增（对于等概率分布的随机变量，信息熵随其取值可能性的增加而单调递增）等属性。

例 5.2.1　随机变量 X 服从参数为 p 的伯努利分布，绘制其参数 p 和熵的关系曲线。

随机变量 X 服从参数为 p 的伯努利分布是指，随机变量 X 分别以概率 p 和 $1-p$ 取 1 或 0 值。代入式（5.1），求得其熵为

$$H(X)=-p\log_2 p-(1-p)\log_2(1-p) \tag{5.2}$$

式（5.2）的函数曲线如图 5-4 所示。

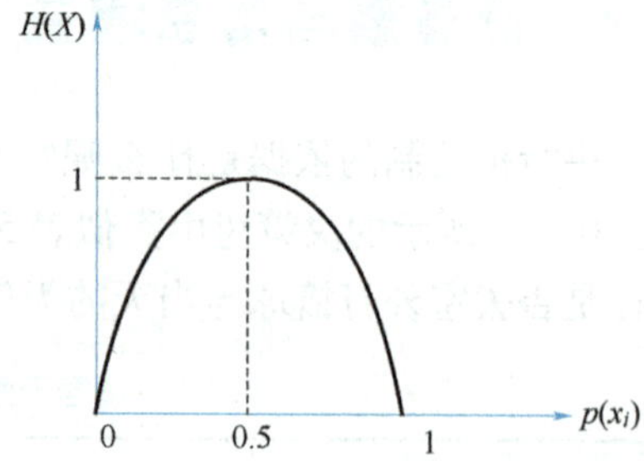

图 5-4　式（5.2）的函数曲线

由图 5-4 可知，当 $p=0$ 或 $p=1$，即随机变量没有不确定性时，熵 $H(X)=0$；当 $p=0.5$，即随机变量不确定性最大时，熵取得最大值 $H(X)=1$。

若将一维随机变量推广到二维 (X,Y)，则定义联合熵为

$$H(X,Y)=-\sum_{x,y}p(x,y)\log p(x,y)=-\sum_{i=1}^{n}\sum_{j=1}^{m}p(x_i,y_j)\log p(x_i,y_j) \tag{5.3}$$

对于两个不相关的随机变量 X、Y，其概率满足公式 $p(X,Y)=p(X)p(Y)$，因此 $H(X,Y)=H(X)+H(Y)$，即两个完全不相关的事件同时发生要比单个事件发生的随机性更大，它们的信息熵也就更大，是各自发生时单个随机变量的信息熵之和。

5.2.2　条件熵

现实世界中，经常需要通过根据某个事件已经确定出现的结果去预测另一个事件将要出现某种结果的可能性。例如，已经知道明天天气无雨、温度适中、风力小，问某个人在明天这样的天气状况条件下是否会去室外打篮球？

条件熵 $H(Y|X)$ 用来定量描述在已知随机变量 X 的条件下随机变量 Y 的不确定性。条件熵 $H(Y|X)$ 定义为

$$H(Y|X)=\sum_{x}p(x)H(Y|X=x) \tag{5.4}$$

结合信息熵定义式（5.1）得

$$H(Y|X)=-\sum_{x,y}p(x,y)\log p(y|x) \tag{5.5}$$

可以证明，条件熵 $H(Y|X)$ 相当于联合熵 $H(X,Y)$ 减去条件变量单独的熵 $H(X)$，即 $H(Y|X)=H(X,Y)-H(X)$。条件熵的含义是，在某个随机变量的条件下，另一个随机变量的信息熵要小于两个随机变量的联合信息熵。

举个例子，明天温度升高还是降低和明天是否下雨组成联合概率分布 $P(X,Y)$，这两个事件的联合熵 $H(X,Y)$ 要大于条件熵 $H(Y|X)$，因为下雨会较大概率地使温度降低，因此在是否下雨已知的条件下，温度升降的信息熵要比两个变量都未知的联合熵要小，即在已知阴晴的条件下，温度的随机性变小了。由条件熵和联合熵的大小关系可知，将多个关联的随机变量放在一起研究是有意义的。

5.2.3　信息增益

两个关联的随机变量 X、Y，已知 X 的取值情况会使 Y 的不确定性减少，而这个减少程度的度量就靠信息增益。表 5-1 记录了一组样本集合 D，如果将"是否室外打篮球"这一列的标签值视为随机变量，则可以计算出一个熵 $H(D)$（定义为集合 D 的经验熵）。如果某列

特征 a（如天气）给定，则可以计算出条件熵 $H(D|a)$。由前面的分析知，条件熵不大于经验熵，将经验熵与条件熵的差值定义为特征 a 对训练数据集 D 的**信息增益** $gain(D,a)$，即

$$gain(D,a)=H(D)-H(D|a) \tag{5.6}$$

信息增益的计算算法如算法 5-1 所示。

算法 5-1 信息增益的计算算法

输入训练数据集 D 和特征 A，求特征 a 对训练集的信息增益 $gain(D,a)$：

1）计算数据集 D 的经验熵 $H(D)$

2）计算特征 A 对数据集 D 的经验条件熵 $H(D|A)$

3）计算信息增益

算法 5-1 中，计算训练集 D 的经验熵 $H(D)$ 的公式为式（5.7）。式中，假设集合 D 的标签有 K 种取值可能，并根据 K 种取值将 D 分为 K 个子集 $\{C_1,C_2,\cdots,C_K\}$，$|D|$ 为训练集的样本总数；$|C_k|$ 为样本第 k 个标签的总数，样本集总共有 K 个标签，因此 $\sum_{k=1}^{K}|C_k|=|D|$。

$$H(D)=-\sum_{k=1}^{K}\frac{|C_k|}{|D|}\log_2\frac{|C_k|}{|D|} \tag{5.7}$$

计算特征 A 对数据集 D 的经验条件熵 $H(D|A)$ 的公式为式（5.8）。式中，根据特征 A 的取值（假设共有 n 种取值）将训练集划分成 n 个子集 $\{D_1,D_2,\cdots,D_n\}$，$|D_i|$ 表示第 i 个子集的样本个数；将子集 D_i 中属于 C_k 样本的集合记为 D_{ik}，即 $D_{ik}=D_i\cap C_k$，$|D_{ik}|$ 为集合 D_{ik} 的样本个数。

$$H(D|A)=\sum_{i=1}^{n}\frac{|D_i|}{|D|}H(D_i)=-\sum_{i=1}^{n}\frac{|D_i|}{|D|}\sum_{k=1}^{K}\frac{|D_{ik}|}{|D_i|}\log_2\frac{|D_{ik}|}{|D_i|} \tag{5.8}$$

将式（5.7）、式（5.8）代入式（5.6）可计算信息增益。

例 5.2.2 计算表 5-1 中特征“天气”对整个训练集的信息增益。

计算整个训练集 D 的经验熵为

$$H(D)=-\frac{1}{7}\log_2\frac{1}{7}-\frac{6}{7}\log_2\frac{6}{7} \tag{5.9}$$

以 a 表示天气，则天气对训练集的信息增益为

$$g(D,a)=H(D)-\left[\frac{4}{7}H(D_1)+\frac{3}{7}H(D_2)\right] \tag{5.10}$$

其中

$$H(D_1)=0 \tag{5.11}$$

$$H(D_2)=-\frac{3}{4}\log_2\frac{3}{4}-\frac{1}{4}\log_2\frac{1}{4} \tag{5.12}$$

由式（5.9）~式（5.12）可求得天气对于训练集的信息增益。

如果将所有特征对训练集的信息增益都计算出并进行比较，则可以得出最优特征（信息增益最大的特征）。最优特征的含义是，该特征可以使得标签项的随机性得到最大程度的降低。

由信息增益的计算公式可知，如果某个特征的取值可能较多，那么其信息增益一般也会

较大，但研究较多取值可能的特征并不会使问题求解变得简单。因此，在信息增益的基础上又定义了信息增益率，由信息增益率来进行最优特征选取会更加合理。

特征 a 对训练集 D 的信息增益率 $gain_R(D,a)$ 的定义为

$$gain_R(D,a)=\frac{gain(D,a)}{H_a(D)} \tag{5.13}$$

式中，$H_a(D)=-\sum_{i=1}^{n}\frac{|D_i|}{|D|}\log_2\frac{|D_i|}{|D|}$，$n$ 为特征 a 的取值个数。

5.3 决策树

决策树既可以解决分类问题，也可以解决回归问题。为便于展开讨论，本节主要讨论分类决策树。

5.3.1 基本概念

用来描述对实例进行分类的决策树称为分类决策树。决策树由节点、有向边两部分组成，节点又分为内部节点、叶节点，内部节点表示特征（或称属性），叶节点表示一个分类。

决策树的画法有多种，包括从左到右的横向分布、从上到下的纵向分布、按层次结构展开的分布等，以从上到下的纵向分布为主。决策树的内部节点一般由圆或圆角矩形表示，叶节点一般由矩形或三角形表示，节点属性的取值（有向边）一般由有向线段表示。图 5-5 所示为较常见的决策树画法。

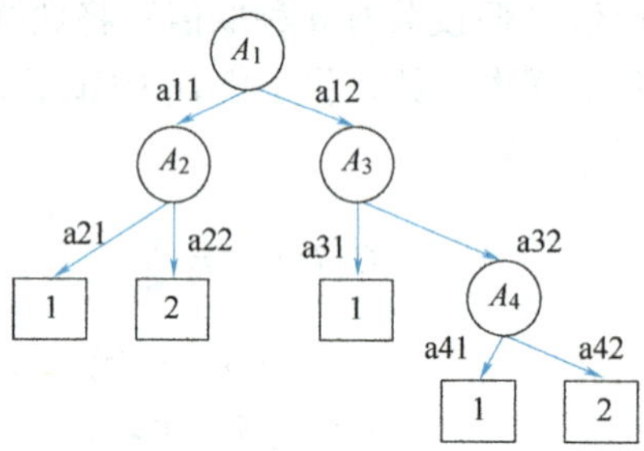

图 5-5　较常见的决策树画法

图 5-5 中，每个叶节点都可以通过一条支路追溯到根节点，而由根节点到每个叶节点的路径都可以较容易地简化成 if-then 规则。路径上内部节点的特征对应规则的条件，有向边对应条件的取值，而叶节点对应规则的结论。在一个完整的决策树中，样本集中的每一个实例都有且仅有一条路径（或者说规则）覆盖。由此可见，决策树实际上是一个由若干 if-then 规则组成的集合。

而在实际应用中，很容易将规则集转换为等效的 if-then-else 嵌套规则。图 5-5 所示的分类决策树可以转换为算法 5-2 所示的 if-then-else 嵌套规则。

算法 5-2　决策树转换为 if-then-else 嵌套规则

```
IF A1==a11:
    THEN IF A2==a21:
        THEN #属于类 1
    ELSE:
            #属于类 2
```

```
ELSE:
    IF A3==a31:
        THEN #属于类1
    ELIF A4==a41:
        THEN #属于类1
    ELSE:
        #属于类2
```

5.3.2 TDIDT算法

决策树容易理解、易于使用，数据挖掘中使用决策树算法的关键工作是决策树的构建。由训练集构建一个决策树需要做哪些事呢？

决策树生成一般包括3个步骤：

1）特征选择。数据挖掘工作中遇到的数据大多是凌乱的，特征较多，但一般并不需要把所有的特征都绘入决策树中，需要对这些特征进行选择，只选择那些跟分类结果相关度较高的特征。常用的特征选择参考指标包括信息增益、信息增益率、基尼指数等。

2）生成决策树。生成决策树工作的本质是对内部节点按照重要性进行排序，通过计算特征信息增益或其他指标选择最佳特征。从根节点开始，递归地产生决策树，再不断选取局部最优的特征，将训练集分成能够基本正确分类的子集，最终生成整棵决策树。

3）对决策树进行剪枝操作。通过步骤2）产生的决策树容易产生过拟合，需要再对其进行修剪，去掉部分分支，以对抗过拟合。

通过前面对决策树生成的任务分析，自然能够想到可以从选择根节点开始，逐步向下，直到叶节点，从而生成决策树，这就是著名的TDIDT算法（Top Down Induction of Decision Trees，决策树的自顶向下归纳生成法）。该算法通过递归分裂（Recursive Partitioning）方法反复根据属性值进行分裂，直到最终到达叶节点，形成一个决策分支。5.3.3小节将要介绍的ID3、C4.5都属于TDIDT算法。

基本的TDIDT算法如算法5-3所示。

算法5-3 基本的TDIDT算法

```
    输入：训练样本集D，候选特征集A
    输出：决策树
TDIDTTreeGenerate（D，A）{
创建空树Tree
IF 训练集D中所有样本属于同一类别C THEN
        生成一个叶节点，标记为类别C，并结束本决策分支
    ELSE
IF 特征集A为空 THEN
            生成一个叶节点，标记为训练集中样本最多的类别，并结束本决策分支
        ELSE
```

```
            选择一个待分裂的特征
            按照特征的取值将训练集分成对应的子集
FOR 每个子集:
IF 子集中的所有样本属于同一类别 THEN
                  生成一个叶节点，标记为该类别，并结束本决策分支
              ELSE
                递归调用 TDIDT（子集，特征集-{待分裂特征}），生成分支并加入 Tree
              ENDIF
            ENDFOR
        ENDIF
    ENDIF
    RETURN Tree
}
```

算法 5-3 所示的 TDIDT 算法，在每个非叶节点（即分类标签不同的子集）上都需要选择属性进行分裂，所选择的属性任意，但某个属性在同一分支中最多只能选择一次。因为训练集中属性的个数、每个属性的取值个数都是有限的，所以算法是可以终止的。

但是，算法 5-3 没有涉及属性选择的顺序、分支的后续处理等工作，因此该算法在实际数据挖掘工作中较少使用。

5.3.3 ID3 与 C4.5

最常用的 TDIDT 算法是 ID3 和 C4.5，这两种算法的最大区别在于它们选择最优特征的参考标准不同，ID3 以最大增益选择最优特征，C4.5 以最大增益比选择最优特征。

本小节依次对 ID3、C4.5 进行介绍。

1. ID3 算法

ID3（Iterative Dichotomiser 3，迭代二叉树 3 代）算法是 Ross Quinlan 发明的一种用于决策树生成的贪心算法。受奥卡姆剃刀定律启发，ID3 算法的指导思想是小型的决策树优于大型的决策树。

ID3 算法根据特征的信息增益来选择属性分裂的走向，每次选择信息增益最大的特征作为决策分支的分裂标准。ID3 算法的伪代码如算法 5-4 所示。

算法 5-4　ID3 算法的伪代码

```
    输入：训练样本集 D，候选特征集 A
    输出：决策树
ID3TreeGenerate (D,A){
创建空树 Tree;
    IF D 中的样本全属于同一类别 C
      THEN 将 node 标记为 C 类叶节点并加入 Tree
      RETRUN Tree
```

```
    END IF
    IF A 为空或者 D 中样本在 A 上的类标签相同
      THEN 将 node 标记为叶节点，其类别标记为 D 中样本数最多的类加入 Tree
      RETURN Tree
END IF
    从 A 中选择最优特征 a *
    FOR a * 的每一值 a[i] DO
        为 node 生成一个分支;
        令 D_v 表示 D 中在 a * 上取值为 a[i] 的样本子集;
IF D_v 为空
          THEN 将分支节点标记为叶节点，其类别为 D 中样本最多的类，加入 Tree
          RETURN
        ELSE
            以 ID3TreeGenerate (D_v,A_v) 为分支节点加入 Tree
        END IF
    END FOR
    RETURN Tree
}
```


算法 5-4 所示的 ID3 算法伪代码中，最关键的步骤是最优特征的选择，ID3 算法最优特征选取的标准是信息增益，即以信息增益最大的特征为最优特征，然后递归。由此可知，ID3 算法是一种贪婪算法，是 TDIDT 算法中的一种。

例 5.3.1 使用 ID3 算法，根据表 5-2 所示的训练集生成决策树。

表 5-2 根据天气情况决定是否去室外打篮球

天气	温度	湿度	是否有风	是否室外篮球
晴	热	高	无	否
晴	热	高	有	否
阴	热	高	无	是
雨	适中	高	无	是
雨	冷	正常	否	是
雨	冷	正常	有	否
阴	冷	正常	有	是
晴	适中	高	否	否
晴	冷	正常	否	是
雨	适中	正常	否	是
晴	适中	正常	是	是
阴	适中	高	是	是
阴	热	正常	否	是
雨	适中	高	是	否

表 5-2 所示训练集中，有 4 个特征，即“天气”“温度”“湿度”“是否有风”，分类标签是“是否室外篮球”。根据 ID3 算法，本例决策树生成的步骤为：

1）首先要根据信息增益找到 4 个特征中的最优特征，然后按最优特征的取值将训练集划分成若干子集。

2）在上一步分解的各个子集中继续使用 ID3 算法进行属性分裂。

此处只示例如何计算“天气”这一特征的信息增益，决策树生成的其他工作由读者自行完成。

由表 5-2 可知，训练集中有 14 个样本，标签为“是”的有 9 个、“否”的有 5 个，因此训练集的经验熵为

$$H(D)=-\frac{9}{14}\log_2\frac{9}{14}-\frac{5}{14}\log_2\frac{5}{14}=0.940286 \tag{5.14}$$

接下来以表中的“天气”特征作为分支标准，根据“晴”“阴”“雨”这 3 个特征取值可将训练集分为 3 类，如图 5-6 所示。

根据“天气”特征的值将训练集分裂成 3 个子集 $D=\{D_{晴}, D_{阴}, D_{雨}\}$，计算各子集的经验熵分别为

$$H(D_{晴})=-\frac{2}{5}\log_2\frac{2}{5}-\frac{3}{5}\log_2\frac{2}{5}=0.970951 \tag{5.15}$$

$$H(D_{阴})=-\frac{4}{4}\log_2\frac{4}{4}=0 \tag{5.16}$$

$$H(D_{雨})=-\frac{3}{5}\log_2\frac{3}{5}-\frac{2}{5}\log_2\frac{2}{5}=0.970951 \tag{5.17}$$

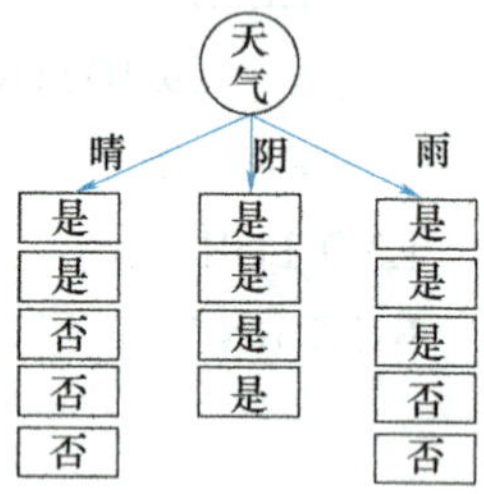

图 5-6 “天气”特征的属性分裂

继续计算“天气”特征的条件熵为

$$H(D\mid 天气)=\frac{5}{14}H(D_{晴})+\frac{4}{14}H(D_{阴})+\frac{5}{14}H(D_{雨})=0.693536 \tag{5.18}$$

因此，“天气”特征带来的信息增益为

$$gain(D,天气)=H(D)-H(D\mid 天气)=0.24675 \tag{5.19}$$

同理可以算出“温度”“湿度”“是否有风”的信息增益，然后找到信息增益最大的那个特征作为最优特征。另外，由前面的计算结果知，“天气”特征的“阴”这一取值可以生成一个叶节点，而另外两个取值需要继续分裂。

ID3 算法的基本思想是：首先计算出原始数据集的信息熵，然后依次将数据中的每一个特征作为分支标准，并计算其相对于原始数据的信息增益，选择最大信息增益的分支标准来划分数据，因为信息增益越大，区分样本的能力就越强，越具有代表性，因此是一种典型的自顶向下的贪心策略。

2. C4.5 算法

C4.5 算法也是 TDIDT 算法的一种，和 ID3 算法一样，也是由 Ross Quinlan 开发的。该算法是对 ID3 算法的改进，且被排在 *Top 10 algorithms in data mining*（《数据挖掘十大算法》）一书的第一位。此书出版后，C4.5 算法得到了更广泛的使用。

相对于 ID3 算法，C4.5 算法做了两方面的改进：

1）给出连续型特征值的处理方法。

2）在决策树生成中的最优特征选取、剪枝等具体方法上做了改进。

前面讲解的默认特征取值是离散型的，即特征的取值可能是有限的，如表5-2中的“天气”“是否有风”这两个特征。但像“温度”“湿度”这一类的特征值，它们实际上是数值型变量，取值是连续的。C4.5算法先将这些连续型特征值离散化，再进行决策树学习。C4.5算法的伪代码如算法5-5所示。

算法5-5 C4.5算法的伪代码

```
   输入：训练样本集D；候选特征集A
   输出：决策树
C4.5TreeGenerate（D,A）{
     创建空树 Tree
     IF D都属于同一类C OR 其他结束条件满足，THEN
          RETURN Tree
ENDIF
     FOR ALL a in A：
          计算信息增益率
     ENDFOR
     根据信息增益率找到最优特征a_best
     为a_best创建一个节点
     根据a_best的取值对D进行分割
     FOR 前面分割的所有D的子集D_v：
          Tree_v =C4.5TreeGenerate(D_v,A_v)
          将Tree_v 接入Tree中
ENDFOR
     RETRUN Tree
}
```

算法5-5中的伪代码未涉及连续特征的离散化处理，默认在进行C4.5决策树学习之前已经将连续特征离散化了。为什么要对连续属性进行离散化呢？以温度为例，可能的取值是“12℃”“13℃”“12.5℃”等，在进行决策树学习时，这些值如果不进行预处理，则会被看成不同的值，而这些精准值出现的可能很小或者只出现一次，直接使用这些值进行决策树学习的意义不大。而且，在一些实际应用中，分类结果对这些连续值的差异并不敏感，因此需要对连续特征值进行离散化处理。

常用的离散化处理方法是将连续特征值拆分为多个非重叠的范围，如图5-7所示。图中，处在离散区间连接处的值被称为切割值或切割点。使用类似的方法可以将很多连续特征离散化，如将年龄离散化为“婴儿”“儿童”“成年”“中年”“老年”。

像天气的温度、年龄、身高这一类连续特征值，可以根据常识设置切割点；还有一类工业或专有行业的连续特征值，可以根据一些行业标准设置切割点。另外，还有很多连续特征值没有什么可参照的切割点设置标准，针对这类连续特征，常用的切割点设置方法有“等

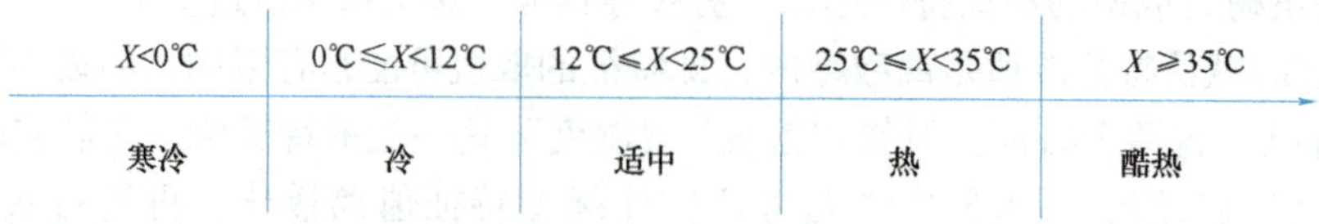

图 5-7 “温度”特征的离散化

宽区间法”“等频区间法”两种。

等宽区间法是指根据需要在连续特征值的最大取值和最小取值之间等比例地设置若干区间，这种切割点设置方法简单易用。但是它存在明显问题：

1）具体切割成几个区间很难有令人信服的方案。

2）很多值可能会拥挤在一个小的区间内，样本在这个特征值上并不是均匀分布的。

等频区间法不是按取值进行切割，而是根据样本在这个特征值上的分布进行等频切割的。如训练集中有 100 个样本点，在某个连续特征值上从小到大排列，每 25 个点进行切割，最后切割成 4 个区间，也就意味着将这个连续的特征值离散化为 4 个数值中的某个值。

等频区间法和等宽区间法都存在相同的问题，即切割点附近的样本点较难处理。以年龄为例，如果将超过 35 岁的人定义为中年人，那么 35 岁生日那一天的前后被切割为不同的离散值是没有说服力的。

连续特征值的离散化操作在整个决策树学习过程中的进行方式也有两种：一种是在决策树学习的各个阶段分批进行，即在决策树节点分裂时才对相应的连续特征进行切割，称为“局部离散化”；另一种是在决策树学习的主体进行之前一次性地将连续特征转换为离散特征，称为“全局离散化”。

除了连续属性外，决策树学习还有一个可能碰到的问题被刻意回避了，即训练集中可能会存在这样的多个样本点，它们各种特征的取值相同但是分类却不同。造成这种冲突的原因有两种：

1）可能是一些样例的特征值或分类标签出错。

2）训练集的数据是正确的，但只靠现有的特征还不足以对样本进行分类。

决策树学习中常见的冲突点的处理方法有：

1）删除有冲突的分支，如图 5-8 所示，很明显这种处理方法可能会导致一些决策分支缺失，在实际应用中可能会出现欠拟合。

2）采用类似 K 近邻算法的多数表决策略。

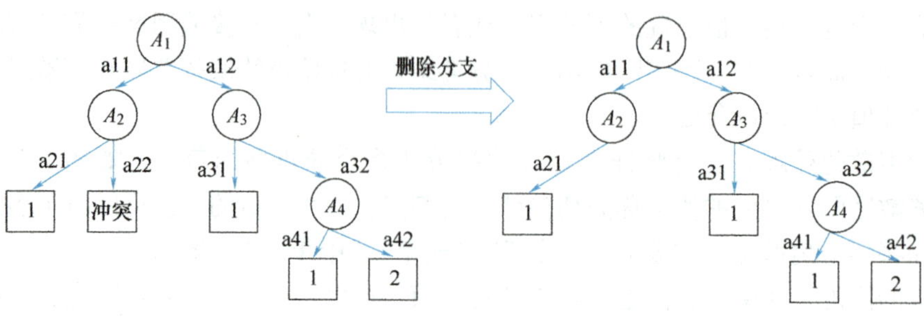

图 5-8 删除有冲突的分支

决策树算法的另外一个常见问题是过拟合。TDIDT 算法通过递归方式生成决策树，直到不能继续分裂为止。使用这种算法生成的决策树在训练集上表现良好，但是在测试数据分类的准确率时往往不理想，这就是所谓的过拟合现象。解决决策树过拟合的有效方法是对决策树进行简化，删除不必要的子树或叶节点，这一过程被称为剪枝（Pruning）。

5.4 CART

CART（Classification And Regression Tree，分类回归树）算法既可以用于创建分类树，也可以用于创建回归树。

CART 算法的实现也分为决策树创建、决策树剪枝两个大的步骤。CART 算法将样本集拆分成训练集、验证集两部分。在决策树创建阶段，根据训练集生成尽量大的决策树；在剪枝阶段，用验证集对第一步生成的决策树进行剪枝，去除不必要的分支，剪枝的目标是使得决策树在验证集上的损失函数最小。

此外，CART 算法假定决策树是二叉树。所谓“二叉决策树”，是指决策树的每个节点最多有左、右两个子节点。因此，CART 算法创建的决策树内部节点的特征取值为“是”和“否”（左分支“是”、右分支“否”），在每次判断过程中，都是对样本数据进行二分。CART 算法本质上是一种二分递归分割技术，把当前样本划分为两个子样本，使得生成的每个非叶节点都有两个分支。因此，CART 算法生成的决策树是结构简洁的二叉树，即使一个特征有多个取值，也把它分为两部分。

相对于 ID3 算法和 C4.5 算法，CART 算法使用基尼指数作为特征选取的指标，减少了对数运算。

5.4.1 基尼指数

不管是 ID3 算法中使用的信息增益，还是 C4.5 算法中使用的信息增益率，都存在大量的对数运算，效率较低。CART 算法采用基尼指数作为分裂规则，提高了运算效率。

基尼指数（Gini Index）又称为基尼不纯度（Gini Impurity），将式（5.1）中的对数项进行泰勒级数展开并忽略高次项，可以将信息熵的计算公式简化为

$$\text{gini}(X)=\sum_{x}p(x)[1-p(x)]=\sum_{i=1}^{n}p(x_i)[1-p(x_i)] \tag{5.20}$$

由式（5.20）可知，与熵类似，在 $p(x)$ 取值为 0 或 1 时，$\text{gini}(X)=0$，即随机变量的取值完全确定时，基尼指数为 0，这和熵的定义式的效果相似，但运算更加简单。进一步分析可知，服从伯努利分布的随机变量的参数 p 和基尼指数之间的关系曲线与图 5-4 类似，也在 $p=0.5$ 时取得最大值。

如果针对 X 的某一个取值 x，可以将 X 的所有取值进行转换，X 取 x 值时为“1”，否则为“0”，那么 X 就可以转换为二分类问题。再假设 $P(X=0)=p$，$P(X=1)=1-p$，则 X 的基尼指数为式（5.21），是一个开口向下、在 $p=0.5$ 处取得最大值的抛物线。

$$\text{gini}(X)=p(1-p)+(1-p)p=-2p^2+2p \tag{5.21}$$

从另一个角度说，基尼指数取值越小，随机变量取一种值的可能性也就越大，即纯度越高，预测成功的可能性越大。同理，基尼指数越高，取值越难预测。

既然基尼指数越小越容易预测成功，那么在使用基尼指数作为最优特征选取指标时就应优先选择对于训练集的基尼指数最小的特征。假设特征 a 共有 V 种取值可能，那么它对于训练集 D 的基尼指数定义为

$$\text{gini}(D,a)=\sum_{v=1}^{V}\frac{|D_v|}{|D|}\text{gini}(D_v) \tag{5.22}$$

式中，$|D_v|$ 为特征 a 取第 v 个值时对应的分类标签的取值个数；$|D|$ 为训练集总的分类标签取值个数；$\text{gini}(D_v)$ 为特征 a 取第 v 个值切分的训练子集的基尼指数。

5.4.2 生成决策树

CART 算法生成决策树有三大步骤：分裂、剪枝、树选择。算法的伪代码如算法 5-6 所示。

算法 5-6 CART 回归树生成算法的伪代码

```
    输入：训练样本集 D；候选特征集 A
    输出：决策树
CARTTreeGenerate (D,A){
生成空树 Tree
    根据式 (5.21) 计算最小基尼指数，找到最佳的待分裂特征
    IF 该节点不能再分 THEN
        将该节点存为叶节点并添加到 Tree
    执行二元切分
    在右子树调用 CARTTreeGenerate()方法
    在左子树调用 CARTTreeGenerate()方法
    RETURN Tree
}
```


CART 算法的决策树分裂过程是二叉递归划分的，特征和预测目标既可以是连续的，也可以是离散的。在树的生成阶段，CART 算法会生成一棵最大尺寸的树，然后使用专门的测试数据对生成的最大树进行测试并剪枝。另外，CART 算法在生成回归树或分类树的具体处理步骤上有所不同。

CART 算法生成分类树要解决的关键问题有：①选择最优特征；②如果最优特征的取值可能多于两个，则需要选择最优二值切分点使这个特征节点只生长出左、右两个分支。这两个问题的解决都依赖于前面介绍的基尼指数。CART 算法生成分类树的描述如算法 5-7 所示。

算法 5-7 CART 分类树生成算法的伪代码

```
    输入：训练样本集 D；候选特征集 A；停止条件
    输出：CART 分类树
CARTClassTreeGenerate (D,A){
    生成空树 Tree
```

```
    根据式（5.22）计算最小基尼指数，找到最佳的待分裂特征
    IF 该节点不能再分 THEN
        将该节点存为叶节点并添加到 Tree
    执行二元切分
    在右子树调用 CARTTreeGenerate( )方法
    在左子树调用 CARTTreeGenerate( )方法
    RETURN Tree
}
```

CART 分类树生成算法的递归停止条件一般有 3 条：

1）节点中的样本个数小于设定值。

2）样本子集的基尼指数小于设定值。

3）特征集中的特征已被用完。

CART 回归树算法的预测对象为连续型数据，输出是一棵回归树。但是不管是回归树还是分类树，其特征值都可能是连续的或离散的，即区分回归树和决策树的标准是预测对象，而不是特征值。

不管是回归树还是分类树，决策树的实质是将特征空间上的一个划分映射到某个叶节点上，如图 5-9 所示。

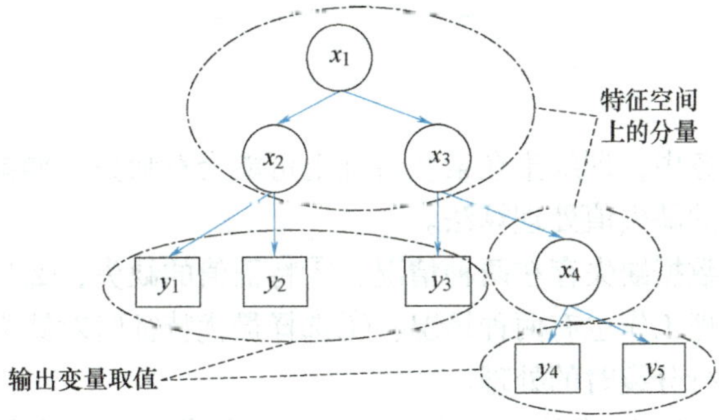

图 5-9 决策树输入和输出的映射关系示意图

假设输入向量为 $\boldsymbol{x}$，输出向量为 $\boldsymbol{y}$，训练集中的输入向量 $\boldsymbol{x}_i$ 对应的输出向量为 $\boldsymbol{y}_i$，而决策树对应的输出为 $f(\boldsymbol{x}_i)$。用式（5.23）所示的均方误差和（Mean Square Error，MSE）判断某个决策路径的划分效果，一个好的划分会使该式取得最小值。

$$\mathrm{MSE}=\frac{1}{N}\sum_{i=1}^{N}|\boldsymbol{y}_i-f(\boldsymbol{x}_i)|^2 \tag{5.23}$$

式（5.23）中，决策树在某条决策路径上的输出 $f(\boldsymbol{x}_i)$ 的计算方法需要根据实际问题进行设计，一般会使用这条决策路径上的训练样本子集上值的均值作为预测值。

接下来的问题就是如何确定决策路径，即解决两个问题：①选择最优特征；②找到最优特征的最优切分点。由于回归树的输出为连续型变量，在回归树的生成过程中选择最优特征、最优切分点时不能再使用基尼指数。

假设所有的 j 为最优特征，该特征的最优切分点为 s，则训练样本集被分成两个子集，

其中一个子集满足 $R_{left}=\{x \mid x^{(j)} \leqslant s\}$、另一个子集满足 $R_{right}=\{x \mid x^{(j)}>s\}$，取这两个子集上各自输出变量的均值 c_{left}、c_{right} 作为 R_{left}、R_{right} 的预测值，则 (j,s) 应使得式（5.24）取得最小值。

$$\frac{1}{|R_{left}|}\sum_{x\in R_{left}}|y_i-c_{left}|^2+\frac{1}{|R_{right}|}\sum_{x\in R_{right}}|y_i-c_{right}|^2 \tag{5.24}$$

在每个区域上遍历所有输入变量，找到使得式（5.24）取得最小值的划分，就可以递归地生成一个最小二乘回归树。CART 算法生成回归树的描述如算法 5-8。

算法 5-8　CART 回归树生成算法

输入：训练样本集 D

输出：CART 回归树

CARTRegTreeGenerate（D，A）{

1）将训练集划分成两个子区域，构建二叉决策树

2）选择最优特征和该特征的最优切分点，使得式（5.24）最小

3）用 2）中选定的最优特征及其切分点生成内部节点，并确定左右分支的输出变量取值

4）是否满足结束条件，满足转向 5），不满足转向 1）

5）输出决策树

}

5.4.3　缺失值处理

实际的数据挖掘任务中，训练集在某些特征上可能会有缺失，如果存在缺失值的样本点过多，就需要一套有效的缺失值处理算法。

训练集或测试集的数据缺失存在两种情况：①特征值的缺失；②目标值的缺失。决策树生成过程中的缺失值处理工作也有两种情况：①选择最优特征时对缺失值的处理；②需要对有缺失值的特征节点进行分裂时的处理。

CART 算法最优特征选择问题的本质是特征对于训练集的基尼指数计算问题。假设特征集 A 中的某个特征 a 在训练集的某些样本中取值缺失了，这时计算属性 a 对 D 的基尼指数就有两种处理方案：

1）直接将有缺失的样本点剔除，用剩下的训练集生成决策树。

2）把所有 a 这个特征没有缺失的那一部分样本提出来，假设新的样本集为 $D_a(D_a \subset D)$，然后计算特征 a 在 D_a 上的基尼指数 $\text{gini}(D_a,a)$，由 $\text{gini}(D_a,a)$ 乘以一个系数来近似 $\text{gini}(D,a)$，如有 20%的样本点在该属性上存在缺失值，那么这个系数可以是 0.8 或 0.9（即 1−20%或 1−10%）。

对于缺失值处理的第二个工作（即需要对有缺失值的特征节点进行分裂时的处理）的含义是什么呢？CART 是二叉递归的，在一个节点上会按照属性的取值情况将所有对应的训练样本点分成两个集合，当这个属性在某个点上的取值缺失了，那么该把这个点分到左边还是右边呢？

CART 算法的机制是为树的每个节点都找到“代理分裂器”，无论在训练数据上得到的

树是否有缺失值，都会这样做。在代理分裂器中，代理特征的选取必须超过默认规则的性能才有资格作为代理（即代理就是代替缺失值特征作为划分特征的另一个特征）。当 CART 树中遇到缺失值时，这个样本点是划分到左边还是右边，取决于其排名最高的代理。如果这个代理的值也缺失了，那么就使用排名第二的代理，依此类推。如果所有代理值都缺失，那么默认规则就是把样本点划分到较大的那个子节点。代理分裂器可以确保无缺失训练数据上得到的树能够处理包含缺失值的新数据。

例如，假设有一组学生成绩的数据，使用 CART 算法将这组数据生成一个决策树，在“高等数学”这门课（一个特征）的成绩处进行分裂，但是如果某个学生“高等数学”的成绩缺失，那么就可以使用“线性代数”“概率与数理统计”一类的课程成绩来作为“高等数学”的代理。

5.4.4 剪枝

CART 算法可以生成最大的决策树，但存在过拟合的风险，即过于复杂的决策树在训练集上表现很完美，但在测试集上的表现反而更差。CART 算法的解决方法是在生长阶段生成足够大的结果树，以此为素材进行剪枝，在剪枝的结果树中提取最优树作为最终的决策树。

过于复杂、过于简单的决策树都不具有好的泛化能力，需要一个函数来定量描述决策树的复杂度，此函数应该能够在决策树的复杂度适中时取得最小值，这种函数常被称为决策树的代价复杂度。代价复杂度的定义为

$$Ra(T)=R(T)+\alpha\,|T| \tag{5.25}$$

式中，T 为要衡量的决策树；$R(T)$ 为决策树对于训练集的预测误差（可以使用基尼指数）；$|T|$ 为决策树的叶节点数目；α 为惩罚因子（$\alpha \geqslant 0$）。式（5.25）由预测误差和惩罚项两部分组成。通过式（5.25）可以看出，算法生成的决策树越复杂，$R(T)$ 就越小，但复杂决策树的叶节点数目也会增加；若 $\alpha>0$，则惩罚项也会增加，即复杂的决策树在降低训练集的预测误差的同时会增加惩罚项，只有树的复杂度适中，才能使得代价复杂度取得最小值。

式（5.25）中，α 的取值不同会得到不同的最优决策树，而所有这些最优决策树都是 CART 算法生成的最大树的子树。当 $\alpha=0$ 时，没有惩罚项的最大树为最优树；当 $\alpha\to\infty$，只有一个根节点的树为最优树，即当 α 足够大时，剪掉所有子节点的树为最优树。因此，α 值从 0 开始增加，增加到一定值时会得到一系列与之对应的最优子树，在这些子树的集合中找到在训练集上预测误差最小的那一棵树作为最终的输出结果。

那么 α 序列该怎么取值呢？假设生成的最大树为 T_0，α 取 0 值时，T_0 不需要剪枝，代价复杂度就已经是最低了；增加 α 到某个值时，T_0 必须剪掉一些节点才能使代价复杂度最低（假设剪枝后的决策树为 T_1）；在 T_1 的基础上，继续增加 α 到必须对 T_1 继续剪枝才能得到代价复杂度最低的决策树（假设为 T_2）；依此类推，直到将 α 增加到必须将决策树简化为一个节点才能得到代价复杂度最低的决策树（假设为 T_n）。这样就得到了一个树的集合 $\{T_0,T_1,\cdots,T_n\}$，而且集合中的子树是嵌套的（即 T_{i+1} 是 T_i 的子树）。

为了在剪枝得到的这些子树集中寻找最优决策树，在起始阶段就对样本集进行拆分，拆成训练集、交叉验证集、测试集 3 部分。在决策树生长阶段，使用训练集生成最大树；然后将最大树进行剪枝，得到一个决策树集合；再使用交叉验证集对上一步的决策树集进行验证，找到最优决策树；最后使用测试集测试结果树的效果。流程示意如图 5-10 所示。

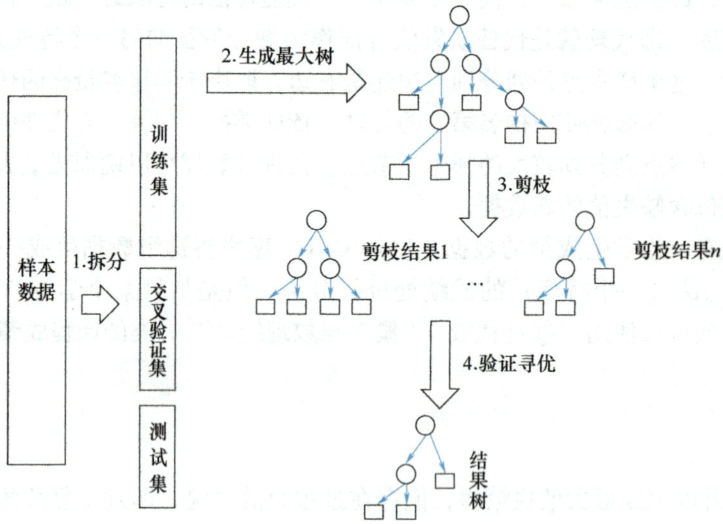

图 5-10　决策树从生长到剪枝的流程示意

5.4.5　应用案例

例 5.4.1　根据表 5-3 中的数据，使用 CART 算法生成分类决策树。

表 5-3　训练数据表

A_1	A_2	A_3	Y
1	0	125	0
0	1	100	0
0	0	70	0
1	1	120	0
0	2	95	1
0	1	60	0
1	2	220	0
0	0	85	1
0	1	75	0
0	0	90	1

表 5-3 中，有 A_1、A_2、A_3 这 3 个特征，A_1、A_2 为离散值特征，A_3 为连续特征，分类结果为 Y。

由 CART 算法伪代码可知，CART 算法生成分类决策树的关键是基尼指数的计算。此案例如何计算训练数据的基尼指数，具体的分类决策树生成、剪枝等操作留给读者练习。

首先，计算 A_1 的基尼指数。$A_1=1$ 的样本数为 3，对应样本的 Y 都为 0；$A_1=0$ 的样本数为 7，其中 $Y=0$ 的样本数为 4，$Y=1$ 的样本数为 3，所以对应的基尼指数的计算为式（5.26）~式（5.28）。

$$\text{gini}(A_1=1)=\frac{3}{3}\times\left(1-\frac{3}{3}\right)+\frac{0}{3}\times\left(1-\frac{0}{3}\right)=0 \tag{5.26}$$

$$\text{gini}(A_1=0)=\frac{3}{7}\times\left(1-\frac{3}{7}\right)+\frac{4}{7}\times\left(1-\frac{4}{7}\right)=\frac{24}{49} \tag{5.27}$$

$$\text{gini}(D,A_1)=\frac{3}{10}\text{gini}(A_1=1)+\frac{7}{10}\text{gini}(A_1=0)=\frac{24}{70} \tag{5.28}$$

计算另一个离散特征 A_2 的基尼指数。A_2 的取值有 3 种可能，对应的也就有 3 种二分裂可能。需要分 $A_2=2$ 和 $A_2\neq2$、$A_2=1$ 和 $A_2\neq1$、$A_2=0$ 和 $A_2\neq0$ 这 3 种情况计算其基尼指数。

$A_2=2$ 和 $A_2\neq2$：

$$\text{gini}(A_2=2)=\frac{1}{2}\times\left(1-\frac{1}{2}\right)+\frac{1}{2}\times\left(1-\frac{1}{2}\right)=\frac{1}{2} \tag{5.29}$$

$$\text{gini}(A_2\neq2)=\frac{6}{8}\times\left(1-\frac{6}{8}\right)+\frac{2}{8}\times\left(1-\frac{2}{8}\right)=\frac{3}{8} \tag{5.30}$$

$$\text{gini}(D,A_2)=\frac{2}{10}\text{gini}(A_2=2)+\frac{8}{10}\text{gini}(A_2\neq2)=\frac{2}{5} \tag{5.31}$$

$A_2=1$ 和 $A_2\neq1$：

$$\text{gini}(A_2\neq1)=\frac{3}{6}\times\left(1-\frac{3}{6}\right)+\frac{3}{6}\times\left(1-\frac{3}{6}\right)=\frac{1}{2} \tag{5.32}$$

$$\text{gini}(A_2=1)=\frac{4}{4}\times\left(1-\frac{4}{4}\right)+\frac{0}{4}\times\left(1-\frac{0}{4}\right)=0 \tag{5.33}$$

$$\text{gini}(D,A_2)=\frac{6}{10}\text{gini}(A_2\neq1)+\frac{4}{10}\text{gini}(A_2=1)=\frac{3}{10} \tag{5.34}$$

$A_2=0$ 和 $A_2\neq0$：

$$\text{gini}(A_2\neq0)=\frac{5}{6}\times\left(1-\frac{5}{6}\right)+\frac{1}{6}\times\left(1-\frac{1}{6}\right)=\frac{10}{36} \tag{5.35}$$

$$\text{gini}(A_2=0)=\frac{2}{4}\times\left(1-\frac{2}{4}\right)+\frac{2}{4}\times\left(1-\frac{2}{4}\right)=\frac{1}{2} \tag{5.36}$$

$$\text{gini}(D,A_2)=\frac{6}{10}\text{gini}(A_2\neq0)+\frac{4}{10}\text{gini}(A_2=0)=\frac{11}{30} \tag{5.37}$$

因此，A_2 最优切分方法为 $A_2=1$ 和 $A_2\neq1$。

剩下一个连续特征 A_3，该特征基尼指数计算的关键是找到使得 gini(D,A_3) 取得最小值的分裂点，按 A_3 从小到大重新排列并在相邻两个取值之间设置分裂点，得到的各种分裂方案的基尼指数见表 5-4。

表 5-4　连续特征分裂点及对应基尼指数表

A_3	60	70	75	85	90	95	100	120	125	220
分裂值	65		72	80	87	92	97	110	122	172
分裂关系	≤ | >		≤ | >	≤ | >	≤ | >	≤ | >	≤ | >	≤ | >	≤ | >	≤ | >
$Y=1$ 个数	0 | 3		0 | 3	0 | 3	1 | 2	2 | 1	3 | 0	3 | 0	3 | 0	3 | 0
$Y=0$ 个数	1 | 6		2 | 5	3 | 4	3 | 4	3 | 4	3 | 4	4 | 3	5 | 2	6 | 1
基尼指数	0.400		0.375	0.343	0.417	0.400	0.300	0.343	0.375	0.400

由表 5-4 知，A_3 的最优分裂点为 97，此时的 $gini(D,A_3)=0.3$，取得最小值。

由 3 个特征的基尼指数找到最优特征作为树的根节点，使用类似的方法继续递归分裂，得到整棵树。然后进行剪枝和最优验证等操作，得到最优决策树。

5.5 本章小结

本章介绍了两个主要内容：信息熵、决策树。

信息熵是随机信号信息量的一种定量度量方式，熵值越大，信息的随机性越大，也就越难预测。在信息熵的基础上介绍了条件熵和信息增益的概念，条件熵、信息增益使得通过一个随机变量研究另一个随机变量成为可能，也是很多决策树算法进行节点选取和分裂的基础。

之后在介绍决策树基本概念的基础上重点讲解了 ID3、C4.5、CART 这 3 种决策树生成算法，并在其中穿插讲解了连续型特征的处理方法、决策树剪枝、交叉验证集等决策树学习中必须要掌握的知识。

5.6 习题

5.6.1 思考题

1. 一个节点数为 n 的树共有多少条边？构造一棵树一般需要哪些操作？
2. 计算表 5-1 所给训练数据集所有特征的信息增益。
3. 决策树是否会出现过拟合？如果会的话，应如何避免过拟合？
4. 设计一种连续属性离散化算法，写出算法实现的伪代码。
5. 比较 ID3、C4.5 算法，说明它们各自具有什么特点，了解算法提出的背景及其适用场景。
6. 完善例 5.4.1 的后续步骤，通过 CART 算法画出分类决策树。

5.6.2 实验练习

1. 实验目的

为 scikit-learn 中的红酒数据集绘制分类决策树。

2. 实验内容

1）学习 scikit-learn 中自带的数据集的使用。

2）学习 sklearn 中决策树分类器 DecisionTreeClassifier 的使用。

3）学习使用 Graphviz 可视化决策树。

3. 实验方法与步骤

（1）使用 scikit-learn datasets 中的红酒数据集

Python 的 scikit-learn（即 Python 代码中使用的 sklearn）本身集成了一些数据集库，可以使用它的 datasets 包中的“load_***”或者“fetch_***”方法获得。其中，红酒数据集比较适合作为决策树分类器学习的示例数

chap05

据集。

红酒数据集中包含 178 组数据，有 13 个解释变量（红酒的 13 个属性，均属于 float 型的连续变量）、1 个响应变量（红酒分类，共有 3 个分类）。属性对应的英文、中文分别为：

1）英文：['alcohol','malic_acid','ash','alcalinity_of_ash','magnesium','total_phenols','flavanoids','nonflavanoid_phenols','proanthocyanins','color_intensity','hue','od280/od315_of_diluted_wines','proline']

2）中文：['酒精','苹果酸','灰','灰的碱性','镁','总酚','类黄酮','非黄烷类酚类','花青素','颜色强度','色调','稀释葡萄酒','脯氨酸']

通过 load_wine( ) 方法可以获得"sklearn. utils. _bunch. Bunch"类对象，对象的 data、target 属性是对应解释变量、响应变量的值，可以使用 Pandas 的 concat( ) 方法将其转换为 DataFrame 类型，如图 5-11 所示。

```
import pandas as pd
import copy

# 存入DataFrame
wine_dataframe = pd.concat([pd.DataFrame(wine_raw.data),pd.DataFrame(wine_raw.target)],
                           axis=1)
wine_dataframe_colomns = copy.copy(wine_raw.feature_names)       # 使用深层复制
wine_dataframe_colomns.append('target')
wine_dataframe.columns = wine_dataframe_colomns

print(wine_dataframe.shape)
wine_dataframe.head()  # 输出DataFrame的前5行
```

✓ 0.4s

(178, 14)

	alcohol	malic_acid	ash	alcalinity_of_ash	magnesium	total_phenols	flavanoids	nonflavanc
0	14.23	1.71	2.43	15.6	127.0	2.80	3.06	
1	13.20	1.78	2.14	11.2	100.0	2.65	2.76	
2	13.16	2.36	2.67	18.6	101.0	2.80	3.24	
3	14.37	1.95	2.50	16.8	113.0	3.85	3.49	
4	13.24	2.59	2.87	21.0	118.0	2.80	2.69	

图 5-11　将红酒数据转换为 DataFrame 型

（2）构建决策树分类器

首先，准备决策树的训练集和测试集，可以直接使用 sklearn. model_selection 的 train_test_split( ) 方法对红酒数据集的 data 和 target 进行拆分。

然后，定义一个 sklearn. tree. DecisionTreeClassifier 类对象，使用训练集数据为参数调用该对象的 fit( ) 方法对这个决策树分类器进行训练。

最后，通过该分类器自带的 score( ) 方法，使用测试数据集对得到的决策树分类器进行评分，评分超过设定阈值即可使用。

决策树分类器的定义、训练与评分代码如图 5-12 所示。

```
from sklearn.tree import DecisionTreeClassifier

my_clf_tree = DecisionTreeClassifier()                    # 实例化决策树分类器对象
my_clf_tree.fit(X_train, y_train)
my_clf_score = my_clf_tree.score(X_test, y_test)
print(my_clf_score)
✓ 0.4s

0.9444444444444444
```

图 5-12　决策树分类器的定义、训练与评分代码

（3）决策树可视化

决策树的可视化需借助 Graphviz 工具。在使用之前需要在计算机上安装 Graphviz，在安装过程中要注意选择将 Graphviz 执行文件的路径添加到计算机 PATH 变量中，如图 5-13 所示。

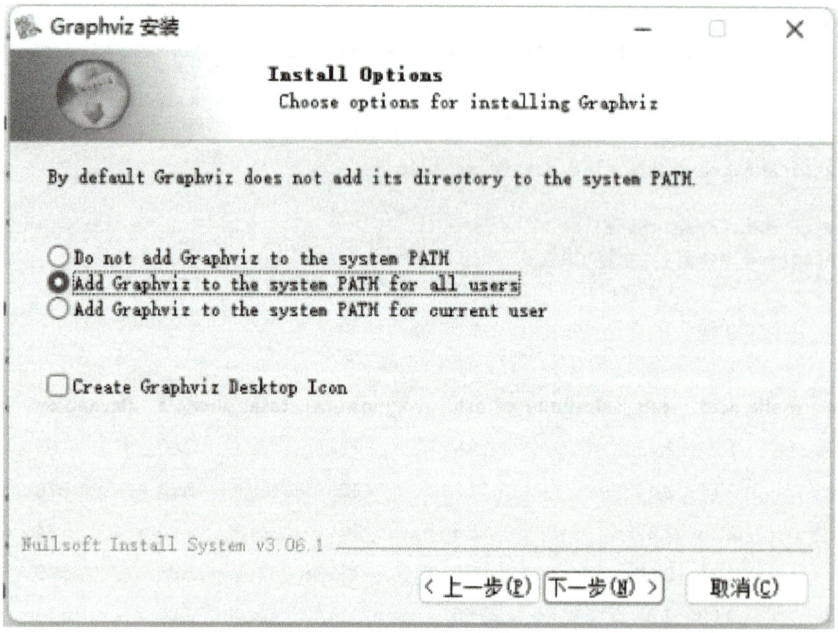

图 5-13　安装 Graphviz 过程中的配置 PATH 截图

sklearn. tree 中的 export_graphviz( )方法可以根据输入参数（包括前面的构造决策树分类器及其相关的一些数据）生成 Graphviz 绘制决策树所需要的 DOT 格式决策树模型，然后以此为输入来构造 graphviz. Source 类的一个对象，此对象可实现决策树分类器的可视化，结果如图 5-14 所示。

4. 总结与思考

查看 sklearn. tree. DecisionTreeClassifier 的源码，思考以下两个问题：

1）决策树分类器训练、测试的实现方法是什么？

2）每次执行代码得到的决策树分类结果是否相同？原因是什么？

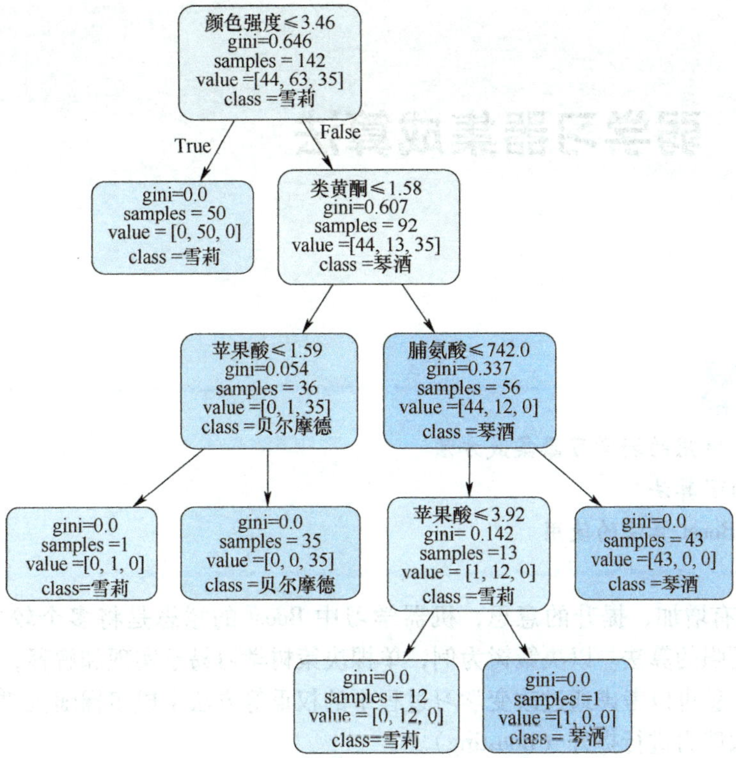

图 5-14 红酒决策树分类器的结果

第 6 章 弱学习器集成算法

本章目标

- 了解 3 种常用的弱学习器集成方法
- 理解 GBDT 算法
- 掌握 XGBoost 算法的使用

英文 Boost 有增加、提升的意思，机器学习中 Boost 的意思是将多个较弱的算法集成在一起来形成更强的算法。以决策树为例，单棵决策树学习易于实现和解释，但单棵树的效果往往不理想，就可以考虑通过改变学习过程中的权重等方法生成多棵随机树，再组成随机森林，来对算法能力进行提升（Boosting）。

近几年，在 Kaggle、阿里云天池等数据挖掘竞赛中，XGBoost 算法特别受参赛选手青睐，并取得过不俗战绩。XGBoost 是 Boosting 算法家族中的一员，它是 GBDT（Gradient Boosted Decision Tree，梯度提升决策树）的一种高效实现，是本章的重点内容。

本章在讲解 Boosting、AdaBoost、XGBT 等算法的基础上，详细介绍 XGBoost 的算法原理和特点，并通过一个实际案例讲解 XGBoost 的应用方法。

6.1 3 种常用的弱学习器集成方法

机器学习中，集成学习的思路是通过训练样本集训练出多个弱学习器，然后将这些弱学习器集成为一个更强的学习器，如图 6-1 所示。

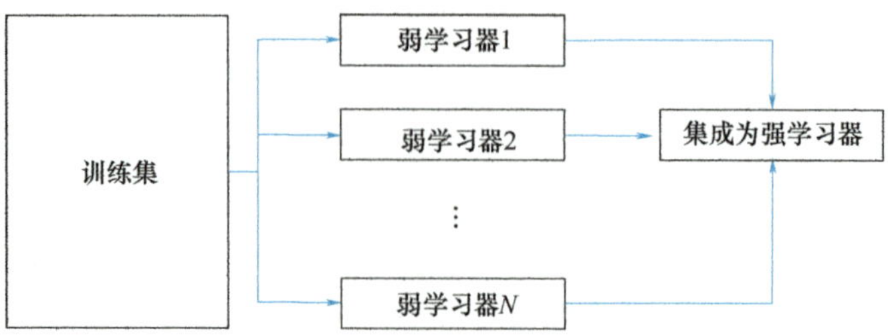

图 6-1 集成学习示意图

集成学习算法要解决两个问题：

1）由训练集训练出多个弱学习器；

2）将多个弱学习器集成为一个强学习器。

弱学习器和强学习器分别是什么意思呢？以分类器为例，如果学习后对分类结果的正确率仅略高于随机猜测的正确率，则为弱学习器；如果分类的正确率很高，则为强学习器。

在多个弱学习器的训练阶段，当训练集较大时，可以将训练集分成若干子集，分别训练生成弱学习器，然后集成；当训练集较小时，也可以进行有放回的抽取，进行模型训练，得到多个弱学习器，然后集成。

被集成的多个弱学习器，如果是由训练参数不同的同一种算法训练生成的，像这样的多个弱学习器称为“同质”的。如果被用来集成的是不同学习算法训练生成的弱学习器，则称为“异质”的。

集成算法不特指某一种具体的机器学习算法，而是训练多个模型，然后以某种算法将它们集成在一起。常见的集成算法有 3 种：Bagging（装袋）算法、Boosting（提升）算法、Stacking（堆叠）算法。

6.1.1　Bagging（装袋）算法

Bagging 是 Bootstrap Aggregating（引导聚集算法）的缩写，集成算法初始阶段会通过有放回随机采样（装袋法名字的由来）的方式创建 K 个数据集；由这 K 个子训练集训练出 K 个模型，生成这 K 个模型的具体算法不做限制；然后将得到的 K 个弱学习器模型整合成一个强学习器模型。Bagging 算法提升效果的本质是人为引入样本扰动，通过增加样本随机性，达到降低方差的效果，从而避免过拟合发生。Bagging 算法示意图如图 6-2 所示。

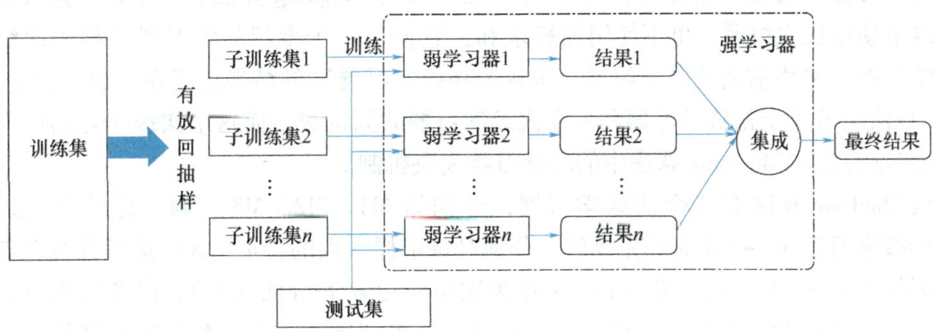

图 6-2　Bagging 算法示意图

图 6-2 中，Bagging 算法分成几个步骤：①有放回抽样，得到 n 个训练子集；②每个训练子集都训练出一个学习器；③测试样本输入每个弱学习器，都会得到一个预测结果；④将所有弱学习器的预测结果集成以得到一个结果，即为此 Bagging 算法得到的强学习器的输出结果。结果的集成可以采用民主投票机制，即 n 个弱学习器对某个测试样本的预测结果进行民主投票，将票数最多的那个结果作为集成后的强学习器的预测结果。

6.1.2　Boosting（提升）算法

初始阶段，Boosting 算法对于样本的采样逻辑与 Bagging 算法一致。但是 Boosting 算法的 **K 个弱学习器并不是同时训练的**，而是串行训练的，当前弱学习器的效果会用来更新下一个弱学习器的学习权重，当全部训练完成后，再将得到的所有弱学习器集成。Boosting 算法示意图如图 6-3 所示。

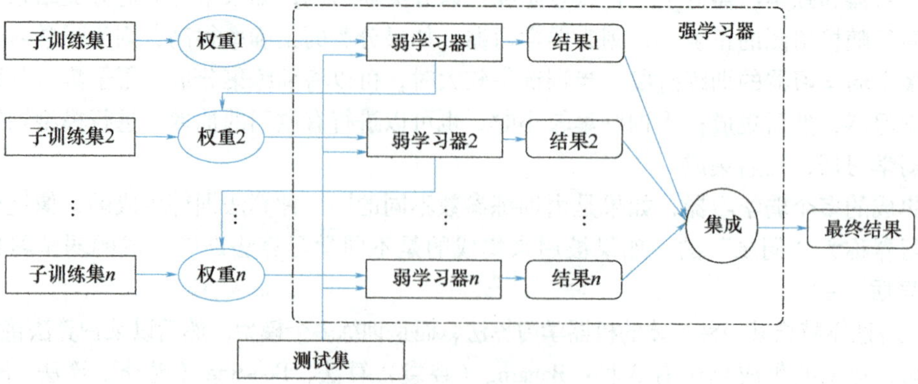

图 6-3 Boosting 算法示意图

Boosting 算法的基本思想有两个重点：①提高那些在前一轮被弱学习器错误分类或回归的样本的权值，减小前一轮被正确分类或回归的样本的权值，让被错误分类或回归的样本在后续受到更多的关注；②使用一定的策略将弱学习器进行组合，如 AdaBoost 通过加权多数表决的方式，即增大错误率小的学习器的权值，同时减小错误率较大的学习器的权值。

6.1.3 Stacking（堆叠）算法

在弱学习器的集成策略方面，Stacking 算法相对于 Bagging 算法和 Boosting 算法更进一步，它既不使用民主投票，也不使用加权求和，它使用一个专门的学习器（称为次级学习器或元学习器）来将前面的弱学习器（被称为初级学习器）的结果集成在一起。也就是说，Stacking 算法由若干个初级学习器和一个次级学习器共同构成，而这个次级学习器的作用类似于 Bagging 算法和 Boosting 算法中的弱学习器表决机制。

假设 Stacking 算法有 4 个初级学习器，分别为 M1、M2、M3、M4，有一个次级学习器 M。初级学习器 M1～M4 训练完成后，分别对每个样本点的特征（X）进行预测并各自得到一个标签（Y1～Y4），然后将 Y1～Y4 作为次级学习器的特征（X'），以各样本点的实际标签作为 Y'对次级学习器进行训练。也就是说，每个初级学习器的预测输出都作为次级学习器的一个特征来使用，初级学习器和次级学习器一起构成了一个两层的 Stacking 算法集成网络。

Stacking 算法对单个初级学习器的训练过程示意图如图 6-4 所示（以 M1 为例）。如图中所示，首先将训练集分成 5 个子集，各取 4 个子集作为训练集，剩下一个作为验证集，训练出 5 个 M1 学习器（M1_1～M1_5），然后分别利用这几个 M1 学习器为对应的剩下的那个验证子集进行预测，得到验证集中各个样本点的预测值，这个预测值是由 M1 学习器给出的，这就构成了次级学习器的第一个特征。次级学习器测试集的第一个特征的处理与前述方法类似，使用 5 个 M1 学习器分别进行预测，然后取预测的平均值作为次级学习器的测试集的第一个特征。

使用类似 M1 的方法训练另外 3 个初级学习器，就得到了次级学习器 M 的训练集上所有样本点对应的特征，如图 6-5 所示。

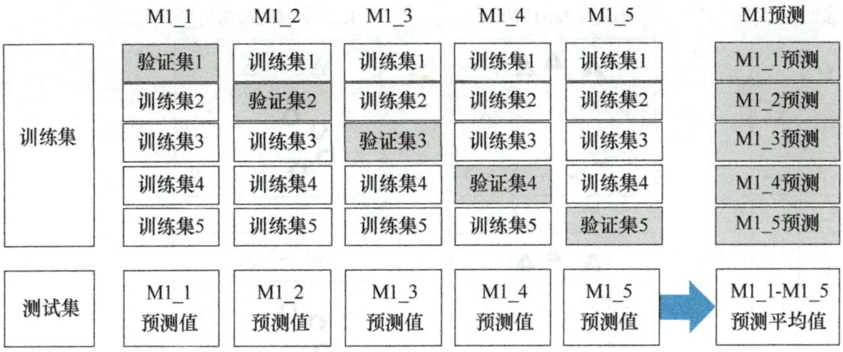

图 6-4 Stacking 算法训练 M1 过程示意图

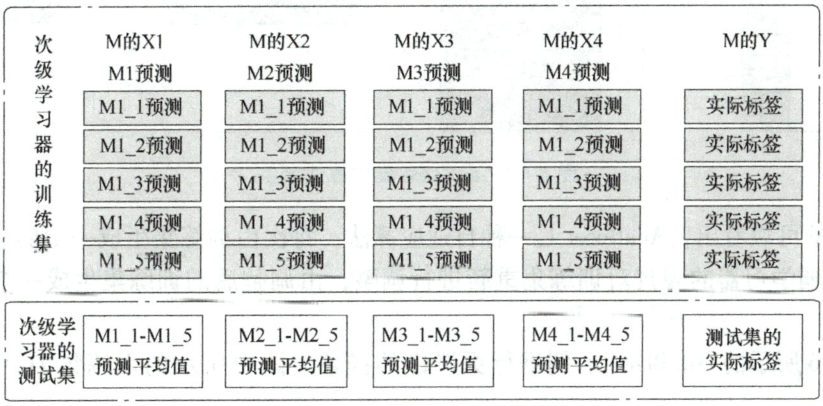

图 6-5 Stacking 次级学习器 M 的训练集与测试集构成示意图

总结下来，Stacking 算法分为 3 步：①训练各个初级学习器，使用初级学习器将验证子集的预测结果作为次级学习器的特征，将验证子集的实际标签值作为 Y，得到次级学习器的训练样本集；②使用各个初级学习器对测试集预测并作为特征，测试集的实际标签作为 Y，得到次级学习器的测试集；③训练并测试次级学习器。

6.2 AdaBoost 算法与 GBDT 算法

6.2.1 AdaBoost 算法

AdaBoost（Adaptive Boosting）是 Boosting 算法的一种，由 Freund 和 Schapire 提出，是第一种具备实用性的 Boosting 算法。AdaBoost 是一种迭代算法，其核心思想是针对同一个训练集训练不同的弱学习器，然后把这些弱学习器集合起来，构成一个强学习器。

图 6-6 所示为一个简单的 AdaBoost 集成算法示例。首先，原始训练集得到一个弱学习器 M1；然后，M1 在原始训练集中错误标记的点在下一次训练时得到加权，训练得到弱学习器 M2；接着，将 M2 标记错误的点继续加权，用加权后的训练集得到弱学习器 M3；最后，将 M1、M2、M3 各自乘以一个系数后相加，得到组合后的强学习器 M。

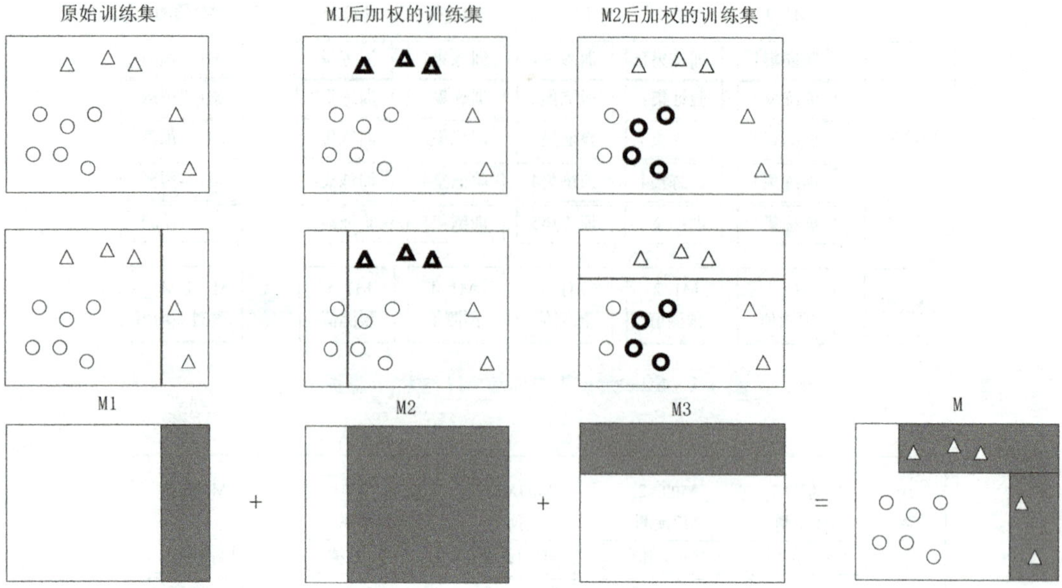

图 6-6 AdaBoost 集成算法示例

从图 6-6 可以看出，AdaBoost 是一种自适应算法，每次由训练集生成一个弱学习器后都会根据当前弱学习器的表现对训练集重新进行调整，由调整后的训练集生成一个新的弱学习器。

对图 6-6 所示的 AdaBoost 示例进行更严谨的描述。图中所示的训练集 D 可以描述为式（6.1）。

$$D=\{(\boldsymbol{x}_1,\boldsymbol{y}_1),(\boldsymbol{x}_2,\boldsymbol{y}_2),\cdots,(\boldsymbol{x}_N,\boldsymbol{y}_N)\} \tag{6.1}$$

图 6-6 中要解决的是二分类问题，所以式（6.1）中 $\boldsymbol{y}_i$ 的取值为 1 或-1，而 $\boldsymbol{x}_i$ 则是由每个样本点的 n 个特征值构成的一个向量点（$\boldsymbol{x}_i\in\mathcal{X}\subseteq\mathbf{R}^n$）。算法的目标是通过训练集 D 训练出若干个分类器 $h_m(\boldsymbol{x}):\mathcal{X}\to\{-1,+1\}$，将这些分类器进行组合得到一个分类器，这个分类器对训练集的分类误差达到最小。

由前面的介绍可知，AdaBoost 算法生成强学习器有两个主要问题需要解决：①弱学习器迭代训练过程中样本点的权重更新方法；②最后生成的各个弱学习器如何集成到一起。

以图 6-6 所示的分类任务为例，训练集中样本点当次训练的权重值与上一次训练生成的弱分类器有没有对这个点正确分类有关，如果分类正确则权重降低，如果分类错误则权重提升。具体的，训练第一个弱学习器时每个点的权重都是一样的，权值分布为

$$D_1=(\omega_{11},\cdots,\omega_{1i},\cdots,\omega_{1N}),\omega_{1i}=\frac{1}{N},i=1,2,\cdots,N \tag{6.2}$$

下一次的训练样本就在当前训练样本基础上乘以这个权值，第 $m+1$ 次的权值 $\omega_{m+1,i}$ 与第 m 次权值 $\omega_{m,i}$ 的关系为

$$\omega_{m+1,i}=\frac{\omega_{m,i}}{Z_m}\exp(-\alpha_m y_i h_m(x_i))\quad(i=1,2,\cdots,N) \tag{6.3}$$

式中，$\omega_{m,i}$ 是第 m 次分类训练的样本权值；Z_m 是一个规范因子，为式（6.4），除以这个 Z_m

可以使得 $D_{m+1}=(\omega_{m+1,1},\cdots,\omega_{m+1,i},\cdots,\omega_{m+1,N})$ 成为一个概率分布（即其和为 1）；α_m 是一个系数，这个系数与第 m 个弱分类器的分类结果有关，为式（6.5），而式（6.5）中的 $\varepsilon_m=\Pr_{i\sim D_m}[h_m(x_i)\neq y_i]$，即第 m 个弱分类器在训练集上的分类误差率；$y_ih_m(x_i)$ 是第 i 个样本点的真实分类值与第 m 个分类器对它的分类值的乘积。

$$Z_m=\sum_{i=1}^{N}\omega_{m,i}\exp(-\alpha_m y_i h_m(x_i)) \tag{6.4}$$

$$\alpha_m=\frac{1}{2}\ln\left(\frac{1-\varepsilon_m}{\varepsilon_m}\right) \tag{6.5}$$

AdaBoost 有多种集成方式，这里使用最简单的线性组合来理解 AdaBoost 的算法原理，即最终的强分类器由所有弱分类器线性组合而成，即

$$H(x)=\mathrm{sign}\left(\sum_{m=1}^{M}\alpha_m h_m(x)\right) \tag{6.6}$$

总结起来，AdaBoost 算法伪代码的描述如算法 6-1 所示。

算法 6-1　AdaBoost 算法伪代码

输入：训练样本集 $D=\{(x_1,y_1),(x_2,y_2),\cdots,(x_N,y_N)\}$；选用的弱分类器为 G_m

输出：强分类器 $H(x)$

1）初始化：$D_1(i)=\frac{1}{N}(i=1,\cdots,N)$。

2）FOR $t=1$，…，M：

① 用乘以权值 D_t 的训练集训练弱分类器。

② 得到弱分类器 h_t。

③ 由式（6.3）~式（6.5）更新权值 D_{t+1}。

3）按式（6.6）集成强分类器并输出。

由 AdaBoost 算法思想可知，AdaBoost 在训练过程中“关注”被错分的样本，而在最后合成强分类器时，分类误差率越小的弱分类器“话语权”越大。另外，AdaBoost 提供的是一种算法框架，弱分类器的构建方法不唯一；整个算法过程清晰，可以选用简单、易解释的弱分类器。

6.2.2　GBDT 算法

从字面意思看，GBDT（Gradient Boosting Decision Tree，梯度提升决策树）包含梯度提升（Gradient Boosting，GB）和决策树（Decision Tree，DT）两部分，也就是说，GBDT 是一种梯度提升（GB）算法。由于这种梯度提升算法的弱学习器采用的是决策树，因此被称为梯度提升决策树算法。

和 AdaBoost 类似，GBDT 也是 Boosting 学习模型框架的一种，在产业界的应用十分广泛。但是，GBDT 算法又和 AdaBoost 算法有很大不同：①GBDT 算法对弱学习器类型进行了限定，使用 CART 树模型；②迭代思路也有所不同，在 GBDT 算法的迭代中，假设前一轮迭代得到的强学习器是 $f_{t-1}(x)$，对应的损失函数是 $L(y,f_{t-1}(x))$，那么本轮迭代的目标是找

到一个弱学习器 $h_t(x)$，让本轮的损失函数式（6.7）最小，也就是说，GBDT 算法通过逐步叠加弱学习器（CART 树）的方法来提高强学习器的性能。

$$L(y,f_t(x))=L(y,f_{t-1}(x)+h_t(x)) \tag{6.7}$$

不同于简单的二次方函数或指数函数，使用损失函数式（6.7）求解最小值并不容易，而 GBDT 算法中的 GB 算法就是解决此问题的。Gradient Boosting（GB）算法由 Freidman 提出，它是一个算法框架，与传统 Boosting 的区别是，每一次的计算是为了减少上一次的残差（Residual），而为了消除残差，就可以在残差减少的梯度（Gradient）方向上建立一个新的模型，这样就可以对当前模型的一般损失函数式（6.7）的残差进行近似。第 t 轮的第 i 个样本的损失函数的负梯度近似为

$$r_{ti}=-\left[\frac{\partial L(y_i,f(\boldsymbol{x}_i))}{\partial f(\boldsymbol{x}_i)}\right]_{f(\boldsymbol{x}_i)=f_{t-1}(\boldsymbol{x}_i)} \tag{6.8}$$

利用式（6.8），在每一个样本点上都有与它的特征向量 $\boldsymbol{x}_i$ 对应的一个近似值 r_{ti}，这样，在第 t-1 棵回归树的基础上可以拟合出第 t 棵回归树，对应的叶节点区域记为 $R_{tj}(j=1,\cdots,J$，J 为叶节点的个数)。也就是说，根据 $(\boldsymbol{x}_i,r_{ti})(i=1,\cdots,N)$ 算法拟合一个新决策树，减少上一轮得到的强学习器的拟合误差，然后和上一轮强学习器叠加，构成本轮的强学习器。

举个例子来加深理解，如有一个里面装了 10 个乒乓球的黑盒子，让你猜里面有多少个乒乓球，你第一次猜 5，我说少了，你会在 5 的基础上加上一个数（如 7）；那你第二次猜的是 5+7=12，这个时候我说多了，你会再减一些，在达到最多尝试次数之前，你的猜测会越来越接近正确答案。GB 算法的原理与此类似，而 GBDT 算法是先使用一棵 CART 树对训练结果进行拟合，然后用第二棵树去拟合第一棵树的残差（用负梯度近似这个残差），依此类推。

GBDT 算法的伪代码如算法 6-2 所示。

算法 6-2　GBDT 算法的伪代码

输入：训练样本集 $D=\{(x_1,y_1),(x_2,y_2),\cdots,(x_N,y_N)\}$；损失函数 $L(y,f(\boldsymbol{x}))$

输出：决策树 $\hat{f}(\boldsymbol{x})$

1）初始化弱学习器：$f_0(\boldsymbol{x})=\text{argmin}\sum_i^N L(y_i,c)$

2）FOR $t=1,\cdots,M$：

FOR $i=1,\cdots,N$

计算 $r_{ti}=-\left[\frac{\partial L(y_i,f(x_i))}{\partial f(x_i)}\right]_{f(\boldsymbol{x})=f_{t-1}(\boldsymbol{x})}$

对（x_i,r_{ti}）拟合一棵回归树，得到第 t 棵树的叶节点区域 $R_{tj}(j=1,\cdots,J)$

FOR $j=1$，…，J：

计算 $c_{tj}=\text{argmin}\sum_{x_i\in R_{t,j}}L(y_i,f_{t-1}(x_i)+c)$

更新 $f_t(\boldsymbol{x})=f_{t-1}(\boldsymbol{x})+\sum_{j=1}^J c_{tj}I(\boldsymbol{x}\in R_{tj})$

3）得到结果树：$\hat{f}(\boldsymbol{x})=f_M(\boldsymbol{x})=\sum_{t=1}^M\sum_{j=1}^J c_{tj}I(\boldsymbol{x}\in R_{tj})$

算法6-2所示的GBDT算法是用于解决回归问题的，GBDT的分类算法与之相似，只是用于分类的GBDT样本的输出不是连续的值，而是离散的类别，导致无法直接从输出类别去拟合类别输出的误差。有两个方法可以解决这一问题：①使用指数损失函数，这时的GBDT就变成了前面讲的Adaboost算法；②用类似于逻辑回归的对数似然损失函数，也就是使用类别的预测概率值和真实概率值的差来拟合损失。

如果算法在训练集上一味地追求误差函数的最小化，则容易造成过拟合。为防止过拟合的发生，需要对算法进行正则化。一种较简单的正则化方式是在式（6.7）中叠加弱学习器时乘以一个惩罚因子，变为

$$L(y,f_t(\boldsymbol{x}))=L(y,f_{t-1}(\boldsymbol{x})+\nu h_t(\boldsymbol{x})) \tag{6.9}$$

式中，$0<\nu\leqslant1$。当然，还可以通过对最后的决策树进行剪枝处理来防止过拟合。

6.3 XGBoost算法

从字面意思理解，XGBoost（Extreme Gradient Boosting）算法是指极致的提升算法，可以看成是GBDT算法的升级版，和AdaBoost算法、GBDT算法一样，属于Boosting算法的一种。XGBoost算法在2016年由陈天奇提出，因其具有高效、灵活和轻便的特点，因此在很多数据挖掘领域都被广泛使用。在很多应用场景下，XGBoost算法相对其他机器学习算法来说更加可靠、灵活、准确。

算法作者开源了代码，原生支持R、Python、Julia等计算机语言，是目前最好、最快的开源提升树（Boosting Tree）工具包，因此在各类数据挖掘比赛中会经常看到XGBoost算法的身影。

本节参考算法发明者陈天奇公开发表的论文和讲义，对XGBoost算法的原理进行详细介绍。

6.3.1 核心思想

作为升级版的GBDT算法，XGBoost算法在算法设计、样本集处理、决策树节点分裂等方面都做出了很大改进。

算法层面，XGBoost算法有以下特点：①本质上仍然是一个Boosting提升算法；②XGBoost算法通过在集成过程中引入正则化项来防止算法过拟合；③使用二阶泰勒展开式近似损失函数，这样可以兼容一般形式的损失函数，同时，二阶导数项可以使梯度在更准确的方向上更快下降。

XGBoost算法在本质上还是Boosting算法，这点和GBDT算法相似。以决策树作为弱学习器为例，Boosting算法解决预测问题的思路如图6-7、图6-8所示。

图6-7中，算法通过对训练集的两轮学习得到两棵决策树T1、T2，为简单起见，假设训练集中只有5个训练样本。训练集中的每个样本都是由特征$\boldsymbol{x}=\{x_1,x_2,x_3\}$和标签$y$共同描述的，训练得到的两棵决策树T1和T2，相当于在特征和标签之间构建了两个映射函数f_1、f_2，而每个训练样本在两棵决策树中所处的叶节点的位置可能不一样。

如图6-8所示，将图6-7训练得到的两棵决策树用于实际预测时，会将测试样本分别输入两棵树，得到两个值，而最终的取值是综合衡量这两个值的结果。例如，在决定是

否购买一款手机时，可以构建性能指标、外观指标两棵决策树，然后将待选的手机型号输入构建的两棵决策树中，得到两个推荐值，最后综合这两个推荐值看这款手机值不值得购买。

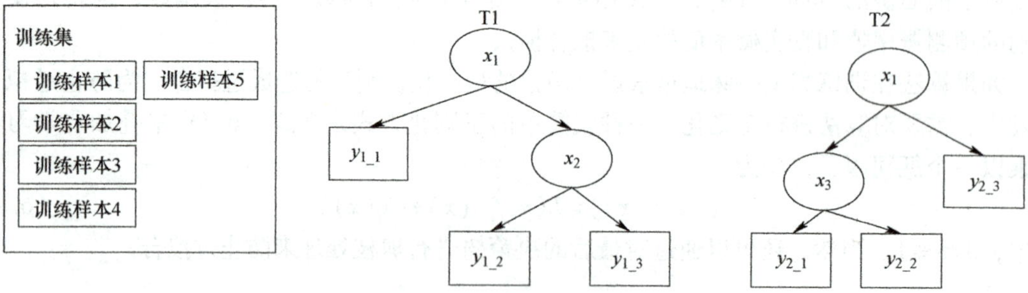

图 6-7　训练得到两棵树

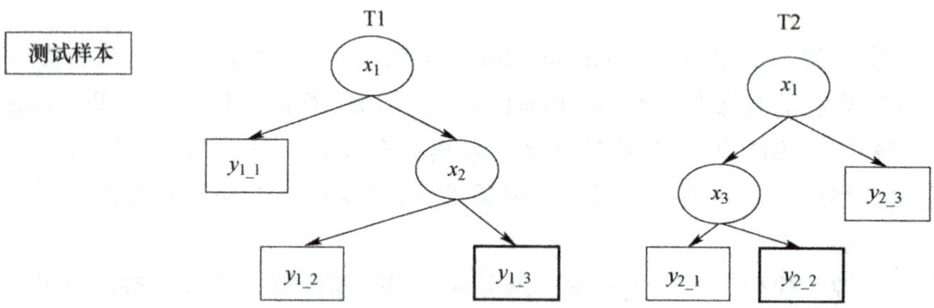

图 6-8　训练结果用于预测

现在的问题是，XGBoost 算法是如何通过多轮学习构建多个弱学习器的呢？其基本思想依然是多轮逐次拟合上一次的残差的贪心算法，下面以训练集中某一个一般的样本点（第 i 个）为例加以说明。

最开始，假设弱学习器是一个常数，即无论样本点的特征 $\boldsymbol{x}_i$ 如何取值，它的预测值 y_i 都是一个常数，有 $\hat{y}_i^{(0)}=\text{const}$；然后进行第一轮学习，假设使用一个学习器 $f_1(\boldsymbol{x}_i)$ 拟合这个常数与实际值之间的残差，也就是说，第一轮学习得到的弱学习器的输出结果与开始假设的常数相加来得到第一轮学习后的最终预测值，即 $\hat{y}_i^{(1)}=\hat{y}_i^{(0)}+f_1(\boldsymbol{x}_i)=\text{const}+f_1(\boldsymbol{x}_i)$；以此类推，可以得到第 t 轮学习后的输出结果是在前 $t-1$ 轮学习结果之和的基础上加上本轮训练得到的弱学习器的预测结果，即

$$\hat{y}_i^{(t)}=\hat{y}_i^{(t-1)}+f_t(\boldsymbol{x}_i)=\sum_{k=1}^{t}f_k(\boldsymbol{x}_i)+\text{const} \tag{6.10}$$

从式（6.10）可以看出，XGBoost 算法通过 t 轮的学习优化，不断弥补预测值与真实值之间的残差，最后将 t 轮学习到的成果累加起来以期达到最准确的预测。现在还有两个问题摆在面前：①怎样保证经过这么多轮的学习之后不产生过拟合？②如何求得每一轮弱学习器的函数 $f_k(\boldsymbol{x}_i)$？

如第 1 章中介绍的，抑制过拟合的一个有效方法是加入正则化项。所谓“正则化”，就是在损失函数的基础上加入一个模型复杂度的惩罚项作为优化的目标函数，即

$$Obj(\Theta)=L(\Theta)+\Omega(\Theta) \tag{6.11}$$

式中，$L(\Theta)$ 为损失项；$\Omega(\Theta)$ 为正则化项。在 XGBoost 算法中，$L(\Theta)$ 是反映预测值与实际值之间差异的函数，$\Omega(\Theta)$ 反映的是对模型复杂程度的惩罚。式（6.11）的基本思想是，当模型变得复杂时会使 $L(\Theta)$ 减小，但同时会让 $\Omega(\Theta)$ 增加，为了使 $Obj(\Theta)$ 取得最小值，模型不能仅为了使 $L(\Theta)$ 变小而过于复杂，即保证算法不会过拟合。

现在还需要 $L(\Theta)$、$\Omega(\Theta)$ 的具体函数形式。XGBoost 算法一般选择决策树（记为 f_t）作为它的弱学习器，所以此时 $\Omega(f_t)$ 就是用来衡量决策树的复杂度的函数。决策树的复杂度和它的拓扑结构、叶节点的个数、叶节点的取值等有关，所以可将决策树复杂度的函数 $\Omega(\Theta)$ 定义为

$$\Omega(f_t)=\gamma T+\frac{1}{2}\lambda\sum_{j=1}^{T}\omega_j^2 \tag{6.12}$$

式中，T 为叶节点的个数；ω_j 为第 j 个叶节点的取值。式（6.12）的含义是叶节点的个数越多，则决策树越复杂，所以叶节点取值的二次方和越大，决策树越复杂。当然，式（6.12）的形式不唯一，在真正使用时可以根据实际需要进行更改，如将决策树的度、层数等指标作为衡量决策树复杂度的依据。

有了式（6.12），如果能确定式（6.11）中的 $L(\Theta)$，就能确定目标函数，再根据合适的求解最优值的算法即可找到每一轮合适的模型函数 f_t。式（6.11）中的 $L(\Theta)$ 反映的是样本的估计值 $\hat{y}$ 与其实际值 y 之间的差别，因此在 XGBoost 算法的第 t 轮，式（6.11）转换为

$$Obj^{(t)}=\sum_{i=1}^{n}l(y_i,\hat{y}_i^{(t)})+\sum_{k=1}^{t}\Omega(f_k) \tag{6.13}$$

如前所述，XGBoost 算法使用的是 Boosting 算法，所以式（6.13）中的 $\hat{y}_i^{(t)}=\hat{y}^{(t-1)}+f_t(x_i)$；而在第 t 轮，第 $1\sim(t-1)$ 轮的决策树都已确定，其复杂度的和就已经确定了，即 $\sum_{k=1}^{t}\Omega(f_k)=\Omega(f_t)+\sum_{k=1}^{t-1}\Omega(f_k)=\Omega(f_t)+\text{const}$。因此式（6.13）转换成

$$Obj^{(t)}=\sum_{i=1}^{n}l(y_i,\hat{y}_i^{(t-1)}+f_t(x_i))+\Omega(f_t)+\text{const} \tag{6.14}$$

式中，$l(y_i,\hat{y}_i^{(t-1)}+f_t(x_i))$ 在使用时需要根据实际情况替换成实际的损失函数。如果使用残差二次方和作为损失函数，则式（6.14）转换为

$$Obj^{(t)}=\sum_{i=1}^{n}[y_i-(\hat{y}_i^{(t-1)}+f_t(x_i))]^2+\Omega(f_t)+\text{const} \tag{6.15}$$

式中，第 t 轮学习的损失项部分只有 $f_t(x_i)$ 是未知的，将此时已知的 y_i、$\hat{y}_i^{(t-1)}$ 部分归入 const，仅保留含有 $f_t(x_i)$ 的项，则式（6.15）转换为

$$Obj^{(t)}=\sum_{i=1}^{n}[2(\hat{y}_i^{(t-1)}-y_i)f_t(x_i)+f_t^2(x_i)]+\Omega(f_t)+\text{const} \tag{6.16}$$

式（6.16）看上去比较简单，但如果损失函数使用的不是残差二次方和，而是一般的函数，那么该怎么办呢？XGBoost 算法给出的解决方案是使用二阶泰勒展开式进行近似，二阶泰勒展开的一般公式为

$$f(x+\Delta x)\approx f(x)+f'(x)\Delta x+\frac{1}{2}f''(x)\Delta x^2 \tag{6.17}$$

XGBoost 算法的第 t 轮学习是以第 $t-1$ 轮为基础的修正，因此 $l(y_i,\hat{y}_i^{(t)})$ 就是 $l(y_i,\hat{y}_i^{(t-1)}+f_t(x_i))$，其中 y_i 已知，而 $l(y_i,\hat{y}_i^{(t-1)})$ 相当于式（6.17）中的 $f(x)$，$f_t(x_i)$ 相当于式（6.17）中的 Δx。另外，令 $g_i=\frac{\partial l(y_i,\hat{y}_i^{(t-1)})}{\partial \hat{y}_i^{(t-1)}}$，$h_i=\frac{\partial^2 l(y_i,\hat{y}_i^{(t-1)})}{\partial \hat{y}_i^{(t-1)}}$，则式（6.13）可近似为

$$Obj^{(t)} \approx \sum_{i=1}^{n}\left[l(y_i,\hat{y}_i^{(t-1)})+g_i f_t(x_i)+\frac{1}{2}h_i f_t^2(x_i)\right]+\Omega(f_t)+\text{const} \tag{6.18}$$

去除式（6.18）的常数项部分 $l(y_i,\hat{y}_i^{(t-1)})$、const，剩下的就是算法第 t 轮的学习目标，即

$$Obj^{(t)} \approx \sum_{i=1}^{n}\left[g_i f_t(x_i)+\frac{1}{2}h_i f_t^2(x_i)\right]+\Omega(f_t) \tag{6.19}$$

式（6.19）中，后半部分 $\Omega(f_t)$ 是反映决策树复杂度的函数，形如式（6.12），它是由决策树叶节点的个数、叶节点的权值组成的函数。式（6.19）前半部分中的 $f_t(x_i)$ 是样本点的特征向量与叶节点的对应函数，因此可将式（6.19）的前半部分也转换为叶节点的形式，再将式（6.12）代入式（6.19）。重新整理后的新目标函数如为

$$Obj^{(t)} \approx \sum_{i=1}^{n}\left[g_i\omega_{q(x_i)}+\frac{1}{2}h_i\omega_{q(x_i)}^2\right]+\gamma T+\frac{1}{2}\lambda\sum_{j=1}^{T}\omega_j^2 \tag{6.20}$$

对式（6.20）进一步转换，合并 ω_j 的同类项，可以得到

$$Obj^{(t)} \approx \sum_{j=1}^{T}\left[\left(\sum_{j\in I_j}g_i\right)\omega_j+\frac{1}{2}\left(\sum_{j\in I_j}h_i+\lambda\right)\omega_j^2\right]+\gamma T \tag{6.21}$$

式（6.21）就是以决策树作为弱学习器的 XGBoost 算法在第 t 轮的目标函数，若令 $G_j=\sum_{j\in I_j}g_i$，$H_j=\sum_{j\in I_j}h_i$，则式（6.21）可简化为式（6.22），它是 T 个独立二次函数的累加和。

$$Obj^{(t)} \approx \sum_{j=1}^{T}\left[G_j\omega_j+\frac{1}{2}(H_j+\lambda)\omega_j^2\right]+\gamma T \tag{6.22}$$

当 $\omega_j^*=-\frac{G_j}{H_j+\lambda}$时，式（6.22）取得最优值，其结果为

$$Obj=-\frac{1}{2}\sum_{j=1}^{T}\frac{G_j^2}{H_j+\lambda}+\gamma T \tag{6.23}$$

式（6.23）反映的是某种结构的决策树的最优得分情况，不同结构决策树的最优得分不同，最优得分越少，对应的决策树结构就越好。那么可不可以枚举出所有可能的决策树结构，然后找出最优得分最少的那个结构作为算法第 t 轮学习的结果树呢？因为可能的树结构是无穷的，所以这种方法并不可取。

6.3.2 决策树生长算法

在 XGBoost 算法的起始阶段假设是单个节点的决策树，后续经过贪心学习策略生长出一系列的决策树。在第 t 轮，树的生长需要解决几个问题：①树的节点分裂策略；②树的停止生长策略；③如何对树进行后剪枝操作以防止过拟合。

XGBoost 算法从一个单节点的决策树开始逐点分裂，在一个叶节点上，每分裂一次，就会使整个决策树多一个叶节点，如图 6-9 所示。

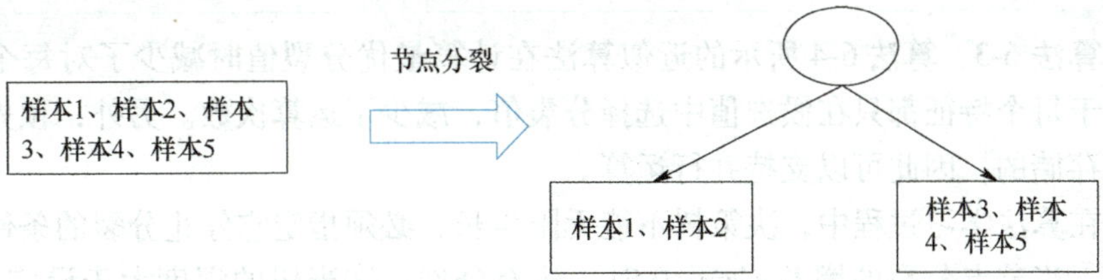

图 6-9　一个叶节点分裂为左和右两个叶节点

节点分裂的目的是使目标函数（式（6.21））取得更小的值，用分裂前的目标函数减去分裂后的目标函数，即可得到此次分裂的增益 $Gain$，即

$$Gain=\frac{G_L^2}{H_L+\lambda}+\frac{G_R^2}{H_R+\lambda}-\frac{(G_L+G_R)^2}{H_L+H_R+\lambda}-\gamma \tag{6.24}$$

式（6.24）是分裂前的目标函数减去分裂后的目标函数的结果，增益越大，分裂就越成功。式（6.24）中，前面 3 项是节点分裂对于损失减少的贡献，而后面的 $-\gamma$ 则是增加节点的惩罚。那么如何选择节点的分裂值才能使得式（6.24）最大呢？一种办法是遍历特征所有可能的分裂点，然后找到最大值，伪代码如算法 6-3 所示。

算法 6-3　寻找最优分裂值的精确算法的伪代码

输入：当前节点的所有样本点，样本的所有特征
输出：节点最优分裂方案
1）计算当前节点的目标函数值。
2）对于每一个特征：
① 按特征值大小进行排序。
② 对于该特征的所有可能的分裂值，计算该分裂值的增益。
③ 找出每个特征的最优分裂值。
3）找出所有特征中的最优分裂特征及其最优分裂值作为输出。

算法 6-3 所示的算法每次进行分裂尝试都要遍历一遍全部候选分裂点，当数据量过大导致内存无法一次载入时，或者在分布式的情况下，此算法的效率很低。

还有一种近似算法可以加快分裂速度，对每个特征只考察分裂点，减少了计算复杂度，伪代码如算法 6-4 所示。

算法 6-4　寻找最优分裂值的快速算法的伪代码

1）对于所有特征：
① 所有样本点按特征进行排序。
② 按照百分位对排序好的样本进行块存储。
③ 块存储的结构作为后续决策树或分裂节点可能的候选分裂值。

> 2）在每个特征的候选分裂值中找出最优值。
> 3）找出最优分裂特征。

相对于算法 6-3，算法 6-4 所示的近似算法在计算最优分裂值时减少了对每个特征的扫描次数，对于每个特征都只在候选值中选择分裂值，减少了运算次数。另外，预先排序好的样本是按块存储的，因此可以支持并行运算。

另外，在算法学习过程中，决策树不能无限生长，必须指定它停止分裂的条件。一般有几种方案：①当节点分裂的增益 *Gain*<0 时，放弃分裂；②当树的深度大于设定的阈值时，停止分裂；③当分裂后左、右叶节点中的最小样本数低于设定阈值时，停止分裂。

引入一次新的分裂所带来的增益 *Gain* 由式（6.24）给出，当损失函数的减少不足以弥补模型复杂度增加带来的过拟合风险时，停止分裂。

另外，由于树的深度太深也容易导致学习局部样本时出现过拟合，因此会设置树的最大深度。

决策树停止生长的条件③规定：当一个叶节点包含的样本数量太少时会放弃分裂，以防止树分得太细，这也属于防止过拟合的一种措施，常用于样本数量的量级非常大的情况。

6.3.3 应用案例

例 6.3.1 对于表 6-1 所示的样本集，要求用 XGBoost 算法实现一个二分类模型。

表 6-1 样本集

样本 ID	x_1	x_2	y	样本 ID	x_1	x_2	y
1	1	−5	0	6	6	−5	1
2	2	5	0	7	7	5	1
3	3	−2	1	8	6	−2	0
4	1	2	1	9	7	2	0
5	2	0	1	10	6	0	1

表 6-1 中有 10 个样本，样本有两个特征（x_1,x_2）和一个标签 y。若用 XGBoost 算法实现分类器，则需要明确几个问题：①迭代学习的损失函数 $l(y_i,\hat{y}_i)$；②树的复杂度函数式（6.12）；③学习的结束条件。

1. 准备工作

选用 LogLoss 函数作为损失函数，即

$$l(y_i,\hat{y}_i)=y_i\ln(1+e^{-\hat{y}_i})+(1-y_i)\ln(1+e^{\hat{y}_i}) \tag{6.25}$$

式（6.25）貌似复杂，但由于是二分类函数，因此 y_i 的取值为 0 或 1。当 $y_i=0$ 时，式（6.25）只剩下后半部分；当 $y_i=1$ 时，式（6.25）只剩下前半部分。

损失函数式（6.25）对 $\hat{y}_i$ 求一阶导数的结果为

$$\frac{\partial l(y_i,\hat{y}_i)}{\partial \hat{y}_i}=y_i\frac{-e^{-\hat{y}_i}}{1+e^{-\hat{y}_i}}+(1-y_i)\frac{e^{\hat{y}_i}}{1+e^{\hat{y}_i}}=y_i\frac{-1}{e^{\hat{y}_i}+1}+(1-y_i)\frac{1}{e^{-\hat{y}_i}+1} \tag{6.26}$$

若令 $p_{i,pred}=\dfrac{1}{1+e^{-\hat{y}_i}}$，如 3.3 节逻辑回归中的介绍，这是一个 Sigmoid 函数，是预测样本分

类值为 1 的概率，则式（6.26）可简化为

$$\frac{\partial l(y_i,\hat{y}_i)}{\partial \hat{y}_i}=y_i(p_{i,pred}-1)+(1-y_i)p_{i,pred}=p_{i,pred}-y_i \tag{6.27}$$

式（6.25）对 $\hat{y}_i$ 求二阶导数的结果为

$$\frac{\partial^2 l(y_i,\hat{y}_i)}{\partial \hat{y}_i^2}=p_{i,pred}(1-p_{i,pred}) \tag{6.28}$$

有了式（6.27）、式（6.28），就可以求解式（6.21）中的 g_i 和 h_i，即

$$g_i=p_{i,pred}-y_i;\ \ h_i=p_{i,pred}(1-p_{i,pred}) \tag{6.29}$$

为了使问题简化，将决策树复杂度函数中的参数分别设置为 $\gamma=0$，$\lambda=1$。设置决策树的数量（即学习的轮数）为 2，将单棵树的最大深度设置为 1，将起始的单节点树的取值设置为 0.5。

2. 构建第一棵树

由初始节点取值 0.5 和式（6.29）可以求得第一轮学习每个样本的 g_i 和 h_i，见表 6-2。

表 6-2　第一轮学习每个样本的一阶导数和二阶导数

ID	1	2	3	4	5	6	7	8	9	10
g_i	0.5	0.5	−0.5	−0.5	−0.5	−0.5	−0.5	0.5	0.5	−0.5
h_i	0.25	0.25	0.25	0.25	0.25	0.25	0.25	0.25	0.25	0.25

由表 6-2 的计算过程可知，各个样本点的一阶导数和二阶导数的求解是可以并行的，这在大样本集中可以提高运算速度。

接下来计算最优分裂点。如表 6-1 所示，x_1 和 x_2 都可能作为分裂特征，而对应特征的取值 $x_1\in\{1,2,3,6,7\}$ 和 $x_2\in\{-5,-2,0,2,5\}$ 都可能作为划分，需要根据式（6.24）计算所有可能分裂点的增益，选择增益最大的点作为本轮决策树构建的分裂点。

先求 $x_1=1$ 作为划分时的增益。对应的，$I_{\text{Left}}=\{x_1<1\}=\varnothing$，$I_{\text{Right}}=\{x_1\geqslant 1\}=\{1,2,3,4,5,6,7,8,9,10\}$。因此，$G_{\text{L}}=\sum_{i\in I_{\text{Left}}}g_i=0$，$H_{\text{L}}=\sum_{i\in I_{\text{Left}}}h_i=0$；$G_{\text{R}}=\sum_{i\in I_{\text{Right}}}g_i=-1$，$H_{\text{R}}=\sum_{i\in I_{\text{Right}}}h_i=2.5$。代入式（6.24），得到增益为

$$Gain=\frac{G_{\text{L}}^2}{H_{\text{L}}+\lambda}+\frac{G_{\text{R}}^2}{H_{\text{R}}+\lambda}-\frac{(G_{\text{L}}+G_{\text{R}})^2}{H_{\text{L}}+H_{\text{R}}+\lambda}-\gamma=0 \tag{6.30}$$

接着求 $x_1=2$ 作为划分时的增益。对应的，$I_{\text{Left}}=\{x_1<2\}=\{1,4\}$，$I_{\text{Right}}=\{2,3,5,6,7,8,9,10\}$。因此，$G_{\text{L}}=\sum_{i\in I_{\text{Left}}}g_i=0$，$H_{\text{L}}=\sum_{i\in I_{\text{Left}}}h_i=0.5$；$G_{\text{R}}=\sum_{i\in I_{\text{Right}}}g_i=-1$，$H_{\text{R}}=\sum_{i\in I_{\text{Right}}}h_i=2$。代入式（6.24），得到增益 $Gain=0.023809$。

使用类似的方法得出以 x_1 各个取值作为划分的增益，在其中找出增益最高的那个划分作为 x_1 特征的最佳划分候选。使用同样的方法遍历 x_2 特征的划分及其对应的增益，找出 x_2 的最佳划分的增益，与 x_1 最佳划分的增益比较，以增益更大的划分作为该节点的划分。因为在起始阶段设置了树的最大深度为 1，所以至第一棵树就构建完成了，如图 6-10 所示。

如果设置树的深度更大，那么此时还需要对左、右叶节点进行进一步分裂，直到树的层

级达到设置的最大深度值。

3. 构建第二棵树

第二棵树的构建是在第一棵树的基础之上进行的，构建过程与第一棵树类似，但是式（6.29）中的 $p_{i,pred}$需要更新。此时的 $y_i^{(t-1)}$ 即 $y_i^{(1)}$ 为

$$y_i^{(1)}=\sum_{k=0}^{1} f_k(x_i)=f_0(x_i)+f_1(x_i) \tag{6.31}$$

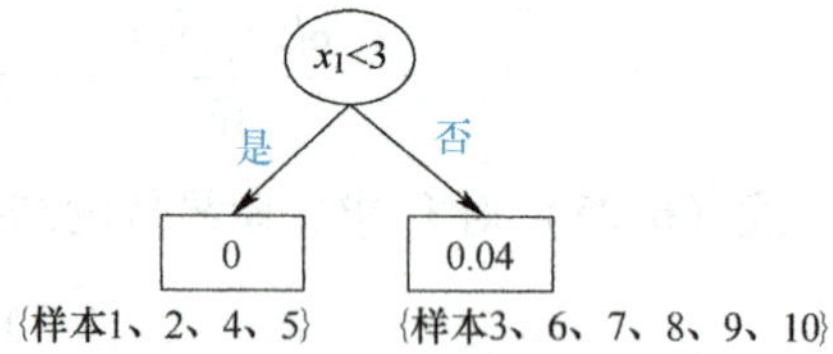

图 6-10　第一棵树

式（6.31）中的f_1（x_i）就是样本 i 所在第一棵树的叶节点的值，而$f_0(x_i)$是什么呢？因为在初始化时设置的节点值为 0.5，所以$\dfrac{1}{1+e^{-f_0(x_i)}}=0.5$，解得$f_0(x_i)=0$。因此，$y_1^{(1)}$ 为

$$y_1^{(1)}=\sum_{k=0}^{1} f_k(x_1)=f_0(x_1)+f_1(x_1)=0 \tag{6.32}$$

而对应的新的 $p_{1,pred}=\dfrac{1}{1+e^{-y_1^{(1)}}}=0.5$，使用类似的方法可以算出所有的新的 $p_{i,pred}$，代入式（6.29）就可以算出第二棵树构建的 g_i 和 h_i，然后就可以顺利算出对应的每个特征取值的节点分裂增益，找出增益最高的划分就完成了第二棵树的构建。

例 6.3.2　利用 XGBoost 算法对波士顿房价数据进行回归分析。

波士顿房价数据集包含美国人口普查局收集的美国马萨诸塞州波士顿住房价格的有关信息，数据集有 506 个案例。

数据集包含 13 个解释变量：①CRIM：犯罪率；②ZN：住宅用地所占比例；③INDUS：城镇中非住宅用地所占比例；④CHAS：是否穿过查尔斯河；⑤NOX：氮氧化污染物；⑥RM：每栋住宅的房间数；⑦AGE：1940 年以前建成的自住单位的比例；⑧DIS：距离波士顿 5 个就业中心的加权距离；⑨RAD：距离高速公路的便利指数；⑩TAX：每一万美元的不动产税率；⑪PTRATIO：城镇中的教师和学生比例；⑫B：城镇中的黑人比例；⑬LSTAT：低收入人群比例。数据集中只包含一个目标变量：房屋的价格 PRICE。

使用 Python 语言开发，在 sklearn 包的 datasets 数据集中导入（import）并调用其中的 load_boston( ) 函数，就可以加载波士顿房价的数据集。加载后是一个字典类型的数据集，解释变量、目标变量、列头都存放在不同的键中，需要将这些数据取出组成 DataFrame 格式以便于后续使用，处理后的数据样式如图 6-11 所示。

CRIM	ZN	INDUS	CHAS	NOX	RM	AGE	DIS	RAD	TAX	PTRATIO	B	LSTAT	PRICE
0.00632	18	2.31	0	0.538	6.575	65.2	4.09	1	296	15.3	396.9	4.98	24
0.02731	0	7.07	0	0.469	6.421	78.9	4.9671	2	242	17.8	396.9	9.14	21.6
0.02729	0	7.07	0	0.469	7.185	61.1	4.9671	2	242	17.8	392.83	4.03	34.7
0.03237	0	2.18	0	0.458	6.998	45.8	6.0622	3	222	18.7	394.63	2.94	33.4
0.06905	0	2.18	0	0.458	7.147	54.2	6.0622	3	222	18.7	396.9	5.33	36.2
0.02985	0	2.18	0	0.458	6.43	58.7	6.0622	3	222	18.7	394.12	5.21	28.7

图 6-11　处理后的波士顿房价数据样式

以房屋价格 PRICE 为纵轴，以各个解释变量为横轴绘制散点图，结果如图 6-12 所示。从图中可看出，房屋价格与各个因素都有一定的关系，但是比较难用常见的回归分析方法预

测，考虑使用 XGBoost 算法。

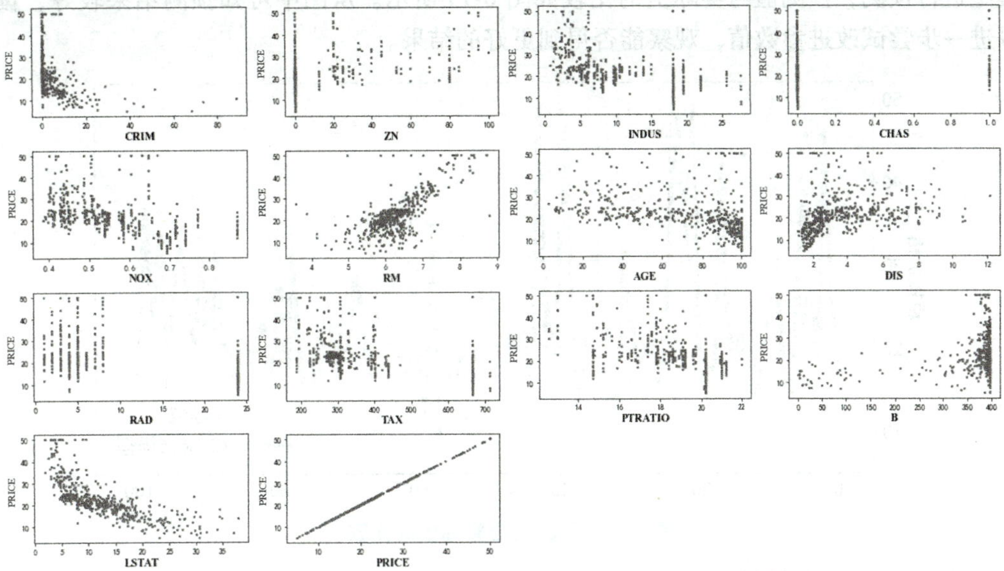

图 6-12　波士顿房价数据散点图

在 Python 语言中使用 XGBoost 算法进行数据分析较为简单，直接安装 XGBoost 包即可使用。XGBoost 算法的 Python 模块支持多种数据输入格式，可支持处理线性回归、逻辑回归、二分类、多分类等问题，还可自定义目标函数。

在选定要处理的问题类型后，通过逐步调整 XGBoost 的参数可以得到适用于所处理问题的模型。XGBoost 模型的参数主要有 3 类：①通用参数：这类参数一般使用默认值，不需要调整；②学习目标参数：这类参数与任务类型有关，在起始阶段定下来后通常也不需要调整；③booster 参数：弱学习器相关参数，需要仔细调整以提高模型的性能。

在实际应用中，比较重要的 XGBoost 参数见表 6-3。本案例使用 XGBRegressor 进行模型构建（具体的参数数值请扫二维码 chap06）。

chap06

表 6-3　实际应用中比较重要的 XGBoost 参数

参数名称	XGBClassifier	XGBRegressor
objective	字符串或者可调用对象，损失函数，默认为 binary：logistic	损失函数，默认为 binary：linear
n_estimators	整数，子模型的数量，默认为 100	
booster	字符串，给定模型的求解方式，默认为 gbtree，可选参数有 gbtree、gblinear、dart	
n_jobs	整数，指定了并行度，即开启多少个线程来训练。如果为-1，则使用所有的 CPU	
max_depth	整数，表示子树的最大深度	
learning_rate	浮点数，默认为 0.1，表示学习率。若太大，则运行准确率不高；若太小，则运行速度慢	
reg_alpha	浮点数，是 L1 正则化系数	
reg_lambda	浮点数，是 L2 正则化系数	

然后按照 4：1 的比例将数据集拆分成训练集和测试集。对模型进行训练时，使用得到的模型进行预测，预测值与实际值的比较如图 6-13 所示。从图中可知预测结果较好，读者可以进一步尝试改进参数值，观察能否得到更好的结果。

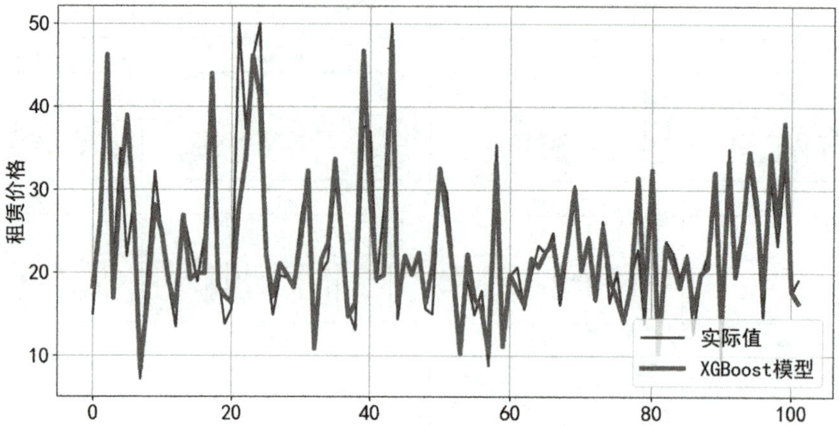

图 6-13　预测值与实际值的比较

此外，XGBoost 还提供 plot_importance 接口来查看各解释变量对目标变量的贡献度，各解释变量对房价的重要性排名如图 6-14 所示。

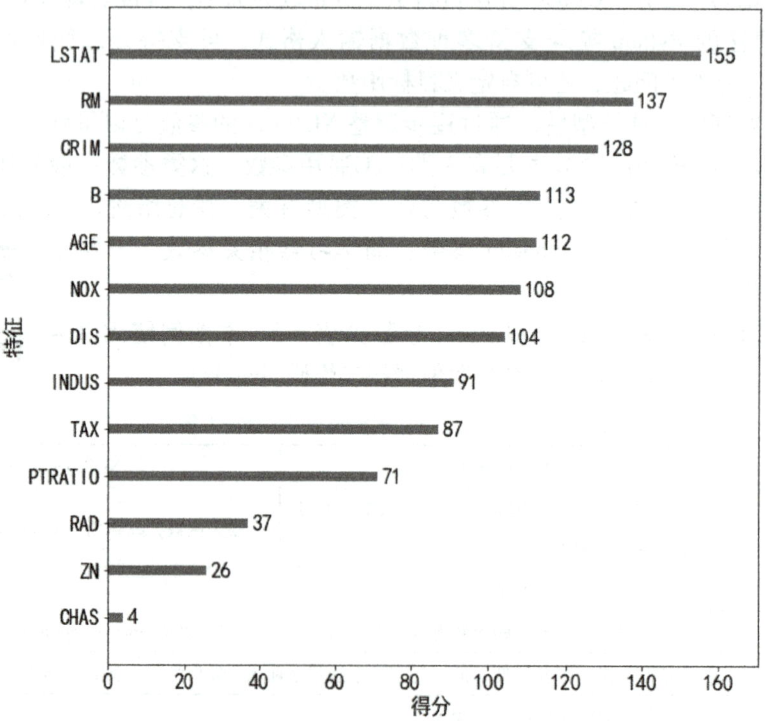

图 6-14　各解释变量对房价的重要性排名

对于 XGBoost 中的子模型，可以调用包中的 plot_tree 接口绘制子模型（子树），部分结果如图 6-15 所示。

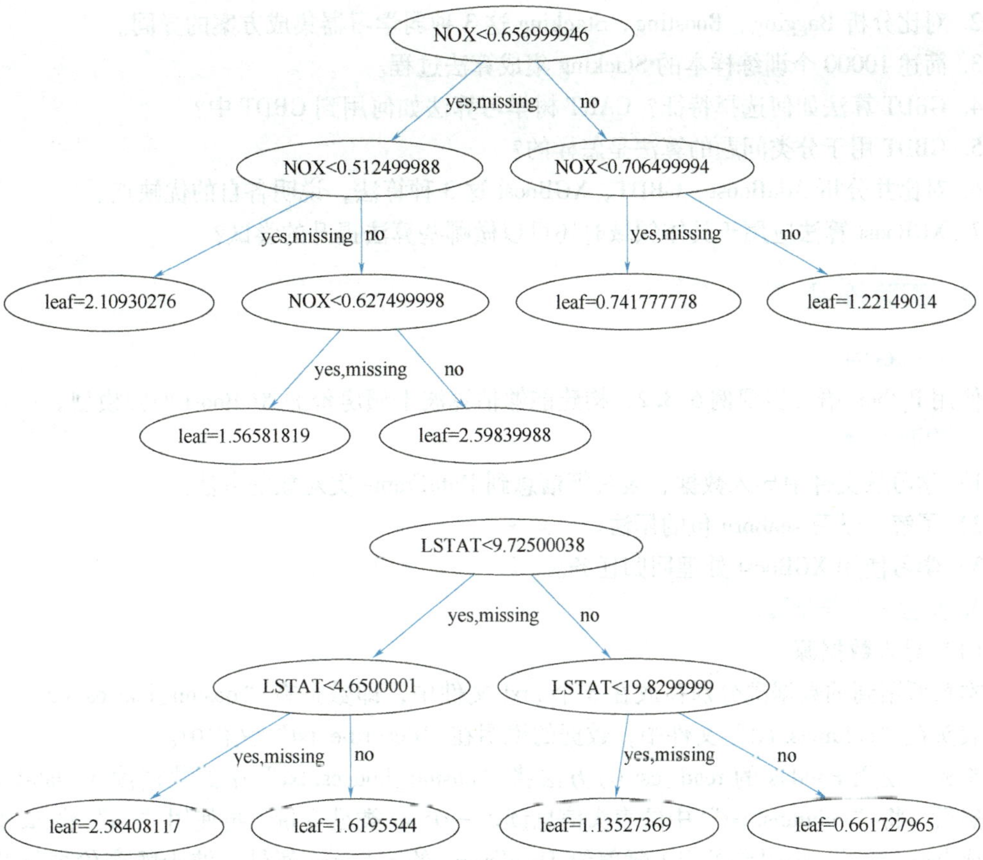

图 6-15　模型的部分子树

6.4　本章小结

提升算法可以通过一定的规则生成一些弱学习器，然后进行有机结合，从而达到强学习器的效果，本章着重介绍了 Boosting 算法中的 XGBoost 算法。如果不考虑深度学习，那么 XGBoost 算法是在各种数据挖掘竞赛中获奖最多的算法，读者不可不知。

除了算法本身，XGBoost 还在工程实现上做了大量的优化。例如，特征值预排序后存储在内存块中，按经验推荐可能的分裂点，可实现快速近似最优分裂值选取；通过设计巧妙的缺失值处理方案来提高效率等。

在实际使用集成算法时，大多数机器学习开发语言都有对应的工具包。读者在使用过程中可以参考对应的官方文档，只有在真正理解了算法的基本原理后才能发挥算法的更大优势。

6.5　习题

6.5.1　思考题

1. 为什么需要集成学习算法？这类学习算法具有哪些优点？

2. 对比分析 Bagging、Boosting、Stacking 这 3 种弱学习器集成方案的异同。
3. 简述 10000 个训练样本的 Stacking 集成算法过程。
4. GBDT 算法如何选择特征？CART 树学习算法如何用到 GBDT 中？
5. GBDT 用于分类问题的算法是怎样的？
6. 对比并分析 AdaBoost、GBDT、XGBoost 这 3 种算法，说明各自的优缺点。
7. XGBoost 算法应用于具体领域时还可以做哪些算法提升的尝试？

6.5.2 实验练习

1. 实验目的

使用 Python 语言实现例 6.3.2，构建能够估算波士顿房价的 XGBoost 回归模型。

2. 实验内容

1）学习从文件中导入数据、表头等信息到 DataFrame 类对象的方法。

2）了解、学习 seaborn 包的用法。

3）学习使用 XGBoost 处理回归任务。

3. 实验方法与步骤

（1）导入数据源

本章所用到的数据源分别存放在 3 个 . txt 文件中，即数据在“boston_houses. txt”文件中，表头在“columns. txt”文件中，数据的说明在“describe. txt”文件中。

首先，使用 Pandas 的 read_csv( )方法将“boston_houses. txt”中的数据读入 DataFrame 中；然后，将“columns. txt”中的表头信息读入一个 str 类型变量，再使用“\n”将 str 变量拆分成 list；最后，将得到的 list 赋值给 DataFrame 的 columns 属性，波士顿房价数据集如图 6-16 所示。

```
import pandas as pd
import numpy as np

data_url = "./Data/boston_houses.txt"
housing_df = pd.read_csv(data_url, sep="\s+", skiprows=22, header=None)

columns_url = "./Data/columns.txt"
column_file = open(columns_url, "r")
columns = column_file.read()
housing_df.columns = columns.split("\n")
housing_df.head()
```

✓ 0.6s

	CRIM	ZN	INDUS	CHAS	NOX	RM	AGE	DIS	RAD	TAX	PTRATIO	B	LSTAT	MEDV
0	1.23247	0.0	8.14	0	0.538	6.142	91.7	3.9769	4	307.0	21.0	396.90	18.72	15.2
1	0.98843	0.0	8.14	0	0.538	5.813	100.0	4.0952	4	307.0	21.0	394.54	19.88	14.5
2	0.75026	0.0	8.14	0	0.538	5.924	94.1	4.3996	4	307.0	21.0	394.33	16.30	15.6
3	0.84054	0.0	8.14	0	0.538	5.599	85.7	4.4546	4	307.0	21.0	303.42	16.51	13.9
4	0.67191	0.0	8.14	0	0.538	5.813	90.3	4.6820	4	307.0	21.0	376.88	14.81	16.6

图 6-16 波士顿房价数据集

(2) 原始数据可视化

DataFrame 自身集成了一些方法，可以查看其中数据的一些基本属性。例如，pandas. DataFrame. info( )方法可以打印 DataFrame 的列数、每列非空数值的个数、数据类型、内存占用等基本信息；pandas. Dataframe. describe( )方法可以返回 DataFrame 中数据的描述，包括非空值的数量（count)、平均值（mean)、标准差（std)、最小值（min)、最大值（max)、百分位数等。

使用“pip install seaborn”命令安装 seaborn 包，它是基于 Matplotlib 的 Python 可视化库。seaborn 在 Matplotlib 的基础上进行了更高级的 API 封装，从而使得作图更加容易，不需要经过大量的调整就能使图变得精致。例如，可以使用 heatmap( )方法绘制房价数据表中各个变量之间相关性的热力图，如图 6-17 所示。

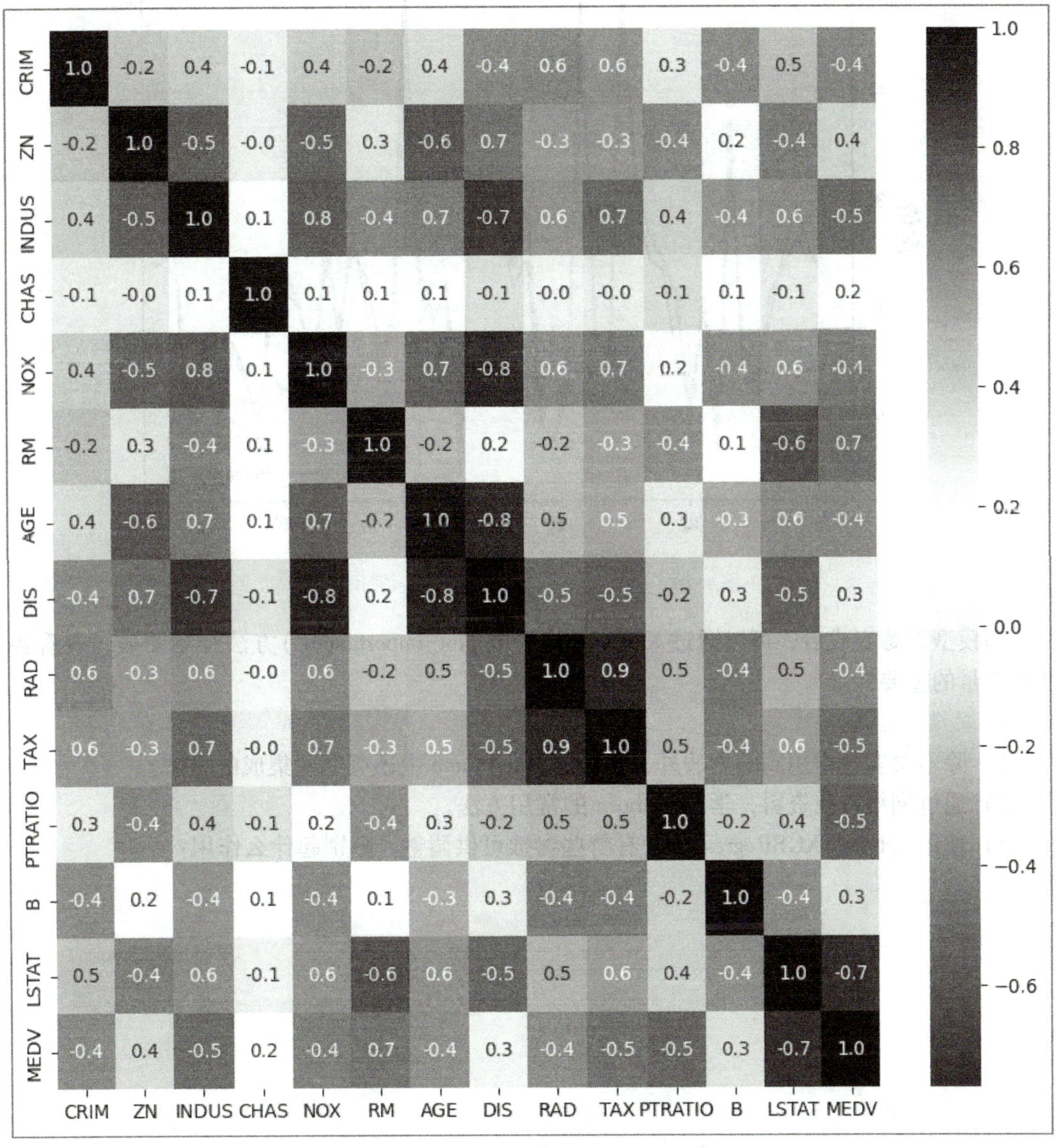

图 6-17 各变量之间相关性的热力图

（3）XGBoost 回归分析

使用“pip install xgboost”命令安装 XGBoost 包。

数据准备工作的步骤与前面几章类似，先将 DataFrame 中的解释变量、响应变量分离，然后使用 sklearn. model_selection. train_test_split( )方法将数据集拆分为训练集、测试集。

创建 xgboost. XGBRegressor 的对象，调用 fit( )方法进行训练，可以通过计算模型对测试集的预测结果与实际结果之间的均方差来评估模型的效果；还可以绘制预测值与真实值的图表来判断模型效果，如图 6-18 所示。如果对模型不满意，则可以通过改变 XGBRegressor 构造函数的参数值来调整模型。

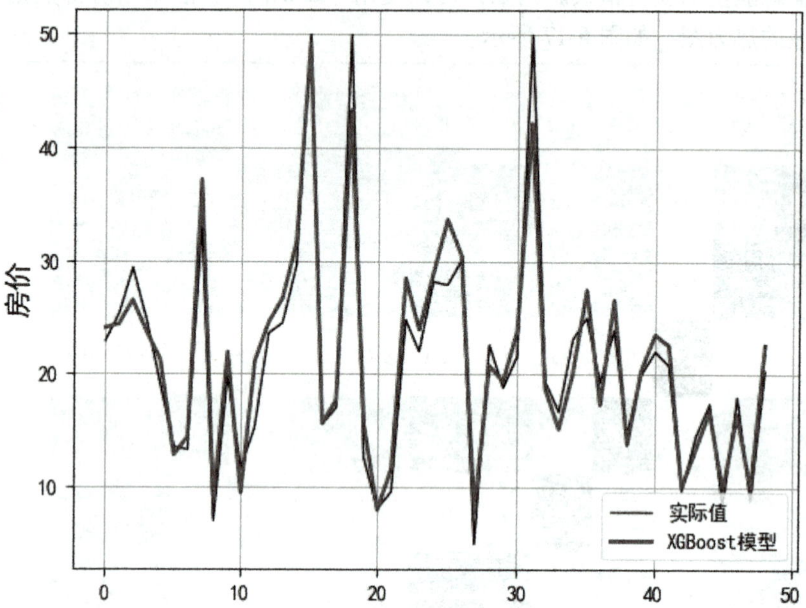

图 6-18　对测试集的预测值与真实值比较

当模型训练完成后，可以通过 XGBoost 自带的 plot_importance( )方法绘制图表，查看各解释变量的重要性。

4. 总结与思考

1）除本次实验中用到的方法外，Pandas DataFrame 中还有哪些集成的方法？

2）通过网络查找资料，学习 seaborn 的常用方法。

3）使用 xgboost. XGBRegressor 时有哪些参数可供调整，分别起什么作用？

第 7 章　支持向量机

本章目标

- 理解线性可分、间隔最大化的概念
- 理解对偶问题
- 掌握线性支持向量机学习方法
- 了解非线性支持向量机

支持向量机（Support Vector Machine，SVM）是一种非常优雅的算法，具有完善的数学理论支撑，早在 1963 年就由 Vapnik 提出了，直到 20 世纪末才被广泛使用。在深度学习算法流行之前，SVM 一直是传统机器学习算法的典型代表，在模式识别、回归、分类等领域得到了广泛应用，一度被业界称为最成功的机器学习算法。

SVM 是一种有监督的二分类模型，目前在小样本、非线性、高维场景下依然表现良好。并且该算法的数学理论完备，是数据挖掘从业者必须掌握的算法之一。

SVM 的核心思想是在对样本空间分类时使用间隔最大化的分类器。而最让人称奇的问题解决思路是将低维度上线性不可分的样本扩展到多维空间中，然后就可以在多维空间中构建一个线性分类器，从而将这些样本分开，同时使用核技巧降低这一过程的计算复杂度。

SVM 实现样本分类的过程中涉及线性可分、间隔最大化、核技巧等知识，本章将分别介绍。

7.1　支持向量机的相关概念

支持向量机是对英文 Support Vector Machine 的直译，字面意思容易给初学者造成误导，此处的 Machine 有分类器（Classifier）的意思，这个分类器是一个超平面，而支持向量（Support Vector）是指离这个超平面最近的点的特征向量。所以，支持向量机可以理解为由支持向量确定的一个分类器。

SVM 解决这样一种问题：给定一组训练集 $T=\{(\boldsymbol{x}_1,y_1),(\boldsymbol{x}_2,y_2),\cdots,(\boldsymbol{x}_N,y_N)\}$，其中 $\boldsymbol{x}_i\in R^n$ 为第 i 个样本点的特征向量，$y_i\in\{+1,-1\}$ 为第 i 个样本点的分类标签，SVM 构建一个最优的线性超平面，将此样本集分成正、负两类。

更进一步，若训练集是线性可分的，则存在无穷多个超平面可以成功分类样本集，SVM 利用“间隔最大化”在这些超平面中找到最优解。

7.1.1 线性可分

为了便于理解，这里将样本的特征向量限定为二维的，即 $\boldsymbol{x}_i \in R^2$，此时，样本点对应于二维平面上的一个点，根据 y_i 的取值将该点标记为“+”或“-”，如图 7-1 所示。

图中，正、负两类样本点可以由一条直线完全分隔开，此类样本集称为线性可分的。如果从二维特征上升到三维特征，则能由一个线性平面正确分隔的样本集称为线性可分的，依此类推。

用数学语言描述，如果对于数据集 $T=\{(\boldsymbol{x}_1,y_1),(\boldsymbol{x}_2,y_2),\cdots,(\boldsymbol{x}_N,y_N)\}$，存在式（7.1）所示的一个超平面，可以将数据集中的正、负实例点划分到平面两侧，则数据集是线性可分的。

$$\boldsymbol{\omega}^{\mathrm{T}}\boldsymbol{x}+b=0 \tag{7.1}$$

相反，若找不到这样的超平面，则数据集是线性不可分的，如图 7-2 所示。

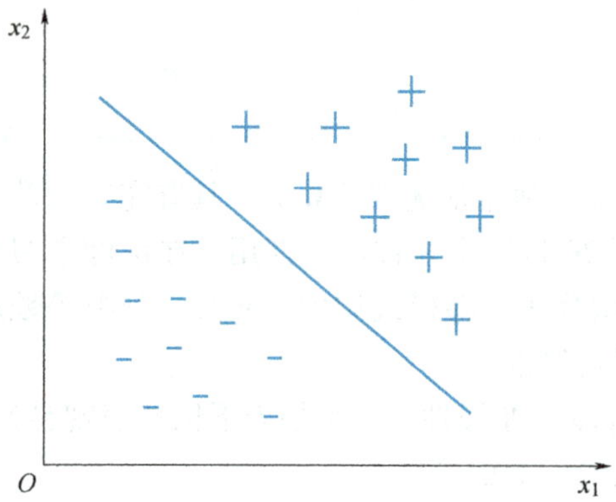

图 7-1　二维特征向量的线性可分示意图

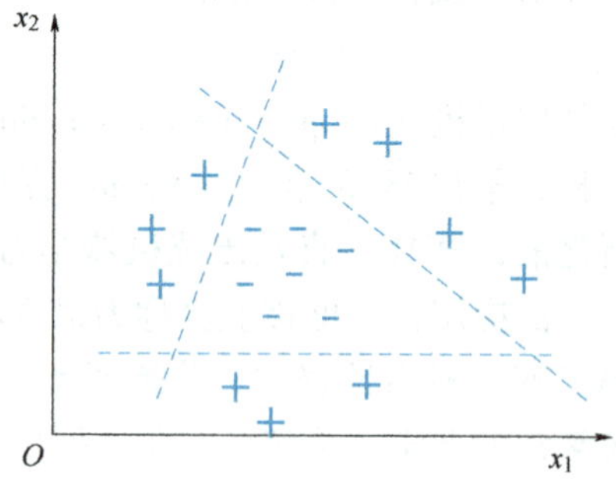

图 7-2　二维特征向量的线性不可分示意图

7.1.2 间隔最大化

先回顾超平面距离公式的数学基础。在由式（7.1）确定的平面上，假设有任意两点 $\boldsymbol{x}_i$，$\boldsymbol{x}_j$，可得

$$\boldsymbol{\omega}^{\mathrm{T}}\boldsymbol{x}_i+b-(\boldsymbol{\omega}^{\mathrm{T}}\boldsymbol{x}_j+b)=\boldsymbol{\omega}^{\mathrm{T}}(\boldsymbol{x}_i-\boldsymbol{x}_j)=0 \tag{7.2}$$

式（7.2）说明 $\boldsymbol{\omega}^{\mathrm{T}}$ 与平面上的任意两点连成的向量垂直，即 $\boldsymbol{\omega}^{\mathrm{T}}$ 是平面的法向量。另外，式（7.1）中的 b 是超平面相对于坐标原点的偏移量。

平面外的任意一点 $\boldsymbol{x}_0$ 到超平面的距离 d 如何计算呢？假设 $\boldsymbol{x}_0$ 在平面上的投影点为 $\boldsymbol{x}_0'$，如图 7-3 所示。

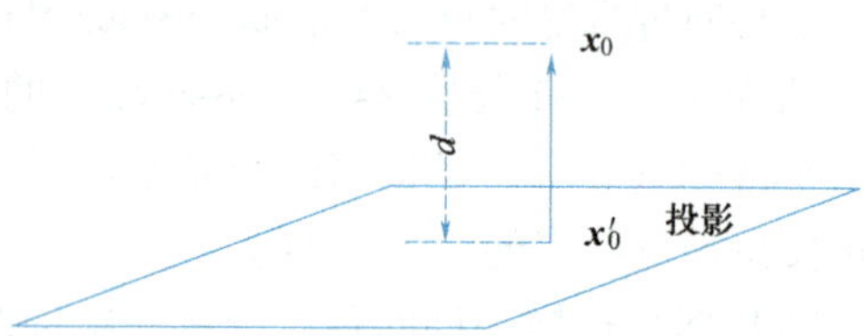

图 7-3　$\boldsymbol{x}_0$ 在平面上的投影点 $\boldsymbol{x}_0'$

图 7-3 中，向量（$\boldsymbol{x}_0-\boldsymbol{x}_0'$）与 $\boldsymbol{\omega}^{\mathrm{T}}$ 平行，即它们的夹角为 0 或 π，则两向量的内积为

$$\boldsymbol{\omega}^{\mathrm{T}}\cdot(\boldsymbol{x}_0-\boldsymbol{x}_0')=\|\boldsymbol{\omega}\|\|\boldsymbol{x}_0-\boldsymbol{x}_0'\|\cos(0\text{ 或 }\pi)=\pm\|\boldsymbol{\omega}\|d \tag{7.3}$$

又因为 $\boldsymbol{x}_0'$ 在由式（7.1）确定的平面中，所以 $\boldsymbol{\omega}^{\mathrm{T}}\boldsymbol{x}_0'+b=0$，即 $\boldsymbol{\omega}^{\mathrm{T}}\boldsymbol{x}_0'=-b$，代入

式 (7.3) 得

$$\boldsymbol{\omega}^{\mathrm{T}}\cdot(\boldsymbol{x}_0-\boldsymbol{x}_0')=\boldsymbol{\omega}^{\mathrm{T}}\boldsymbol{x}_0+b \tag{7.4}$$

联合式 (7.3)、式 (7.4)，可解得平面外一点 $\boldsymbol{x}_0$ 到平面的距离 d 为

$$d=\frac{|\boldsymbol{\omega}^{\mathrm{T}}\boldsymbol{x}_0+b|}{\|\boldsymbol{\omega}\|} \tag{7.5}$$

对于线性可分的样本集，一个超平面只要满足样本集的正实例点（$y=+1$）与它的距离大于零、负实例点（$y=-1$）与它的距离小于零，就可以作为样本集的分隔平面。即满足式 (7.6) 的 $\boldsymbol{\omega}^{\mathrm{T}}$、$b$ 构成的超平面 $\boldsymbol{\omega}^{\mathrm{T}}\boldsymbol{x}+b=0$，就可以对样本集进行正确分隔。

$$\begin{cases}\boldsymbol{\omega}^{\mathrm{T}}\boldsymbol{x}_i+b\geqslant 0 & (\text{当 } y_i=+1)\\ \boldsymbol{\omega}^{\mathrm{T}}\boldsymbol{x}_i+b<0 & (\text{当 } y_i=-1)\end{cases} \tag{7.6}$$

但是，仅满足式 (7.6) 的参数构成的分隔超平面鲁棒性较弱，如图 7-4a、b 中的虚线所示，虚线上恰好各有正负实例点落在上面，我们希望找到类似于图 7-4b 中间的实线作为分隔线，这样的分隔线具有较好的鲁棒性。把离这个分隔面最近的正实例点与分隔面的距离记为 $+\frac{1}{\|\boldsymbol{\omega}\|}$，离这个分隔面最近的负实例点与这个分隔面的距离记为 $-\frac{1}{\|\boldsymbol{\omega}\|}$，则式 (7.6) 变为

$$\begin{cases}\boldsymbol{\omega}^{\mathrm{T}}\boldsymbol{x}_i+b\geqslant +1 & (y_i=+1)\\ \boldsymbol{\omega}^{\mathrm{T}}\boldsymbol{x}_i+b\leqslant -1 & (y_i=-1)\end{cases} \tag{7.7}$$

所以，前面所讲的**支持向量（Support Vector）**就是图 7-4b 中落在虚线上的正、负实例点。而正、负支持向量与分隔平面的距离之和被称为**间隔**，即

$$\gamma=\frac{2}{\|\boldsymbol{\omega}\|} \tag{7.8}$$

图 7-4 中，改变 $\boldsymbol{\omega}$、b 的值即改变分隔平面的法向量和相对坐标原点的平移量，会使得间隔的大小也发生变化，因此希望找到可以使间隔取得最大值的 $\boldsymbol{\omega}$ 确定的那个分隔平面。间隔的最大值被称为**最大间隔**，正因如此，SVM 又常被称为大间隔分类器（Large Margin Classifier)。对应的包含支持向量的两条虚线被称为间隔边界。由图 7-4 可知，分隔超平面、分隔边界由支持向量决定。

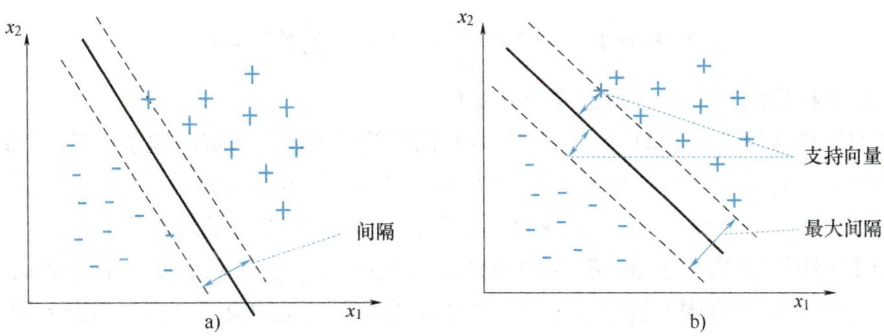

图 7-4 间隔与支持向量

求间隔 $\frac{2}{\|\boldsymbol{\omega}\|}$ 的最大值，等价于求 $\frac{1}{2}\|\boldsymbol{\omega}\|^2$ 的最小值。另外，考虑到 y_i 的取值，式

(7.7) 可以合并为 $y_i(\boldsymbol{\omega}^{\mathrm{T}}\boldsymbol{x}_i+b)\geqslant 1(i=1,2,\cdots,N)$，即 $1-y_i(\boldsymbol{\omega}^{\mathrm{T}}\boldsymbol{x}_i+b)\leqslant 0$，这是 $\frac{1}{2}\|\boldsymbol{\omega}\|^2$ 求最小值的约束条件，可整理为式（7.9），即 SVM 的优化问题。

$$\min_{\boldsymbol{\omega},b}\frac{1}{2}\|\boldsymbol{\omega}\|^2,\ s.t.\ 1-y_i(\boldsymbol{\omega}^{\mathrm{T}}\boldsymbol{x}_i+b)\leqslant 0 \tag{7.9}$$

式（7.9）中的约束条件取等号时为 $1-y_i(\boldsymbol{\omega}^{\mathrm{T}}\boldsymbol{x}_i+b)=0$，样本集中只有支持向量满足这个等式。可以证明，线性可分训练集的最大间隔分离超平面（即式（7.9）的解）是存在且唯一的。

7.2 线性支持向量机

式（7.9）的解 $\boldsymbol{\omega}^*$、b^* 确定一个样本集的分隔超平面，即

$$\boldsymbol{\omega}^{*\mathrm{T}}\cdot\boldsymbol{x}+b^*=0 \tag{7.10}$$

式（7.9）是一个凸二次规划问题，可以用拉格朗日乘子法得到其对偶问题，通过求解对偶问题得到原始问题的最优解。引进拉格朗日乘子会使对偶问题相对原始问题更容易求解，而且可以推广到非线性分类问题。

7.2.1 对偶问题

式（7.9）是在约束条件下求 $\frac{1}{2}\|\boldsymbol{\omega}\|^2$ 的最小值的。针对这类问题，可以使用拉格朗日乘子法定义一个等价的无约束寻优问题。

一般的带约束最优化问题为式（7.11），式中的 $f(\boldsymbol{x})$、$c_i(\boldsymbol{x})$、$h_j(\boldsymbol{x})$ 是定义在 R^n 上的连续可微函数。

$$\begin{cases}\min\limits_{\boldsymbol{x}\in R^n} f(\boldsymbol{x})\\ s.t.\ c_i(\boldsymbol{x})\leqslant 0\quad(i=1,2,\cdots,m)\\ h_j(\boldsymbol{x})=0\quad(j=1,2,\cdots,p)\end{cases} \tag{7.11}$$

定义广义拉格朗日函数为

$$L(\boldsymbol{x},\boldsymbol{\alpha},\boldsymbol{\beta})=f(\boldsymbol{x})+\sum_{i=1}^{m}\alpha_i c_i(\boldsymbol{x})+\sum_{j=1}^{p}\beta_j h_j(\boldsymbol{x}) \tag{7.12}$$

式中，$\boldsymbol{\alpha}$、$\boldsymbol{\beta}$ 为拉格朗日乘子，特别要求 $\alpha_i\geqslant 0$。

式（7.11）转换为式（7.12）后，式（7.11）的带约束最小值求解问题就相当于对式（7.12）进行两步求解：①将式（7.12）中的 $\boldsymbol{x}$ 看成常数，将 $\boldsymbol{\alpha}$、$\boldsymbol{\beta}$ 看成变量，求 $\max_{\boldsymbol{\alpha},\boldsymbol{\beta},\alpha_i\geqslant 0}L(\boldsymbol{x},\boldsymbol{\alpha},\boldsymbol{\beta})$ 的最大值；②再求 $\min_x\max_{\boldsymbol{\alpha},\boldsymbol{\beta},\alpha_i\geqslant 0}L(\boldsymbol{x},\boldsymbol{\alpha},\boldsymbol{\beta})$，即式（7.11）带约束的最小值。

为什么拉格朗日函数对于 $\boldsymbol{\alpha}$、$\boldsymbol{\beta}$、$\alpha_i\geqslant 0$ 的最大值 $\max_{\boldsymbol{\alpha},\boldsymbol{\beta},\alpha_i\geqslant 0}L(\boldsymbol{x},\boldsymbol{\alpha},\boldsymbol{\beta})$ 中的 $\boldsymbol{x}$ 就一定满足式（7.11）中的约束条件呢？这里就 $\boldsymbol{x}$ 满足约束条件和不满足约束条件两种情况分别讨论。

1）若 $\boldsymbol{x}$ 满足约束条件，即 $c_i(\boldsymbol{x})\leqslant 0$，$h_j(\boldsymbol{x})=0$，则式（7.12）中的第三项 $\sum\limits_{j=1}^{p}\beta_j h_j(\boldsymbol{x})=0$，且因为 $\alpha_i\geqslant 0$ 使得式（7.12）的第二项 $\sum\limits_{i=1}^{m}\alpha_i c_i(\boldsymbol{x})\leqslant 0$，则式（7.12）要取最大值，就要求

$\sum_{i=1}^{m}\alpha_i c_i(\boldsymbol{x})=0$。因此，当 $\boldsymbol{x}$ 满足约束条件时，拉格朗日函数的最大值为

$$\max_{\boldsymbol{\alpha},\boldsymbol{\beta},\alpha_i\geqslant 0} L(\boldsymbol{x},\boldsymbol{\alpha},\boldsymbol{\beta})=f(\boldsymbol{x}) \quad (s.t.\ c_i(\boldsymbol{x})\geqslant 0,h_j(\boldsymbol{x})=0) \tag{7.13}$$

2）若 $\boldsymbol{x}$ 不满足约束条件，意味着 $c_i(\boldsymbol{x})>0$，$h_j(\boldsymbol{x})\neq 0$，这时只要 $\boldsymbol{\alpha}\to+\infty$，$\boldsymbol{\beta}=0$ 就使得 $\max_{\boldsymbol{\alpha},\boldsymbol{\beta},\alpha_i\geqslant 0}L(\boldsymbol{x},\boldsymbol{\alpha},\boldsymbol{\beta})\to+\infty$。

综上：

$$\max_{\boldsymbol{\alpha},\boldsymbol{\beta},\alpha_i\geqslant 0} L(\boldsymbol{x},\boldsymbol{\alpha},\boldsymbol{\beta})=\begin{cases} f(\boldsymbol{x}) & (s.t.\ c_i(\boldsymbol{x})\geqslant 0,h_j(\boldsymbol{x})=0) \\ +\infty & （其他） \end{cases} \tag{7.14}$$

接下来，求使式（7.14）取得最小值的 $\boldsymbol{x}$，将该问题记为

$$\min_{\boldsymbol{x}}(\theta_p(\boldsymbol{x}))=\min_{\boldsymbol{x}}(\max_{\boldsymbol{\alpha},\boldsymbol{\beta},\alpha_i\geqslant 0} L(\boldsymbol{x},\boldsymbol{\alpha},\boldsymbol{\beta})) \tag{7.15}$$

式（7.15）与式（7.11）是等价的，通过拉格朗日函数实现了有约束问题的无约束化。

如果将式（7.15）中求最大值、最小值的顺序对换一下，就变成式（7.16），称为式（7.15）的对偶问题（Dual Problem），而式（7.15）称为原始问题或主问题（Primal Problem）。

$$\max_{\boldsymbol{\alpha},\boldsymbol{\beta},\alpha_i\geqslant 0}(\theta_D(\boldsymbol{\alpha},\boldsymbol{\beta}))=\max_{\boldsymbol{\alpha},\boldsymbol{\beta},\alpha_i\geqslant 0}(\min_{\boldsymbol{x}}(L(\boldsymbol{x},\boldsymbol{\alpha},\boldsymbol{\beta}))) \tag{7.16}$$

由 $\theta_D(\boldsymbol{\alpha},\boldsymbol{\beta})$、$\theta_p(\boldsymbol{x})$ 的定义可知：

$$\theta_D(\boldsymbol{\alpha},\boldsymbol{\beta})=\min_{\boldsymbol{x}}(L(\boldsymbol{x},\boldsymbol{\alpha},\boldsymbol{\beta}))\leqslant \max_{\boldsymbol{\alpha},\boldsymbol{\beta},\alpha_i\geqslant 0}(L(\boldsymbol{x},\boldsymbol{\alpha},\boldsymbol{\beta}))=\theta_p(\boldsymbol{x}) \tag{7.17}$$

式（7.17）说明原始问题的最优值不小于对偶问题的最优值，当式（7.17）取等号时就可以由对偶问题求解原始问题。那么，在什么条件下式（7.17）会取等号呢？

式（7.17）取等号意味着 $\max_{\boldsymbol{\alpha},\boldsymbol{\beta},\alpha_i\geqslant 0}(\min_{\boldsymbol{x}} L(\boldsymbol{x},\boldsymbol{\alpha},\boldsymbol{\beta}))$ 的最优解 $\boldsymbol{x}^*$、$\boldsymbol{\alpha}^*$、$\boldsymbol{\beta}^*$ 同时是 $\min_{\boldsymbol{x}}(\max_{\boldsymbol{\alpha},\boldsymbol{\beta},\alpha_i\geqslant 0}(L(\boldsymbol{x},\boldsymbol{\alpha},\boldsymbol{\beta})))$ 的最优解，当 $\boldsymbol{x}^*$、$\boldsymbol{\alpha}^*$、$\boldsymbol{\beta}^*$ 满足 KKT（Karush-Kuhn-Tucker）条件时结论成立。

假设式（7.11）中的 $f(\boldsymbol{x})$ 和 $c_i(\boldsymbol{x})$ 是凸函数，$h_i(\boldsymbol{x})$ 是仿射函数（即由一节多项式构成的函数），则 KKT 条件为

$$\begin{cases} \nabla_x L(\boldsymbol{x}^*,\boldsymbol{\alpha}^*,\boldsymbol{\beta}^*)=0 \\ \alpha_i^* c_i(\boldsymbol{x})=0 \quad (i=1,2,\cdots,m) \\ c_i(\boldsymbol{x})\leqslant 0 \quad (i=1,2,\cdots,m) \\ \alpha_i^*\geqslant 0 \quad (i=1,2,\cdots,m) \\ h_j(\boldsymbol{x}^*)=0 \quad (j=1,2,\cdots,p) \end{cases} \tag{7.18}$$

式（7.18）的第二条 $\alpha_i^* c_i(\boldsymbol{x})$ 称为 KKT 的对偶互补条件，若 $\alpha_i^*>0$，则知 $c_i(\boldsymbol{x})=0$。

本小节的内容说明了两个问题：①拉格朗日函数可以将有约束问题转换为无约束问题；②在满足 KKT 条件的前提下，比较棘手的原始问题可以等效为它的对偶问题求解。

7.2.2 线性支持向量机学习算法

SVM 优化是对式（7.9）的求解，可以通过 4 个步骤实现：①构造拉格朗日函数；②利用对偶性转化；③使用 SMO 算法求解；④得出分隔超平面参数 $\boldsymbol{\omega}^{\mathrm{T}}$、$b$。经过以上 4 个步骤，就可以构造分隔超平面 $\boldsymbol{\omega}^{\mathrm{T}}\boldsymbol{x}+b=0$，相对应的分类决策函数就是 $f(\boldsymbol{x})=\mathrm{sign}(\boldsymbol{\omega}^{\mathrm{T}}\boldsymbol{x}+b)$。

式（7.9）中，每条约束都引入拉格朗日乘子 $\alpha_i(\alpha_i \geqslant 0)$，可以得到拉格朗日函数为

$$L(\boldsymbol{\omega},b,\boldsymbol{\alpha})=\frac{1}{2}\|\boldsymbol{\omega}\|^2+\sum_{i=1}^{N}\alpha_i(1-y_i(\boldsymbol{\omega}^{\mathrm{T}}\boldsymbol{x}_i+b)) \tag{7.19}$$

式中，$\boldsymbol{\alpha}=(\alpha_1,\alpha_2,\cdots,\alpha_N)^{\mathrm{T}}$ 为拉格朗日乘子向量。

利用对偶性转换，得到对偶问题为

$$\max_{\boldsymbol{\alpha}}(\min_{\boldsymbol{\omega},b}(L(\boldsymbol{\omega},b,\boldsymbol{\alpha}))) \tag{7.20}$$

将式（7.19）中的 $L(\boldsymbol{\omega},b,\boldsymbol{\alpha})$ 分别对 $\boldsymbol{\omega}$ 和 b 求偏导，并令其为 0，可得

$$\frac{\partial L(\boldsymbol{\omega},b,\boldsymbol{\alpha})}{\partial \boldsymbol{\omega}}=\boldsymbol{\omega}-\sum_{i=1}^{N}\alpha_i y_i \boldsymbol{x}_i=0 \tag{7.21}$$

$$\frac{\partial L(\boldsymbol{\omega},b,\boldsymbol{\alpha})}{\partial \boldsymbol{b}}=-\sum_{i=1}^{N}\alpha_i y_i=0 \tag{7.22}$$

解式（7.21）、式（7.22），可得

$$\boldsymbol{\omega}=\sum_{i=1}^{N}\alpha_i y_i \boldsymbol{x}_i \tag{7.23}$$

$$0=\sum_{i=1}^{N}\alpha_i y_i \tag{7.24}$$

将式（7.23）代入式（7.19）可得 $L(\boldsymbol{\omega},b,\boldsymbol{\alpha})$ 的最小值，利用式（7.24）的条件，最小值为

$$\min_{\boldsymbol{\omega},b}(L(\boldsymbol{\omega},b,\boldsymbol{\alpha}))=-\frac{1}{2}\sum_{i=1}^{N}\sum_{j=1}^{N}\alpha_i\alpha_j y_i y_j(\boldsymbol{x}_i^{\mathrm{T}}\cdot\boldsymbol{x}_j)+\sum_{i=1}^{N}\alpha_i \tag{7.25}$$

由此得到式（7.9）的对偶问题为

$$\begin{cases}\max\limits_{\boldsymbol{\alpha}}\left(-\dfrac{1}{2}\sum\limits_{i=1}^{N}\sum\limits_{j=1}^{N}\alpha_i\alpha_j y_i y_j(\boldsymbol{x}_i^{\mathrm{T}}\cdot\boldsymbol{x}_j)+\sum\limits_{i=1}^{N}\alpha_i\right)\\ s.t.\ \sum\limits_{i=1}^{N}\alpha_i y_i=0\quad(\alpha_i>0,i=1,2,\cdots,N)\end{cases} \tag{7.26}$$

若对偶问题对应的式（7.26）的解恰好对应式（7.9）的解，则需满足 KKT 条件，此处的 KKT 条件为

$$\begin{cases}\alpha_i\geqslant 0\\ y_i f(\boldsymbol{x}_i)-1\geqslant 0\\ \alpha_i(y_i f(\boldsymbol{x}_i)-1)=0\end{cases} \tag{7.27}$$

式（7.26）是一个二次规划问题，问题规模正比于训练样本数，常用序列最小优化（Sequential Minimal Optimization，SMO）算法求解。SMO 算法的核心思想是先固定其他参数，每次只优化一个参数，只求未固定的那个优化参数的极值。

按照 SMO 算法的思路，求解式（7.26）时先固定除 α_i 之外的所有参数，但因为有约束条件 $\sum\limits_{i=1}^{N}\alpha_i y_i=0$ 的存在，其他参数都固定就可以导出 α_i，相当于所有参数都固定了，所以一次选择两个参数优化（即 α_i,α_j），由 $\sum\limits_{i=1}^{N}\alpha_i y_i=0$ 可以导出式（7.28）。

$$\alpha_i y_i+\alpha_j y_j=-\sum_{k\neq i,j}\alpha_k y_k=c \tag{7.28}$$

由式（7.28）可知，未固定的参数 α_j 可以由 α_i 表示：

$$\alpha_j y_j=\frac{c-\alpha_i y_i}{y_j} \tag{7.29}$$

所以，两个未固定参数的优化问题可以转换为一个未固定参数 α_i 的优化问题。将式（7.29）代入式（7.26），式（7.26）就变成了单变量 α_i 的二次规划问题，约束条件仅仅是 $\alpha_i \geqslant 0$，这样的问题可以通过求驻点的方式取得最优的 α_i^*，多次迭代求得 $\boldsymbol{\alpha}^*$，代入式（7.23）可以求出 $\boldsymbol{\omega}^*$，即

$$\boldsymbol{\omega}^*=\sum_{i=1}^{N}\alpha_i y_i \boldsymbol{x}_i \tag{7.30}$$

现在，分隔超平面的参数 b 还未知，对于所有的支持向量（$\boldsymbol{x}_s, y_s$）都使得式（7.9）中的约束条件取等号，即

$$y_s(\boldsymbol{\omega}^{\mathrm{T}}\boldsymbol{x}_s+b)=1 \tag{7.31}$$

在式（7.31）两边同时乘以 y_s，得 $y_s^2(\boldsymbol{\omega}^{\mathrm{T}}\boldsymbol{x}_s+b)=y_s$，又因为 $y_s\in(+1,-1)$，所以 $y_s^2=1$，因此 $b=y_s-\boldsymbol{\omega}^{\mathrm{T}}\boldsymbol{x}_s$。

为增强鲁棒性，这里用所有支持向量求解的平均值作 b，将所有支持向量的下角标的集合记为 S，则有

$$b^*=\frac{1}{|S|}\sum_{s\in S}(y_s-\boldsymbol{\omega}^{\mathrm{T}}\boldsymbol{x}_s) \tag{7.32}$$

至此，就完成了线性支持向量机的求解，由支持向量得到了一个线性分类器为

$$\mathrm{sign}(f(x))=\mathrm{sign}((\boldsymbol{\omega}^*)^{\mathrm{T}}\boldsymbol{x}+b^*)=\mathrm{sign}\left(\sum_{i=1}^{N}\boldsymbol{\alpha}_i y_i \boldsymbol{x}_i^{\mathrm{T}}\boldsymbol{x}+b\right) \tag{7.33}$$

由式（7.33）可以看出，要想知道训练集得到的支持向量机 $f(\boldsymbol{x})$ 对于新样本 $\boldsymbol{x}$ 的分类，只需要计算训练样本点对于新样本的内积即可；又因为对于非支持向量，其 $\boldsymbol{\alpha}_i=0$，所以实际上仅需计算训练集中支持向量与新点的内积即可。

7.3 非线性支持向量机

在实际应用中还存在大量线性不可分的样本集，如图 7-2 所示。SVM 如果只适用于线性可分的样本集，那么它的实用价值就很有限。对于线性不可分的样本集，SVM 算法的解决思路是怎样的呢？

7.3.1 非线性支持向量机的核心思想

对于线性不可分集合，SVM 算法可将它们从原始空间映射到更高维的空间中，使得它们在高维的空间中变成线性可分的，如图 7-5 所示。将低维线性不可分的样本映射到高维的向量空间中变成线性可分，在高维空间里通过间隔最大化方式学习得到的支持向量机就是非线性 SVM。

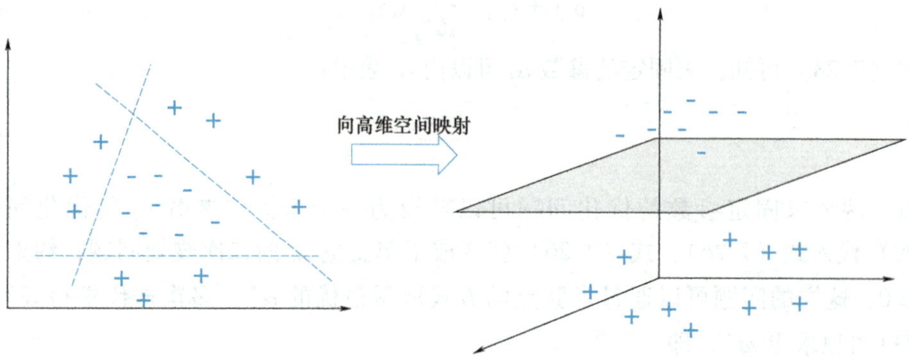

图 7-5 向高维空间映射

低维空间中样本点的特征向量用 $\boldsymbol{x}$ 表示，映射后的特征向量假设为 $\phi(\boldsymbol{x})$，对应的分隔超平面的模型可表示为

$$f(\boldsymbol{x})=\boldsymbol{\omega}^{\mathrm{T}}\phi(\boldsymbol{x})+b \tag{7.34}$$

相应的，模型参数 $\boldsymbol{\omega}^{\mathrm{T}}$、$b$ 的求解式（7.9）变为

$$\begin{cases}\min\limits_{\boldsymbol{\omega},b}\dfrac{1}{2}\|\boldsymbol{\omega}\|^2\\ s.t.\ 1-y_i(\boldsymbol{\omega}^{\mathrm{T}}\phi(\boldsymbol{x}_i)+b)\leqslant 0\end{cases} \tag{7.35}$$

类似的，对偶问题也由式（7.26）变为

$$\begin{cases}\max\limits_{\boldsymbol{\alpha}}\left(-\dfrac{1}{2}\sum\limits_{i=1}^{N}\sum\limits_{j=1}^{N}\alpha_i\alpha_j y_i y_j(\phi(\boldsymbol{x}_i)^{\mathrm{T}}\cdot\phi(\boldsymbol{x}_j))+\sum\limits_{i=1}^{N}\alpha_i\right)\\ s.t.\ \sum\limits_{i=1}^{N}\alpha_i y_i=0\quad(\alpha_i\geqslant 0,i=1,2,\cdots,N)\end{cases} \tag{7.36}$$

综上，非线性 SVM 的建立需要两步：第一步是使用非线性映射 $\phi(\boldsymbol{x})$ 将数据变换到一个新的空间；第二步是在新的空间中构建一个线性分隔超平面。

第一步：如果原始空间是有限维的，即样本集的属性数量是有限的，就一定存在一个高维特征空间使得样本可分，也就是说，一定能找到这样一个映射 $\phi(\boldsymbol{x})$。但是，$\phi(\boldsymbol{x})$ 的形式具体是怎样的呢？

第二步：在式（7.36）中，$\phi(\boldsymbol{x})$ 的内积 $\phi(\boldsymbol{x}_i)^{\mathrm{T}}\cdot\phi(\boldsymbol{x}_j)$ 的求解是关键，现实中由于映射后的特征空间维数很高，因此内积的直接求解很困难。

如果有办法在原始特征空间计算映射后的高维空间的内积就好了，这样就可以直接在原始特征空间上构建一个分类器，这种直接在原始空间上计算内积的方法称为核函数方法。

核函数方法是指，在原始特征空间中构建一个函数 $k(\boldsymbol{x}_i,\boldsymbol{x}_j)$ 作为高维空间中特征向量的内积 $\phi(\boldsymbol{x})^{\mathrm{T}}\cdot\phi(\boldsymbol{x})$，新的对偶问题就由式（7.36）转变为

$$\begin{cases}\max\limits_{\boldsymbol{\alpha}}\left(-\dfrac{1}{2}\sum\limits_{i=1}^{N}\sum\limits_{j=1}^{N}\alpha_i\alpha_j y_i y_j k(\boldsymbol{x}_i,\boldsymbol{x}_j)+\sum\limits_{i=1}^{N}\alpha_i\right)\\ s.t.\ \sum\limits_{i=1}^{N}\alpha_i y_i=0\quad(\alpha_i\geqslant 0,i=1,2,\cdots,N)\end{cases} \tag{7.37}$$

7.3.2 核函数的应用

假设式（7.37）的求解结果 $\boldsymbol{\omega}^* = \sum_{i=1}^{N} \alpha_i y_i \phi(\boldsymbol{x}_i)$，则对应的非线性 SVM 为

$$f(\boldsymbol{x}) = \boldsymbol{\omega}^* \phi(\boldsymbol{x}) + b^* = \sum_{i=1}^{N} \alpha_i y_i \phi(\boldsymbol{x}_i)^{\mathrm{T}} \cdot \phi(\boldsymbol{x}) + b^* \tag{7.38}$$

对于一个新的样本，式（7.38）给出了高维空间上的线性分类器的计算方法。但是有了核函数，就不需要计算内积，使用式（7.39）进行分类，就避免了高维空间中计算量大增的“维数灾难”问题。

$$f(\boldsymbol{x}) = \boldsymbol{\omega}^* + b^* = \sum_{i=1}^{N} \alpha_i y_i k(\boldsymbol{x}_i, \boldsymbol{x}) + b^* \tag{7.39}$$

核函数的定义：对所有的 $\boldsymbol{x}$、$z \in \mathcal{X}$，核函数 $k(\boldsymbol{x}, z) = \langle \phi(\boldsymbol{x}), \phi(z) \rangle$，这里的 ϕ 是从 $\mathcal{X}$ 到内积特征空间 $\mathcal{F}$ 的映射。

也就是说，核函数是指低维空间上的一个函数 k，这个函数的计算结果是映射到高维空间后的两个向量的内积。换句话说，核函数的输入是原始空间（一般是低维空间）中的向量，输出是映射空间（转换后的数据空间，可能是高维）中向量的内积的结果。而构建核函数的目的是减少高维空间上向量内积的计算复杂度。

例 7.3.1 假设二维空间上的向量 $\boldsymbol{x}$ 到三维空间上的映射为式（7.40），求这个映射的核函数。

$$\phi: \boldsymbol{x} = (x_1, x_2) \in R^2 \rightarrow \phi(\boldsymbol{x}) = (x_1^2, x_2^2, \sqrt{2} x_1 x_2) \in R^3 \tag{7.40}$$

已知式（7.40），假设二维空间上的两个向量为 $\boldsymbol{x}$、$\boldsymbol{y}$ 映射到三维空间后的向量内积为

$$\begin{aligned} \langle \phi(\boldsymbol{x}), \phi(\boldsymbol{y}) \rangle &= \langle (x_1^2, x_2^2, \sqrt{2} x_1 x_2), (y_1^2, y_2^2, \sqrt{2} y_1 y_2) \rangle \\ &= x_1^2 y_1^2 + x_2^2 y_2^2 + 2 x_1 x_2 y_1 y_2 \end{aligned} \tag{7.41}$$

而在映射之前的二维空间中，向量 $\boldsymbol{x}$、$\boldsymbol{y}$ 的内积为

$$\langle \boldsymbol{x}, \boldsymbol{y} \rangle = x_1 y_1 + x_2 y_2 \tag{7.42}$$

所以，式（7.40）的核函数为 $k(\boldsymbol{x}, \boldsymbol{y}) = \langle \boldsymbol{x}, \boldsymbol{y} \rangle^2$。

若将例 7.3.1 中的映射变得更复杂一点，将二维空间中的向量映射到四维空间中，即

$$\phi: \boldsymbol{x} = (x_1, x_2) \in R^2 \rightarrow \phi(\boldsymbol{x}) = (x_1^2, x_2^2, x_1 x_2, x_2 x_1) \in R^4 \tag{7.43}$$

此时会发现式（7.43）与式（7.40）具有相同的核函数。显然，核函数的计算复杂度要比在映射后的高维空间中直接计算向量内积的复杂度更低。

现在还有一个问题，虽然已知映射 $\phi(\ )$ 形式会较容易得到核函数，但如果映射形式未知，那么能找到合适的核函数吗？

从式（7.36）、式（7.39）可知，高维空间中的对偶问题求解、最后分隔超平面的解析式都只需要计算映射后的向量内积，不需要知道映射的具体形式。也就是说，直接在原始空间中找到一些函数，判断这些函数是否可以作为有效的核函数，然后将核函数直接代入式（7.36）、式（7.39），就可以得到高维的线性分隔超平面，这样就节省了高维映射、高维空间向量内积运算等操作，降低了复杂度。

幸运的是，Mercer 定理给出了一个判断某个函数是否可以作为核函数的方法。

Mercer 定理的内容是：如果函数 k 是 $R^n \times R^n \to R$ 上的映射（也就是从两个 n 维向量映射到实数域），那么当且仅当对于训练样例 $\{\boldsymbol{x}_1, \boldsymbol{x}_2, \cdots, \boldsymbol{x}_m\}$，其相应的核函数矩阵是对称半正定的，$k$ 才是一个有效核函数（也称为 Mercer 核函数）。

定理说明了核函数是原始空间上两个向量到一个实数的映射，训练样例的核函数矩阵为

$$\boldsymbol{K}=\begin{bmatrix} k(\boldsymbol{x}_1,\boldsymbol{x}_1) & k(\boldsymbol{x}_1,\boldsymbol{x}_2) & \cdots & k(\boldsymbol{x}_1,\boldsymbol{x}_m) \\ k(\boldsymbol{x}_1,\boldsymbol{x}_2) & k(\boldsymbol{x}_2,\boldsymbol{x}_2) & \cdots & k(\boldsymbol{x}_2,\boldsymbol{x}_m) \\ \vdots & \vdots & & \vdots \\ k(\boldsymbol{x}_m,\boldsymbol{x}_1) & k(\boldsymbol{x}_1,\boldsymbol{x}_2) & \cdots & k(\boldsymbol{x}_m,\boldsymbol{x}_m) \end{bmatrix} \tag{7.44}$$

Mercer 定理说明任何一个使式（7.44）所示的矩阵为半正定矩阵的函数 k 都可以是一个有效的核函数，而每个有效的核函数又可以隐式地定义一个特征空间，这个特征空间被称为再生核希尔伯特空间（Reproducing Kernel Hilbert Spaces，RKHS）。

所以，判断一个函数 k 是否为有效核函数的问题就变成了判断矩阵 $\boldsymbol{K}$ 是否为半正定矩阵的问题。而半正定矩阵的定义为：对于一个大小为 $n \times n$ 的实对称矩阵 $\boldsymbol{A}$，若对于任意长度为 n 的向量 $\boldsymbol{x}$，$\boldsymbol{x}^{\mathrm{T}}\boldsymbol{A}\boldsymbol{x} \geqslant 0$ 恒成立，则矩阵 $\boldsymbol{A}$ 是半正定的。

例 7.3.2 判断矩阵 $\boldsymbol{A}=\begin{pmatrix} 2 & -1 & 0 \\ -1 & 2 & -1 \\ 0 & -1 & 2 \end{pmatrix} \in R^{3\times 3}$ 是否为半正定矩阵。

假设非零向量 $\boldsymbol{x}=(x_1, x_2, x_3)^{\mathrm{T}} \in R^3$，则

$$\begin{aligned} \boldsymbol{x}^{\mathrm{T}}\boldsymbol{A}\boldsymbol{x} &= (x_1, x_2, x_3)\begin{pmatrix} 2 & -1 & 0 \\ -1 & 2 & -1 \\ 0 & -1 & 2 \end{pmatrix}\begin{pmatrix} x_1 \\ x_2 \\ x_3 \end{pmatrix} \\ &= (2x_1-x_2, -x_1+2x_2-x_3, -x_2+2x_3)\begin{pmatrix} x_1 \\ x_2 \\ x_3 \end{pmatrix} \\ &= x_1^2+(x_1-x_2)^2+(x_2-x_3)^2+x_3^2 \geqslant 0 \end{aligned} \tag{7.45}$$

因此，矩阵 $\boldsymbol{A}$ 是半正定的。

由前面的论述可知，核函数具有如下性质：

1）核函数的引入避免了“维数灾难”，大大减小了计算量。而输入空间的维数 n 对核函数矩阵无影响，因此，核函数方法可以有效处理高维输入，而无须知道映射函数 $\phi(\boldsymbol{x})$ 的形式和参数。

2）核函数形式和参数的变化会隐式地改变从输入空间到特征空间的映射，进而对特征空间的性质产生影响，最终改变各种核函数方法的性能。

3）核函数方法可以和不同的算法相结合，形成多种不同的基于核函数技术的方法，且这两部分的设计可以单独进行，并可以为不同的应用选择不同的核函数和算法。

4）核函数对应的特征空间和特征映射并不唯一，核函数具有封闭性，反映输入数据之间的相似性。

5）核函数不仅可以用于非线性 SVM 算法中，而且任何向量相乘的算法形式都可以用核

函数进行优化。

有了核函数就可以隐式地生成一个高维空间，但是样本集在这个隐式的高维空间中是否具有一个良好的线性分隔超平面呢？这就要看核函数的选择了，因此原始空间上线性不可分样本集的分类问题就变成了寻找合适的核函数问题。那么，常见的可供选择的核函数有哪些呢？

7.3.3　常用核函数

由上一小节的介绍可知，核函数的选取直接关系对样本集的分类效果，因此通常需要根据应用场景选择合适的核函数。在具体的应用场景中，有专用核函数和通用核函数两类。专用核函数需要根据具体的应用场景去构造，而常见的通用核函数包括线性核函数、多项式核函数、高斯核函数、拉普拉斯核函数、Sigmoid 核函数等。

线性核函数为式（7.46），主要用于线性可分的场景，原始空间和映射空间的维度并没有发生变化。线性核函数的优点是参数少、速度快，缺点是不能解决线性不可分的样本集分类问题。

$$k(\boldsymbol{x},\boldsymbol{y})=\langle \boldsymbol{x},\boldsymbol{y}\rangle+c=\boldsymbol{x}^{\mathrm{T}}\boldsymbol{y}+\boldsymbol{c} \tag{7.46}$$

多项式核函数为式（7.47），式中的 $\gamma=1$、$n=1$ 时就变成了线性核函数，通过升维使得原本线性不可分的样本集变得线性可分。

$$k(\boldsymbol{x},\boldsymbol{y})=(\gamma\boldsymbol{x}^{\mathrm{T}}\boldsymbol{y}+\boldsymbol{c})^{n}\quad(\gamma>0,c\geqslant 0,n\geqslant 1) \tag{7.47}$$

高斯核函数为式（7.48），式中的 σ 为高斯核函数的带宽。高斯核函数是一种局部性强的核函数，可以将一个样本映射到一个更高维的空间内。该核函数的应用非常广泛，无论对于大样本还是对于小样本，都有比较好的性能。相对于多项式核函数，高斯核函数的参数要少，在核函数不确定的场景下，可以优先尝试高斯核函数的分类效果。

$$k(\boldsymbol{x},\boldsymbol{y})=\exp\left(-\frac{\|\boldsymbol{x}-\boldsymbol{y}\|^{2}}{2\sigma^{2}}\right)\quad(\sigma>0) \tag{7.48}$$

Sigmoid 核函数为式（7.49），式中的 tanh( ) 为双曲正切函数。Sigmoid 核函数经常用在神经网络的映射中。

$$k(\boldsymbol{x},\boldsymbol{y})=\tanh(\beta\boldsymbol{x}^{\mathrm{T}}\boldsymbol{y}+\theta),\beta>0,\theta<0 \tag{7.49}$$

除此之外，还可以根据核函数的封闭性构造一些组合的核函数。核函数的封闭性是指，若 $k_1()$、$k_2()$ 都是核函数，则：①$\alpha k_1()+\beta k_2()$（$\alpha>0,\beta>0$）也是核函数；②$k_1()k_2()$ 也是核函数；③对任意函数 $g()$，有 $k(\boldsymbol{x},\boldsymbol{y})=g(\boldsymbol{x})k_1(\boldsymbol{x},\boldsymbol{y})g(\boldsymbol{y})$，也是核函数。有关核函数的封闭性证明可以参考相关文献。

7.3.4　非线性支持向量机学习算法

有了核函数后，就可对式（7.37）求解，求解方法与线性 SVM 类似，假设最优解为 $\boldsymbol{\alpha}^{*}$、b^{*}，则对应的非线性 SVM 为

$$f(\boldsymbol{x})=\operatorname{sign}\left(\sum_{i=1}^{N}\alpha_i^{*}y_i k(\boldsymbol{x},\boldsymbol{x}_i)+b^{*}\right) \tag{7.50}$$

实际使用时会用具体的核函数替代式（7.50）中的 $k()$，如使用多项式核函数的分类决策函数，则式（7.50）变为

$$f(\boldsymbol{x})=\operatorname{sign}\left(\sum_{i=1}^{N}\alpha_i^*y_i(\gamma\boldsymbol{x}_i^{\mathrm{T}}\boldsymbol{x}+c)^n+b^*\right) \tag{7.51}$$

与线性 SVM 的算法相比，非线性 SVM 的学习算法步骤多了选取适当核函数的工作，其算法步骤如下。

步骤一：选择适当的核函数。具体哪种核函数更适合，要看待分类的训练集。如果训练集的特征数量多，样本数量不太多，则可以考虑使用线性核函数；如果特征数量少，样本数量比较多，则可以考虑使用高斯核函数。在不确定哪种核函数更合适时，可以采用交叉验证的方式比较各种不同核函数的分类效果，然后选择一个最优的。

步骤二：求解对偶问题 $\boldsymbol{\alpha}^*$。选定了核函数后，就是解对偶问题，如式（7.37）。与线性 SVM 求解类似，也可以使用 SMO 算法求解。

步骤三：求解偏移量 b^*。选择 $\boldsymbol{\alpha}^*$ 的正分量 α_i^* 计算 b^*，如式（7.52）。

$$b^*=y_j-\sum_{i=1}^{N}\alpha_i^*y_ik(x_i,x_j) \tag{7.52}$$

步骤四：构造非线性 SVM 的决策函数，如式（7.50）。

7.4 软间隔

前面小节介绍的 SVM 求解的假设是样本集都是严格可分的，即原始空间上线性可分或映射空间上线性可分。然而在现实应用中，噪声点等的影响可能会导致训练集并不是完美可分的，而且严格完美的分隔超平面很有可能是过拟合的结果。

为了解决这些问题，在 SVM 算法的间隔最大化时使用软间隔对式（7.9）进行优化。

7.4.1 软间隔定义

硬间隔下的支持向量相对简单，只要满足式（7.53）即可。

$$1-y_i(\boldsymbol{\omega}^{\mathrm{T}}\boldsymbol{x}_i+b)=0 \tag{7.53}$$

为使 SVM 更具通用性，防止过拟合，引入软间隔，其支持向量如图 7-6 所示。软间隔允许某些样本不满足约束条件，即软间隔支持向量并不一定是离分隔超平面最近的点，这样就可以过滤掉分隔超平面附近由于噪声而被错误归类的点。

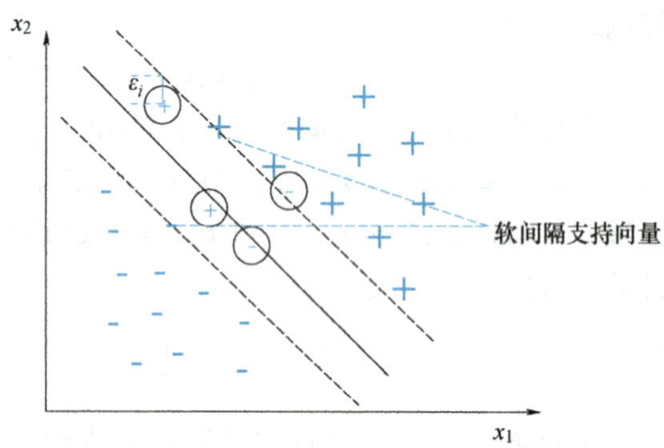

图 7-6　软间隔支持向量

所谓软间隔，就是在硬间隔的基础上引入一个松弛变量 $\varepsilon_i(\varepsilon_i\geqslant 0)$，对应的 SVM 目标函数的约束条件变为

$$y_i(\boldsymbol{\omega}^{\mathrm{T}}\boldsymbol{x}_i+b)\geqslant 1-\varepsilon_i\quad(\varepsilon_i\geqslant 0) \tag{7.54}$$

式（7.54）的含义是，在原来硬间隔的基础上往外扩展一些分隔超平面附近的噪声点，而具体往外扩展多少是由松弛变量 ε_i 来确定的，这个 ε_i 也是算法要学习优化的变量之一。算法优化过程中，为了不让 ε_i 无限增大，加入了一个正则化项（惩罚项）。最后，软间隔 SVM 的目标函数变为

$$\min_{\omega,b,\varepsilon_i}\left(\frac{1}{2}\|\boldsymbol{\omega}\|^2+C\sum_{i=1}^{N}\varepsilon_i\right)$$
$$s.t.\quad y_i(\boldsymbol{\omega}^{\mathrm{T}}\boldsymbol{x}_i+b)\geqslant 1-\varepsilon_i\quad(\varepsilon_i\geqslant 0,i=1,2,\cdots,N)\tag{7.55}$$

式中，C 为常数，用来控制对于不满足约束 $y_i(\boldsymbol{\omega}^{\mathrm{T}}\boldsymbol{x}_i+b)\geqslant 1$ 的点的容忍程度。对于极限情况 $C\to+\infty$，式（7.55）的第二项 $C\sum_{i=1}^{N}\varepsilon_i$ 就不起作用了，就又回到硬间隔的情况。

7.4.2　采用软间隔的支持向量机

与硬间隔线性 SVM 算法类似，采用软间隔的 SVM 算法求解也经过拉格朗日函数构建、对偶问题、问题求解、利用求解得到的分隔超平面构建分类模型 4 个步骤。

式（7.55）引入拉格朗日乘子，得到拉格朗日函数为

$$L(\boldsymbol{\omega},b,\boldsymbol{\alpha},\boldsymbol{\varepsilon},\boldsymbol{\mu})=\frac{1}{2}\|\boldsymbol{\omega}\|^2+C\sum_{i=1}^{N}\varepsilon_i+\sum_{i=1}^{N}\alpha_i(1-\varepsilon_i-y_i(\boldsymbol{\omega}^{\mathrm{T}}\boldsymbol{x}_i+b))-\sum_{i=1}^{N}\gamma_i\varepsilon_i\tag{7.56}$$

式中，α_i、γ_i 为拉格朗日乘子。与 7.2.2 小节中的方法类似，$L(\boldsymbol{\omega},b,\boldsymbol{\alpha},\boldsymbol{\varepsilon},\boldsymbol{\mu})$ 分别对 $\boldsymbol{\omega}$、b、$\boldsymbol{\varepsilon}$ 求偏导，令其为 0，得

$$\frac{\partial L}{\partial\boldsymbol{\omega}}=0\Rightarrow\boldsymbol{\omega}=\sum_{i=1}^{N}\alpha_i y_i\boldsymbol{x}_i\tag{7.57}$$

$$\frac{\partial L}{\partial b}=0\Rightarrow 0=\sum_{i=1}^{N}\alpha_i y_i\tag{7.58}$$

$$\frac{\partial L}{\partial\boldsymbol{\varepsilon}}=0\Rightarrow C=\alpha_i+\gamma_i\quad(i=1,2,\cdots,N)\tag{7.59}$$

将式（7.57）~式（7.59）代入式（7.56），得到式（7.55）的对偶问题，为式（7.60）。因为式（7.59）中 $\alpha_i=C-\gamma_i$，且拉格朗日乘子要求 $\gamma_i\geqslant 0$，所以式（7.60）相对于硬间隔对偶问题式（7.26）多了一个 $0\leqslant\alpha_i\leqslant C$ 的条件。

$$\max_{\alpha}\left(\sum_{i=1}^{N}\alpha_i-\frac{1}{2}\sum_{i=1}^{N}\sum_{j=1}^{N}\alpha_i\alpha_j y_i y_j\boldsymbol{x}_i^{\mathrm{T}}\boldsymbol{x}_j\right)$$
$$s.t.\ \sum_{i=1}^{N}\alpha_i y_i=0\quad(0\leqslant\alpha_i\leqslant C,i=1,2,\cdots,N)\tag{7.60}$$

由于采用的是软间隔，相对应的 KKT 条件变为

$$\begin{cases}\alpha_i\geqslant 0,\gamma_i\geqslant 0\\ y_i f(\boldsymbol{x}_i)-1+\varepsilon_i\geqslant 0\\ \alpha_i(y_i f(\boldsymbol{x}_i)-1+\varepsilon_i)=0\\ \varepsilon_i\geqslant 0,\gamma_i\varepsilon_i=0\end{cases}\tag{7.61}$$

假设式（7.60）的解为 $\boldsymbol{\alpha}^*=(\alpha_1^*,\alpha_2^*,\cdots,\alpha_N^*)^{\mathrm{T}}$，对应的分隔超平面 $f(\boldsymbol{x})$ 的参数为 $\boldsymbol{\omega}^*$，再选择 $\boldsymbol{\alpha}^*$ 的一个分量 $\alpha_j^*(0<\alpha_j^*<C)$，计算 b^*，分别为式（7.62）、式（7.63）。

$$\boldsymbol{\omega}^*=\sum_{i=1}^{N}\alpha_i^* y_i\boldsymbol{x}_i\tag{7.62}$$

$$b^*=y_j-\sum_{i=1}^{N}y_i\alpha_i^*(\boldsymbol{x}_i\cdot\boldsymbol{x}_j)\tag{7.63}$$

与硬间隔 SVM 类似，训练集中的样本点有两类：① $y_i f(\boldsymbol{x}_i)-1+\varepsilon_i=0$，软间隔的支持向量点，落在最大间隔边界上；②非支持向量点，又被分成最大间隔以外的普通点、最大间隔以内的噪声点、被分隔超平面错误分类的点 3 类。

7.5 应用案例

本节通过一个案例展示使用 SVM 算法进行数据处理的一般流程。

例 7.5.1 使用 SVM 算法制作一个鸢尾花的分类器。

图 7-7 所示为鸢尾花，它是一种较常见的单子叶百合目花卉。早在 20 世纪 30 年代，就有科学家采集了鸢尾花的萼长、萼宽、瓣长、瓣宽与具体种类之间的对应数据来作为线性分类器的验证集。鸢尾花的数据集非常经典，是各种机器学习算法常用的验证数据源。

图 7-7 鸢尾花

sklearn 包的数据集中就包含了鸢尾花数据，可以通过 load_iris 来加载。数据集包含 3 种鸢尾花（setosa、versicolor、virginica），合计 150 条记录，每个种类有 50 条记录。每条记录都包含了花的萼长、萼宽、瓣长、瓣宽（单位：cm），以及对应的鸢尾花种类。

使用 load_ iris 得到的数据是 Bunch 类对象，而 Bunch 类继承自 dict 类，因此得到的数据集是以键值对的形式存放的。为便于处理，这里先将其按照解释变量、目标变量的顺序转换成 DataFrame 型数据。

Iris 数据集已经过预处理，其类别已经数据化为 $\{0,1,2\}$，如图 7-8 所示。

Index	sepal length(cm)	sepal width(cm)	petal length(cm)	petal width(cm)	target
0	4.3	3	1.1	0.1	0
1	4.4	3.2	1.3	0.2	0
2	4.4	3	1.3	0.2	0
3	4.4	2.9	1.4	0.2	0
4	4.5	2.3	1.3	0.3	0

图 7-8 鸢尾花数据集部分数据

以萼长（sepal length）和萼宽（sepal width）为横坐标、纵坐标，然后根据鸢尾花类别的不同，使用不同大小和颜色的点绘制成散点图，如图 7-9 所示。由图 7-9 可以看出，以花萼大小构建的二维平面上的鸢尾花不是线性可分的。

接下来构建并求解 SVM 分类器，Python 的 sklearn 包提供了很好的 SVM 分类器实现。使用时，只需通过设置合适的接口参数即可得到适用于所处理数据的 SVM 分类器。使用

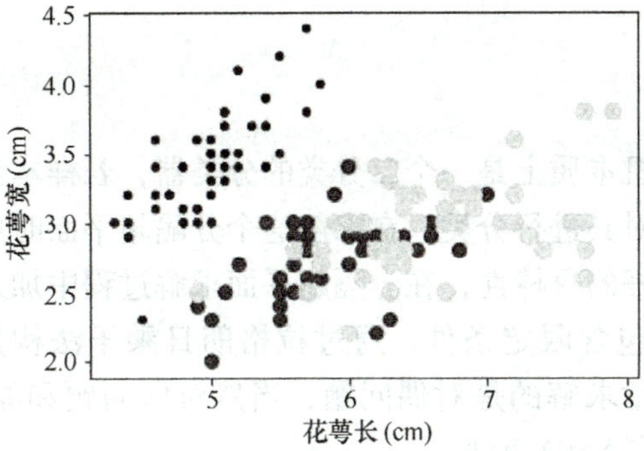

图 7-9　根据花萼大小进行的分类

sklearn. svm 包中的 SVC 类时经常需要调整参数，包括核函数（kernel）、正则化参数（C）、多项式核函数的次数（degree、poly 核函数有效）、核系数（gamma、rbf、poly、Sigmoid 核函数有效）、核函数中的常数项（coef0、poly、Sigmoid 核函数有效）等。核函数的选取对分类效果影响较大，可选的核函数包括线性核（linear）、多项式核（poly）、径向基核（rbf）、Sigmoid 核等函数。图 7-10、图 7-11 所示分别为 rbf 核函数与 linear 核函数的分类效果。

由图 7-10、图 7-11 可以看出，复杂的核函数可以带来更好的分类效果，但也容易出现过拟合。读者可以自行将其他参数与核函数一起调整来查看分类效果。数据集加载、模型构建与训练、分类效果图绘制的源码请扫二维码 chap07。

chap07

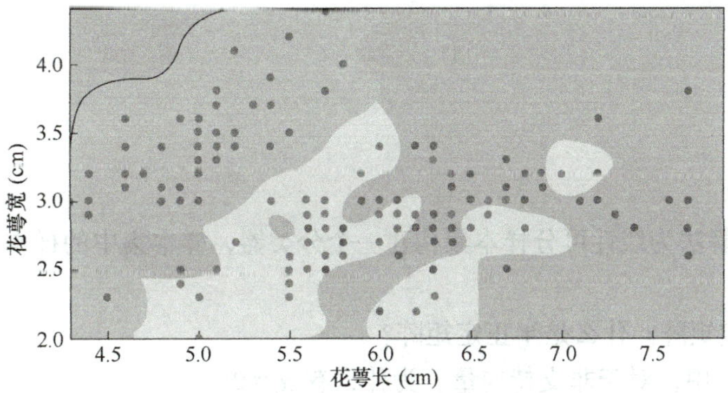

图 7-10　rbf 核函数的分类效果

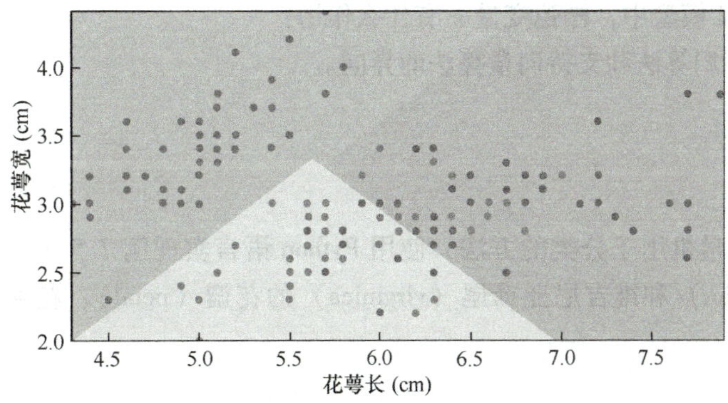

图 7-11　linear 核函数的分类效果

7.6 本章小结

本章讲解的支持向量机本质上是一个二分类的分类器，若样本集是线性可分的，则可以直接使用一个分隔超平面对其进行分类。在求解这个分隔超平面时用到了几个技巧：①为了使这个分隔超平面具有更好的鲁棒性，在分隔超平面求解过程中加入了硬间隔最大化这一条件；②为了在求解最值时包含限定条件，通过拉格朗日乘子法构建了一个拉格朗日函数；③为了便于求解最值，本章求解的是对偶问题，当然对偶问题和原问题等价需要满足 KKT 条件；④最后求解时使用了 SMO 算法。

还有一类样本集，虽然在原始空间中不是线性可分的，但是如果将它们映射到高维空间，则又变成线性可分的了，这类样本集也是可以使用硬间隔 SVM 进行分类的。在实际求解过程中，为了降低算法复杂度，并没有真正把样本集从原始空间映射到高维空间，而是使用了核技巧。因为在高维空间中求解 SVM 时，真正需要用到的是高维空间向量的内积，而映射后的内积可以使用原始空间中的核函数来代替求解，所以高维空间的映射函数及其对应的 SVM 求解问题就转换成了核函数选择及其对应的 SVM 求解问题了，从而降低了问题求解计算的复杂度。

最后，还有一类样本集，它并不是线性可分的，而这个线性不可分可能是由于个别的离群点或噪声点造成的。针对这一类样本集，引入了软间隔的概念，使得 SVM 的最大间隔对这些离群点或噪声点有一定的包容性。软间隔 SVM 的求解和硬间隔 SVM 的求解非常相似，最大的区别就是限定条件。

7.7 习题

7.7.1 思考题

1. 使用 SVM 算法为线性可分样本集构建一个分类器，样本集中的样本点对构建 SVM 的贡献是否相同？
2. 什么是正定矩阵？什么是半正定矩阵？
3. 式（7.33）中，对于非支持向量，为什么有 $\alpha_i=0$？
4. 若 $k_1()$、$k_2()$ 均为核函数，试证明 $\alpha k_1()+\beta k_2()$ 也是核函数，其中 $\alpha>0$，$\beta>0$。
5. 软间隔 SVM 模型中，松弛变量 ε 有什么作用？
6. 对比逻辑回归算法和支持向量算法的异同。

7.7.2 实验练习

1. 实验目的

掌握将支持向量机用于分类的方法，使用 Python 语言实现例 7.5.1。山鸢尾（setosa）、变色鸢尾（versicolor）和维吉尼亚鸢尾（virginica）的花瓣（petal）、花萼（sepal）特点如图 7-12 所示。

2. 实验内容

1）学习使用 SVM 分类器处理分类任务。

2）了解不同的核函数对 SVM 分类效果的影响。

3. 实验方法与步骤

（1）认识鸢尾花数据集

从 sklearn. datasets 中导入鸢尾花数据集，该数据集通过 4 种特征（花瓣长度、花瓣宽度、花萼长度、花萼宽度）来实现 3 种鸢尾花的类别划分。

图 7-12 各种鸢尾花的花瓣和花萼特点

对使用 seaborn 的 pairplot 方法展现出的 4 种特征两两组合，对鸢尾花分类的效果如图 7-13 所示。

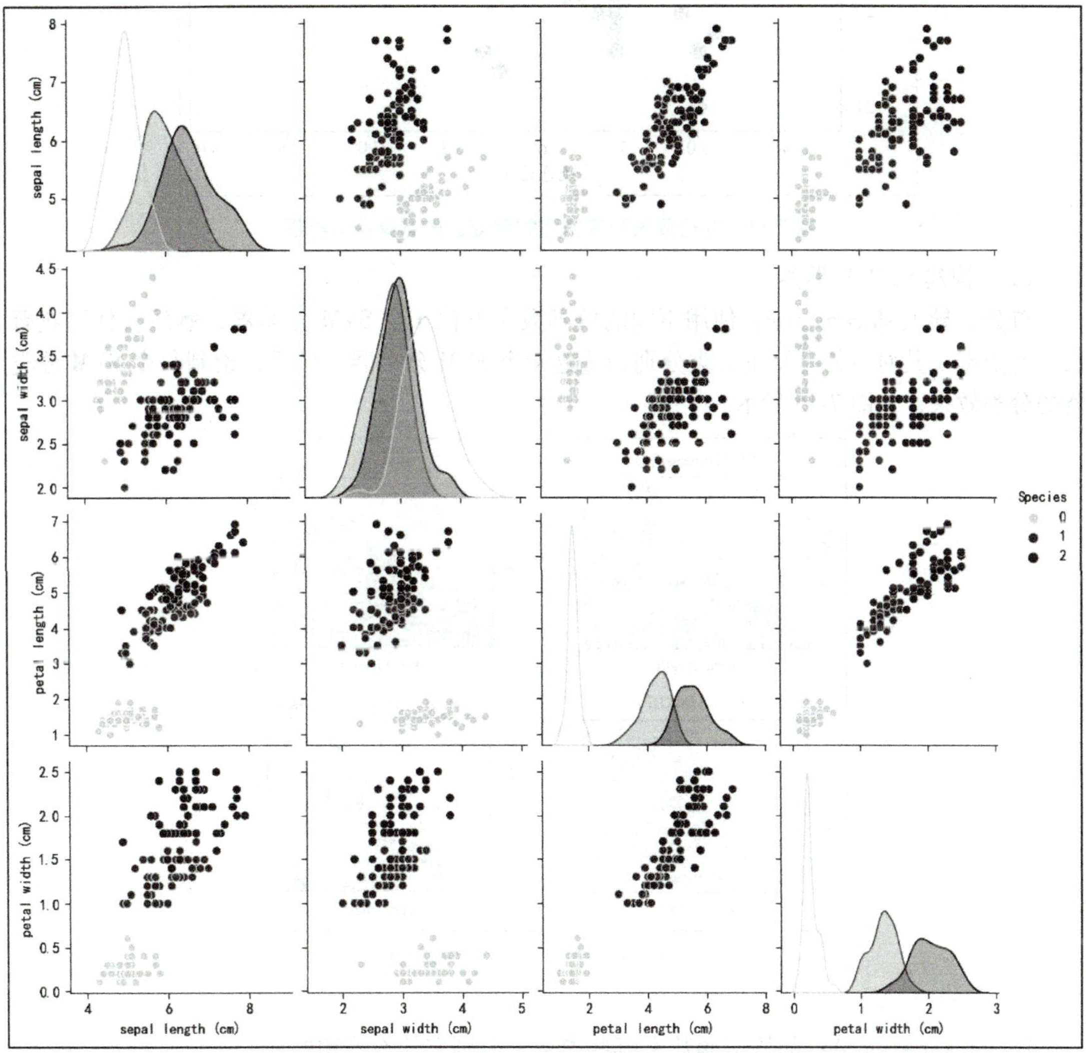

图 7-13 使用 seaborn 的 pairplot 方法绘制的分类效果

仅提取鸢尾花数据的前两列作为解释变量，鸢尾花的实际分类如图 7-14 所示。为了易于演示，使用 SVM 构建针对图 7-14 的分类器。

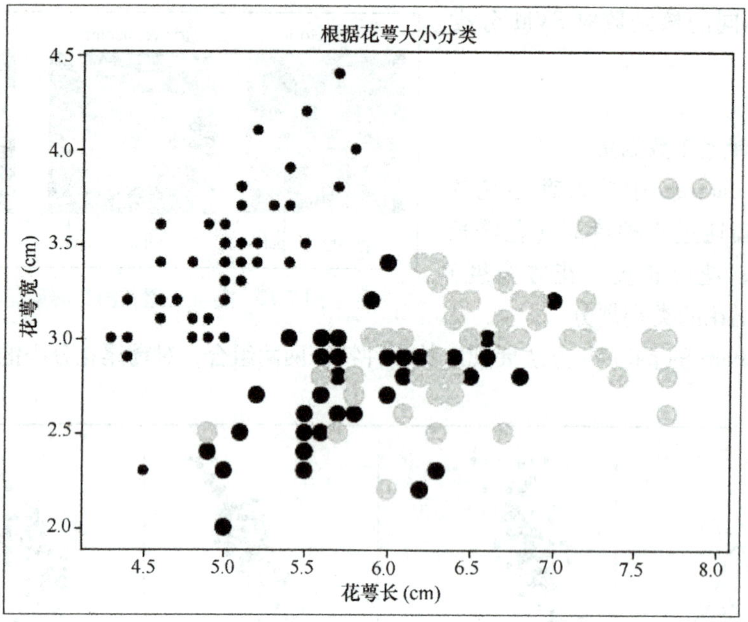

图 7-14　以花萼长和宽作为解释变量的鸢尾花分类图

（2）构建 SVM 分类器

首先，导入 sklearn. svm，使用不同的核函数实例化 4 个 SVM 分类器；然后，使用花萼长、宽数据及其对应的鸢尾花分类分别训练这 4 个 SVM 分类器；最后，绘制每个 SVM 分类器的分类效果，如图 7-15 所示。

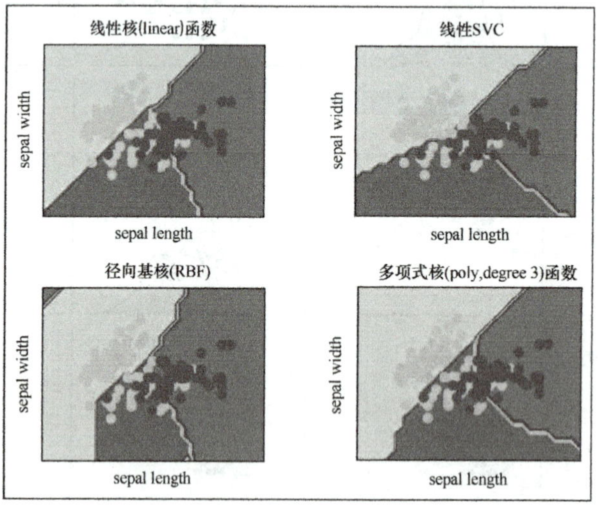

图 7-15　各 SVM 分类器的效果图

4. 总结与思考

1）sklearn. svm. SVC 的构造函数有哪些参数？分别有什么作用？

2）尝试使用鸢尾花数据集中的所有解释变量训练 SVM 分类器，并将分类效果可视化。

第 8 章　人工神经网络

本章目标

- 理解神经元模型的原理
- 理解多层神经网络的原理
- 了解反向传播算法

人工神经网络（Artificial Neural Network）是一种较为特殊的智能算法，它的诞生是受大脑中神经元机理启发的。人工神经网络的发展经历了 3 次高潮和 2 次低谷，现如今，在人工智能领域大放异彩的深度学习算法就是以神经网络为基础的。因此，神经网络算法对于人工智能学习者来说非常重要。

第 7 章讲的 SVM 算法，首先假设训练样本集是可分的，然后想办法求解一个分隔超平面；第 7 章之前介绍的决策树、K 近邻、线性回归等算法也与之类似，它们都是先对数据做一些假设，然后根据这些假设求解数学模型，最后把求得的模型应用于生产实际来解决一些与初始假设类似的问题。而神经网络算法的设计理念不一样，它的设计初衷是模拟人类大脑的工作原理，以神经元为基础构建一个网状结构以实现可以替代人类大脑的人工智能。

人工神经网络的发展经历了神经元模型、BP（Back Propagation）神经网络、深度学习 3 个主要阶段。本章重点介绍神经元和 BP 神经网络。

8.1　人工智能的概念

数据挖掘的目标是从数据中找到隐藏的、有价值的信息。由于数据量一般是庞大而繁杂的，因此希望这个挖掘的过程由计算机来完成，为了在数据中自动寻找有价值的信息，需要人工智能的帮助。

人工智能（Artificial Intelligence，AI）可分成两部分：人工和智能。人工就是人力制造的，那么人力制造的东西在什么条件下可以称为人工智能呢？人工又该怎样实现这样的智能呢？

8.1.1　图灵测试

图灵测试（The Turing Test）由艾伦·麦席森·图灵（Alan Mathison Turing）于 1950 年提出，是指测试人与被测试者（一个人和一台机器）在隔开的情况下，通过一些装置（如键盘）由测试人向被测试者随意提问（示意图见图 8-1），如果经过一段时间（超过 25min）后被测试者的答复不能使测试人确认出哪个是人、哪个是机器的回答，那么这台机器就通过了测试，并被认为具有人类智能。

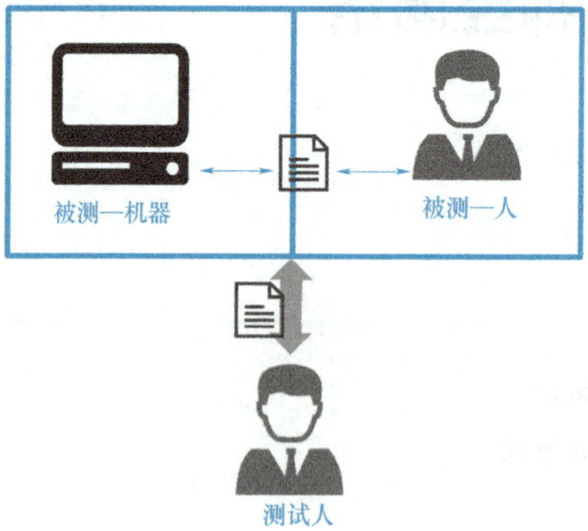

图 8-1　图灵测试示意图

图灵测试的意义在于给出了一个判断人工智能是否真的可以替代人类智能的方法。图灵测试的初衷是要解决两个问题：①人类能否制造出可以思考的机器？②如何判断人类制造出的机器能否思考？

随着人工智能算法的发展，特别是神经网络、深度学习技术的快速发展，原有的图灵测试方案已不能满足当前需求，在此基础上拓展出许多新的测试方法，称为“新图灵测试”。新图灵测试方案包括测试人工智能是否能理解一篇文章（如输入一篇文章，让算法分析文章中的某个人物性格或中心思想）、测试一个机器人是否具备对物理环境的适应能力（如让护理机器人帮助老人从浴缸里出来）、测试一个人工智能助理能否胜任某一工作任务（如顾客对客服机器人的满意度调查）等。

8.1.2　人工智能的 3 种实现思路

人工智能的魅力吸引了大批研究人员的关注，由于各自的学术背景、研究领域不同，形成了多种不同的实现思路，概括起来，有 3 种模拟方案比较有代表性：①功能模拟；②结构模拟；③行为模拟。

功能模拟又称为符号主义，它是人工智能最早的和应用最广泛的研究方法。功能模拟把问题或知识表示为某种逻辑结构，运用符号演算实现表示、推理和学习等功能，从宏观上模拟人脑思维，实现人工智能功能。功能模拟法的应用包括定理证明、自动推理、专家系统、自动程序设计和机器博弈等。

结构模拟也称为联结主义，该方法认为思维的基元不是符号而是神经元，通过模拟人类的大脑结构来实现人工智能，属于非符号处理范畴。本方法通过对神经网络的训练进行学习，获得知识并用于解决问题。结构模拟法在模式识别、图像信息压缩等领域获得成功应用，特别是在大数据训练集的加持下取得了良好的效果。

行为模拟也称为行为主义，该方法认为智能取决于感知和行动，提出智能行为的

“感知—动作”模式。它在控制论的基础上发展而来，在自动控制领域有较为广泛的应用，如自适应、自寻优、自学习、自组织等。该方法在仿生机器人、智能机械等领域有所贡献。

8.1.3 神经网络

人工神经网络属于结构模拟的范畴，是一种借鉴并模仿人脑思维如何工作的数学模型。人类的大脑可以学习很多知识，还可以做出各种分析和判断，以及做出各种发明创造。如果能够模拟人类大脑，那么人工智能将十分强大。

如果把人的大脑看成一个系统，大脑将各个感官得到的信号进行识别、处理，最后加工整理成存储的知识信息、执行器官的动作控制信号等，如图 8-2 所示。这些人们习以为常的日常动作，需要人脑中数百亿个高度相连的神经元协作完成。

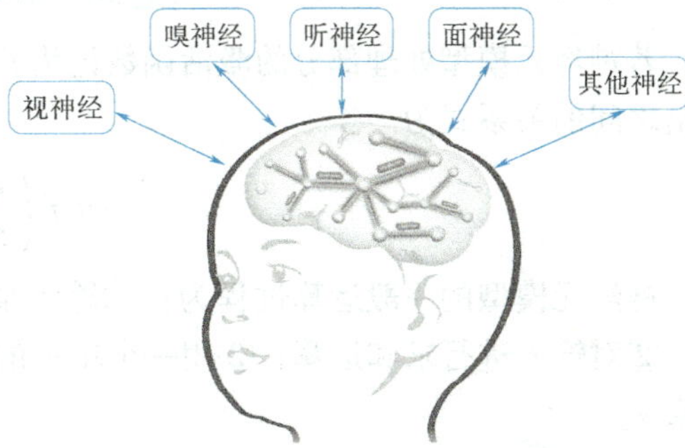

图 8-2 人类大脑神经系统示意图

20 世纪初，生物学家就通过将神经元染色然后在显微镜下观察的方法得到了生物体中的神经元模型，如图 8-3 所示。神经元主要由一个神经核（Nucleus）、多个树突（Dendrites）、一个轴突（Axon）组成，而在轴突的末梢又有多个分叉，称为轴突末梢。神经元通过树突从外界（其他神经元）获得信息，又通过轴突将本神经元的信号以电脉冲的形式输出给其他神经元。也就是说，一个神经元可以通过树突处理多个神经元的输入，然后得到一个输出结果，又可以将唯一的处理结果输出给多个其他的神经元。神经元和神经元之间是通过树突和轴突末梢的连接来协同工作的，树突和轴突连接的位置称为突触（Synapse）。

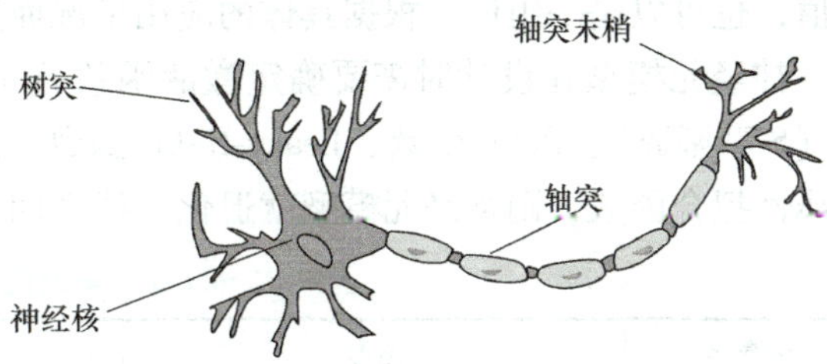

图 8-3 神经元模型（1）

人工神经网络就是对生物神经网络的简化抽象，它是从神经元模型开始逐步发展出来的一种人工智能算法模型。

8.2 神经元模型

早在 1943 年，心理学家 McCulloch 和数学家 Pitts 就参考生物神经元的结构提出了抽象的神经元模型，本节具体介绍神经元模型的工作原理。

8.2.1 模型表示

神经元模型如图 8-4 所示，它包含输入、处理、输出 3 部分，分别类比生物神经元的树突、神经核、轴突。神经元的处理又包含求和运算、函数运算（称为激活函数或激励函数）两步，每个输入分量上又都会乘以对应的权值。

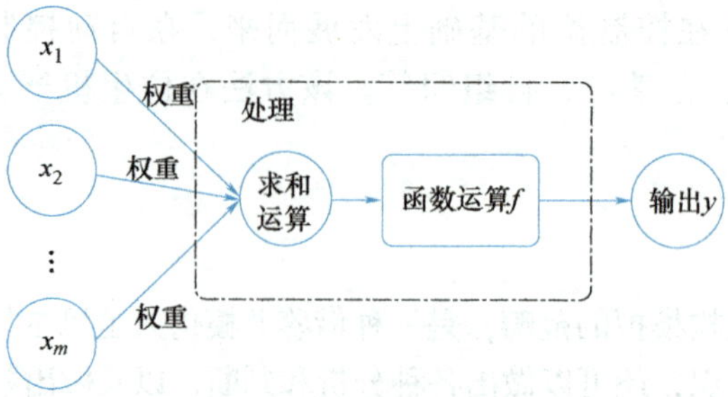

图 8-4 神经元模型（2）

若神经元模型处理部分的激活函数记为$f()$，对应输入分量 x_i 的权值记为 ω_i，则输入和输出之间的关系式为

$$y=f\left(\sum_{i=1}^{N}\omega_i x_i\right) \tag{8.1}$$

神经元模型的一般运算过程为：①输入值（$x_1,x_2,\cdots,x_m$）乘以各自的权值后输入神经元；②对输入进行求和运算；③用一个单一的函数对加权求和后的输入进行处理并给出输出结果 y。

这里设计这样一个人工神经元模型来模拟生物神经元，用这个神经元模型来映射输入和输出之间的关系。输入值 x_1，x_2，$\cdots$，x_m 是每一个样本模型所具有的特征值，这些特征值互相独立。输出值 y 可以是连续值（如商品价格），也可以是二元分类值（如是或非，买或不买等），还可以是多元分类值（如颜色识别、手写数字识别等）。所以输出值 y 可以是一个值，也可以是一组值，根据具体的应用情况而定。

神经元模型在设计时需要确定激活函数$f()$，常用的激活函数有阶跃函数、Sigmoid 函数（S 型函数）、ReLu 函数、Leaky-ReLu 函数、双曲正切（tanh）函数等，见表 8-1。若采用线性拟合函数，则神经元模型就退化为线性回归模型。

表 8-1 常见的激活函数

函数名	图形	函数公式	导数
阶跃	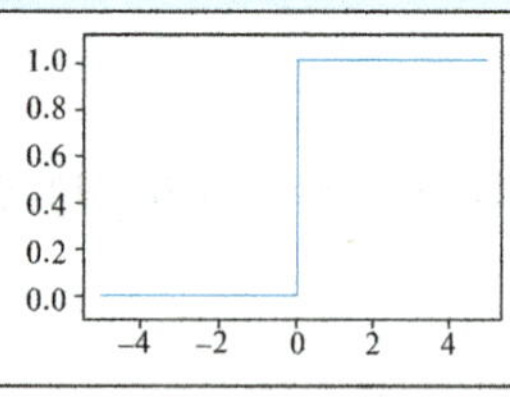	$f(x)=\begin{cases}1,x\geqslant 0\\0,x<0\end{cases}$	$f'(x)=\begin{cases}0 & (x\neq 0)\\ \text{不存在} & (x=0)\end{cases}$
ReLu	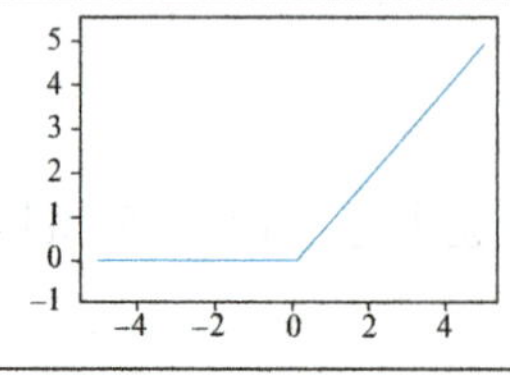	$f(x)=\begin{cases}x,x\geqslant 0\\0,x<0\end{cases}$	$f'(x)=\begin{cases}1 & (x\geqslant 0)\\0 & (x<0)\end{cases}$
Sigmoid	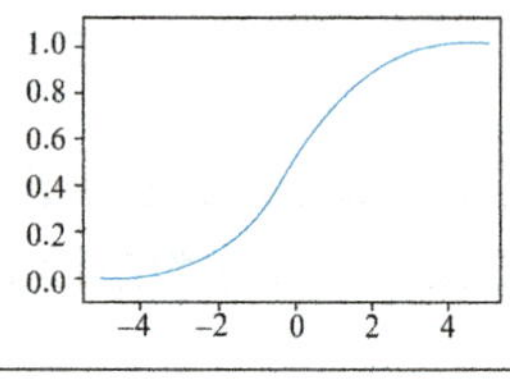	$f(x)=\dfrac{1}{1+e^{-x}}$	$f'(x)=f(x)(1-f(x))$

（续）

函数名	图形	函数公式	导数
双曲正切	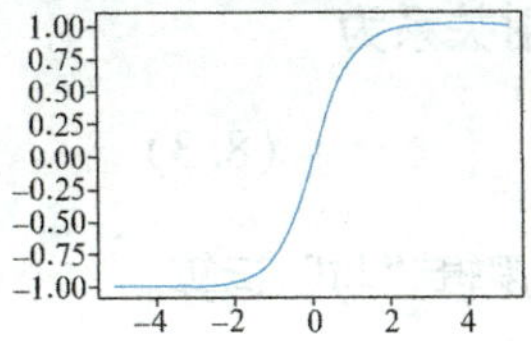	$f(x)=\tanh(x)=\dfrac{2}{1+e^{-2x}}-1$	$f'(x)=1-f^2(x)$
Leaky-ReLu	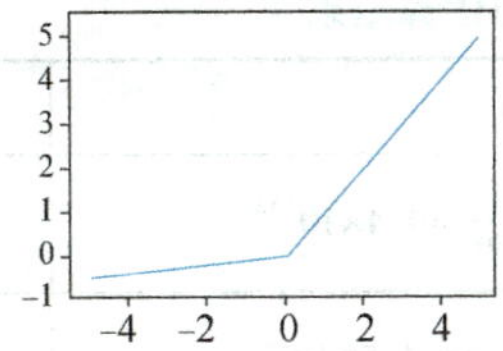	$f(x)=\begin{cases}x, x\geqslant 0\\ p\cdot x, x<0\end{cases}$ 其中，p 是一个较小的正数，如 0.01	$f'(x)=\begin{cases}1 & (x\geqslant 0)\\ p & (x<0)\end{cases}$

每个输入分量上的权值都需要根据训练集适当调整，设置合适的权值和激活函数就可以让神经元模型实现简单的逻辑运算。

将图 8-4 中的求和、函数运算合并，并使用带数值的有向线段表示值的加权传递，得到神经元模型的简化表示，如图 8-5 所示。

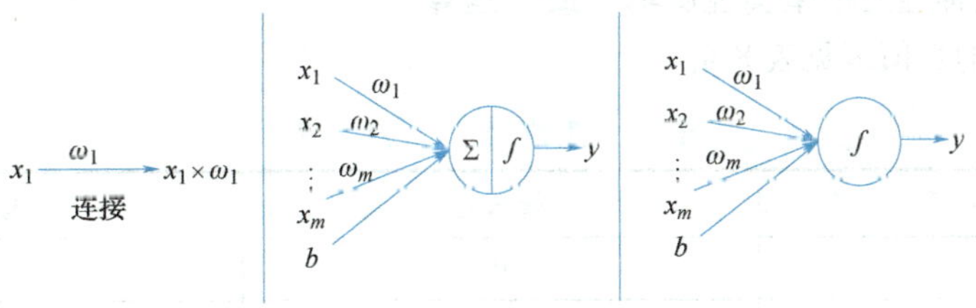

图 8-5　神经元模型的简化表示

图 8-5 中，输入端除了自变量（$x_1,x_2,\cdots,x_m$）外，还有一个偏移量 b，式（8.1）变为

$$y=f\left(\sum_{i=1}^{m}\omega_i x_i+b\right) \tag{8.2}$$

8.2.2　实现基本逻辑运算

本小节通过例子说明神经元模型如何实现简单的逻辑运算。

例 8.2.1　用神经元模型实现逻辑“与”运算。

逻辑“与”的真值表见表 8-2。

表 8-2　逻辑“与”的真值表

输入 x_1	输入 x_2	输出 y
0	0	0
0	1	0
1	0	0
1	1	1

设计两个输入的神经元模型，选择 Sigmoid 函数作为激活函数，对应的参数分别设置为 $\omega_1=20$，$\omega_2=20$，$b=-30$，对应的神经元模型如图 8-6 所示。

经过图 8-6 所示的模型后，输入与输出之间的映射关系为

$$y=\frac{1}{1+e^{20x_1+20x_2-30}} \tag{8.3}$$

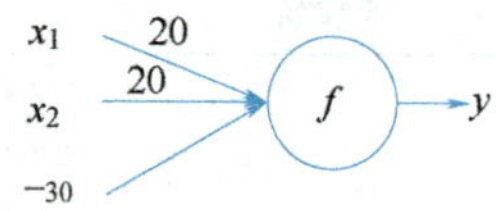

图 8-6 逻辑“与”的神经元模型

运算结果见表 8-3，与表 8-2 对比可知，模型实现了逻辑“与”运算。

表 8-3 逻辑“与”神经元的运算结果

输入 x_1	输入 x_2	y	近似值
0	0	$\frac{1}{1+e^{-(20\times0+20\times0-30)}}\approx9.4\times10^{-14}$	0
0	1	$\frac{1}{1+e^{-(20\times0+20\times1-30)}}\approx4.5\times10^{-5}$	0
1	0	$\frac{1}{1+e^{-(20\times1+20\times0-30)}}\approx4.5\times10^{-5}$	0
1	1	$\frac{1}{1+e^{-(20\times1+20\times1-30)}}\approx0.99995$	1

例 8.2.2 用神经元模型实现逻辑“或”运算。

逻辑“或”的真值表见表 8-4。

表 8-4 逻辑“或”的真值表

输入 x_1	输入 x_2	输出 y
0	0	0
0	1	1
1	0	1
1	1	1

与例 8.2.1 中的神经元模型类似，只需将偏移量改为 $b=-10$ 即可，如图 8-7 所示。

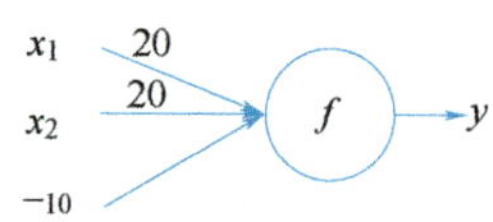

图 8-7 逻辑“或”的神经元模型

经过图 8-7 所示的模型后，输入与输出之间的映射关系见表 8-5，与表 8-4 对比可知，模型实现了逻辑“或”运算。

表 8-5 逻辑“或”神经元的运算结果

输入 x_1	输入 x_2	y	近似值
0	0	$\frac{1}{1+e^{-(20\times0+20\times0-10)}}\approx4.5\times10^{-5}$	0
0	1	$\frac{1}{1+e^{-(20\times0+20\times1-10)}}\approx0.99995$	1
1	0	$\frac{1}{1+e^{-(20\times1+20\times0-10)}}\approx0.99995$	1
1	1	$\frac{1}{1+e^{-(20\times1+20\times1-10)}}\approx0.9999999999999$	1

例 8.2.3　用神经元模型实现逻辑“非”运算。

逻辑“非”的真值表见表 8-6。

表 8-6　逻辑“非”的真值表

输入 x_1	输出 y
0	1
1	0

与上面的两个例子不同，本例神经元模型只有一个输入，模型如图 8-8 所示。

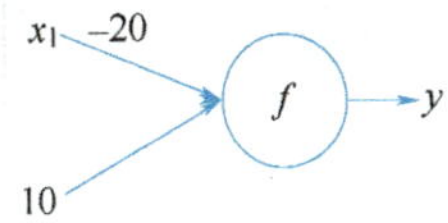

图 8-8　逻辑“非”的神经元模型

经过图 8-8 所示的模型后，输入与输出之间的映射关系见表 8-7，与表 8-6 对比可知，模型实现了逻辑“非”运算。

表 8-7　逻辑“非”神经元的运算结果

输入 x_1	y	近似值
0	$\dfrac{1}{1+e^{-(-20\times0+10)}}\approx0.99995$	1
1	$\dfrac{1}{1+e^{-(-20\times1+10)}}\approx4.5\times10^{-5}$	0

分析逻辑“与”、逻辑“或”、逻辑“非”运算可知，这 3 种运算在本质上都是线性可分的，如图 8-9 所示。

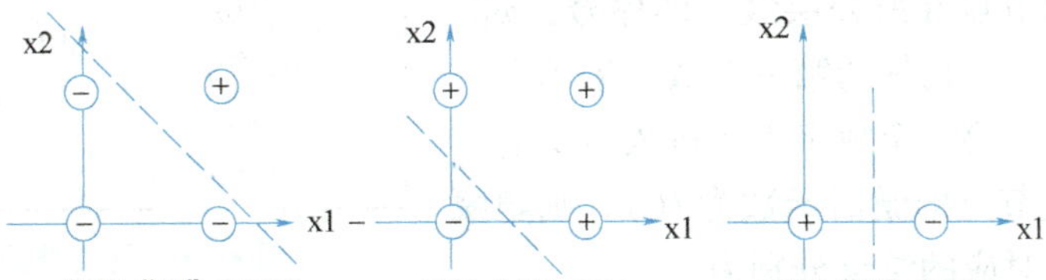

图 8-9　逻辑“与”、逻辑“或”、逻辑“非”运算

1969 年，被称为人工智能之父的计算机科学家马文·明斯基（Marvin Lee Minsky）出版的 *Perceptions*（《感知器》）一书指出：单层感知器无法解决线性不可分问题（如异或、同或运算）；对于线性不可分问题，需要使用多层神经网络；而受限于当时的计算机硬件水平和算法水平，并没有针对多层神经网络的有效训练算法。因此，到了 20 世纪 70 年代，人工智能领域对于神经网络的研究陷入了第一次低谷。

8.3　多层神经网络

1986 年，Rumelhar 和 Hinton 等人提出了反向传播（Back Propagation，BP）算法，解决了两层神经网络所需要的复杂计算量问题，从而带动了业界对两层神经网络研究的热潮。

标准多层感知器（MLP）是由多个单层感知器连接在一起的，具有一层输入节点、一层输出节点、一个或多个中间层。中间层也被称为"隐藏层"，因为它们不能直接从系统输入和输出中观察到，多层神经网络模型如图 8-10 所示。

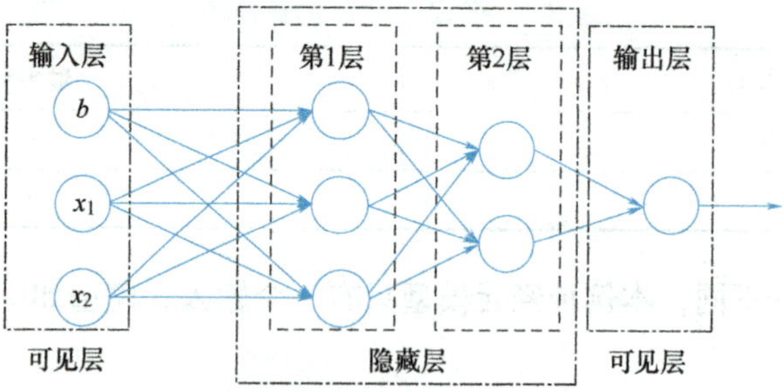

图 8-10　多层神经网络模型

从图 8-10 中可以看出，输入层中只是提供输入变量而没有运算，所以输入层不被计入神经网络的层数。图 8-10 所示为一个三层神经网络，含两个隐藏层、一个输出层，当网络的隐藏层多于一层时又称为深层神经网络。

8.3.1　模型表示

本小节以两层神经网络为例说明多层神经网络的模型表示，两层神经网络模型如图 8-11 所示。

图 8-11 中，隐藏层中有两个节点、输出层中有一个节点。其中，$a_1^{(1)}$ 的上角标表示节点所在的层级，下角标表示节点在所处层级中的序号；$\omega_{11}^{(1)}$ 的上角标表示层级，下角标的第一个数字表示上一层输入节点的序号，第二个数字表示进入本层的节点的序号。若假设节点的激活函数为 $f(\,)$，则隐藏层、输出层各节点对应的结果分别为

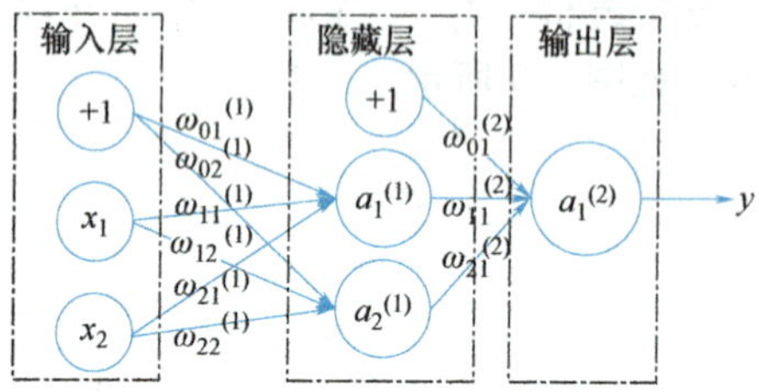

图 8-11　两层神经网络模型

$$\begin{cases} a_1^{(1)} = f(w_{01}^{(1)} + w_{11}^{(1)} x_1 + w_{21}^{(1)}) \\ a_2^{(1)} = f(w_{02}^{(1)} + w_{12}^{(1)} x_1 + w_{22}^{(1)}) \end{cases} \tag{8.4}$$

$$y = a_1^{(2)} = f(w_{01}^{(2)} + w_{11}^{(2)} a_1^{(1)} + w_{21}^{(2)} a_2^{(1)}) \tag{8.5}$$

若把偏移的+1 记为 x_0，令输入向量为 $\boldsymbol{x} = \begin{pmatrix} x_0 \\ x_1 \\ x_2 \end{pmatrix}$，令参数向量为 $\boldsymbol{\omega}_1^{(1)} = (\omega_{01}^{(1)} \quad \omega_{11}^{(1)} \quad \omega_{21}^{(1)})$，相对应的式（8.4）中 $a_1^{(1)}$ 的输入就可以写为 $\boldsymbol{\omega}_1^{(1)}\boldsymbol{x}$。若令矩阵 $\boldsymbol{\Omega}^{(1)} = \begin{pmatrix} \omega_{01}^{(1)} & \omega_{11}^{(1)} & \omega_{21}^{(1)} \\ \omega_{02}^{(1)} & \omega_{12}^{(1)} & \omega_{22}^{(1)} \end{pmatrix}$，则可以将式（8.4）简写为

$$\boldsymbol{a}^{(1)} = f(\boldsymbol{\Omega}^{(1)} \boldsymbol{x}) \tag{8.6}$$

类似的，式（8.5）可简写为

$$y = \boldsymbol{a}^{(2)} = f(\boldsymbol{\Omega}^{(2)} \boldsymbol{a}^{(1)}) \tag{8.7}$$

图 8-10 和图 8-11 所示的多层神经网络有一个共同点，就是第 $n-1$ 层上的所有节点都和第 n 层上的任意一个节点相连，像这样的神经网络称为全连接神经网络。

图 8-11 所示的模型几乎是最简单的多层神经网络模型，通过对这个简单的多层神经网络的分析，我们可以使用类似的逐层前向传递的方法写出任意复杂的多层神经网络的输入与输出之间的映射关系。也就是说，如果整个神经网络的拓扑结构、激活函数、权值矩阵、输入向量是确定的，那么对应的输出就是确定的值。

多层神经网络的设计有两个步骤：①确定网络结构，包括层数、每一层的节点数、节点的激活函数、层与层间的连接方式等；②训练神经网络，主要通过训练集确定各个连接上的权值。

那么为什么这样的多层神经网络可以拟合各种各样的复杂函数呢？此处不做数学推导，而是通过一个例子来直观理解。根据微积分的知识，任意一个函数曲线都可以表示为若干矩形信号和的形式，如图 8-12 所示。

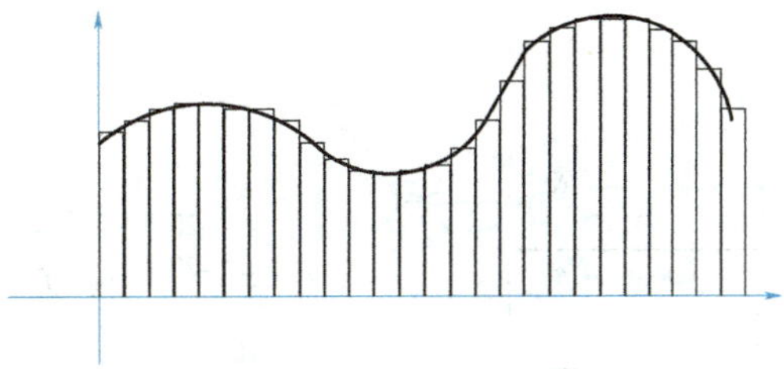

图 8-12　任意函数的微分

以阶跃函数作为激活函数，若适当调整权值和偏移量，就可以得到想要的矩形信号，如图 8-13 所示。因此，只要是足够多的神经元构成的多层神经网络，就可以拟合任意复杂的非线性函数，且拟合的精度是可调的。如果采用 Sigmoid 函数、ReLu 函数作为激活函数的神经网络，那么可以达到类似的结果。这就是结构模拟（联结主义）背后的设计原理。

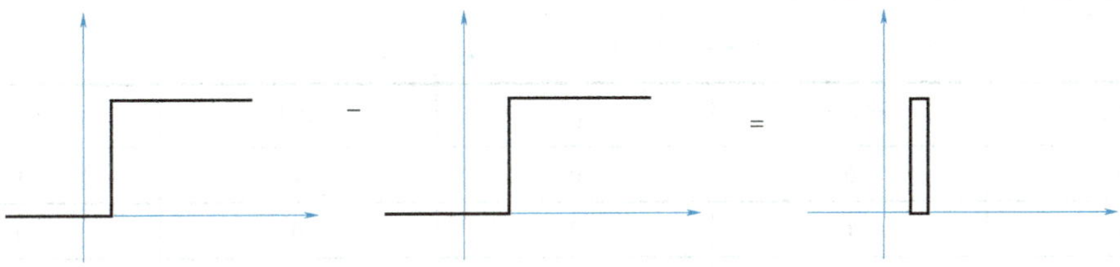

图 8-13　偏移量的两个阶跃信号求差

8.3.2　实现“同或”运算

本小节通过例子说明多层神经网络如何实现逻辑“同或”运算。

例 8.3.1　用多层神经网络模型实现逻辑“同或”运算。

逻辑“同或”运算的真值表见表 8-8。

表 8-8　逻辑“同或”运算的真值表

输入 x_1	输入 x_2	输出 y
0	0	1
0	1	0
1	0	0
1	1	1

根据“同或”的真值表，逻辑“同或”与逻辑“与”、逻辑“非”、逻辑“或”之间的关系为

$$(x_1)\text{XNOR}(x_2)=(x_1\text{AND}x_2)\text{OR}((!x_1)\text{AND}(!x_2)) \tag{8.8}$$

由式（8.8）可知，通过逻辑“与”、逻辑“非”、逻辑“或”运算的组合可以求得逻辑“同或”运算，如图 8-14 所示。逻辑“与”、逻辑“非”、逻辑“或”在前面几个例子中都通过神经元模型实现了，现在只需要按照图中的方式组合成神经网络，即可实现逻辑“同或”运算。

图 8-14 中，点画线框起来的部分可以使用图 8-15 所示的神经元模型来实现，因此逻辑“同或”的神经网络模型可简化为图 8-16。

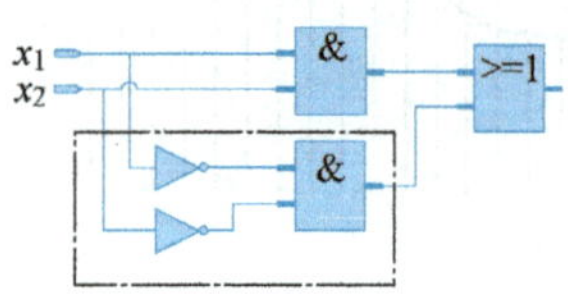

图 8-14　逻辑“同或”运算

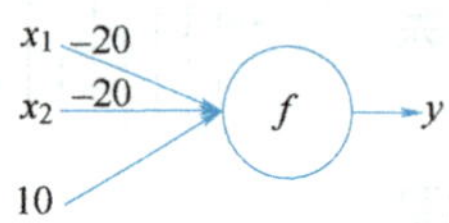

图 8-15　$(!x_1)\text{AND}(!x_2)$ 的神经元模型实现

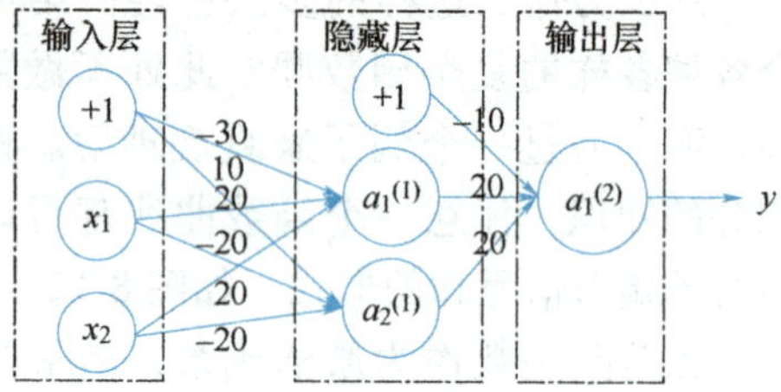

图 8-16　逻辑“同或”神经网络

经过图 8-16 所示的模型后，输入与输出之间的映射关系见表 8-9，与表 8-8 对比可知，模型实现了逻辑“同或”运算。

表 8-9　逻辑“同或”运算结果

输入 x_1	输入 x_2	$a_1^{(1)}$	$a_2^{(1)}$	$y=a_1^{(2)}$
0	0	0	1	1
0	1	0	0	0
1	0	0	0	0
1	1	1	0	1

图 8-17 所示为逻辑“同或”运算结果在平面上的分布示意。逻辑“同或”是线性不可分的，采用神经网络可以完美地将结果的正负取值区分开。

因此，对于复杂的神经网络，通过选择合适的激活函数和权值即可实现各种复杂函数的拟合，那么怎样根据训练集选择合适的网络拓扑和权值呢？

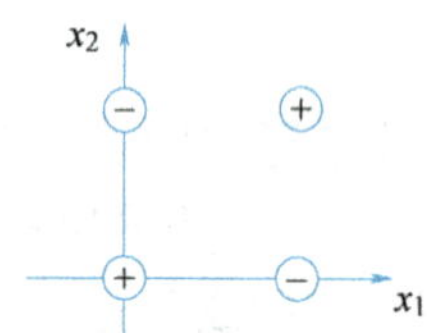

图 8-17　逻辑“同或”运算结果在平面上的分布示意

8.3.3　代价函数

前面各节的例子中，神经元模型、神经网络模型都是单输出的，用来解决二分类问题。如果是多分类问题，则可以采用多输出的神经网络。图 8-18 所示就是一个四分类的神经网络，图中的神经网络输入层有 3 个节点，一个隐藏层有 5 个节点，输出层有 4 个节点，是一个全连接神经网络。若训练得当，这个网络可以将一个三分量的输入向量映射为一个正确的

分类向量，若映射记为 $h_{\boldsymbol{\Omega}}(\boldsymbol{x})$，则可能的取值为

$$h_{\boldsymbol{\Omega}}(\boldsymbol{x})=\begin{pmatrix}1\\0\\0\\0\end{pmatrix},h_{\boldsymbol{\Omega}}(\boldsymbol{x})=\begin{pmatrix}0\\1\\0\\0\end{pmatrix},h_{\boldsymbol{\Omega}}(\boldsymbol{x})=\begin{pmatrix}0\\0\\1\\0\end{pmatrix},h_{\boldsymbol{\Omega}}(\boldsymbol{x})=\begin{pmatrix}0\\0\\0\\1\end{pmatrix} \tag{8.9}$$

若输入为 $\boldsymbol{x}^*$，则根据 $h_{\boldsymbol{\Omega}}(\boldsymbol{x}^*)$ 的取值就可以知道 $\boldsymbol{x}^*$ 属于哪个分类。对于一组训练集 $\{(\boldsymbol{x}^{(1)},\boldsymbol{y}^{(1)}),(\boldsymbol{x}^{(2)},\boldsymbol{y}^{(2)}),\cdots,(\boldsymbol{x}^{(N)},\boldsymbol{y}^{(N)})\}$，我们知道 $\boldsymbol{x}^{(i)}\in\mathbf{R}^3$，$\boldsymbol{y}^{(i)}\in\mathbf{R}^4$ 且 $\boldsymbol{y}^{(i)}$ 的可能取值为式（8.9）。如果要实现这个 $h_{\boldsymbol{\Omega}}(\boldsymbol{x})$，则至少要经过 3 步：①确定神经网络的拓扑结构，包括具体由多少层构成、每一层有多少个节点、各节点之间的连接方式等；②确定神经网络的激活函数；③确定每一个连接上的权值。

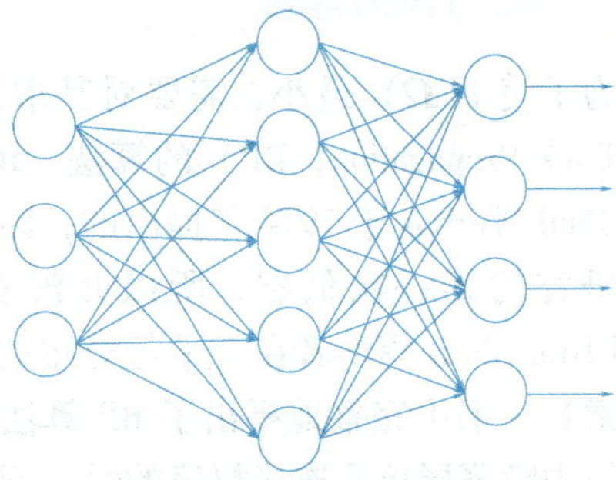

图 8-18　四分类的神经网络

首先，对于神经网络的拓扑结构，其选择不是很多。它的输入层的节点数是由样本特征的数量决定的，而输出层的节点数是由样本点的分类个数决定的。对于隐藏层，单从分类效果来看，当然是节点数越多效果越好，但是过多的隐藏层层数和节点数必然会增加计算复杂度，需要平衡分类效果和训练复杂度。一般情况下，隐藏层的层数设置不多于 3 层，而隐藏层的节点数一般根据输入层节点数逐层成倍递增或递减。

然后，常用的激活函数也是有限的几个。在工程上，激活函数选择时，一般是先尝试 ReLu 函数的效果；如果 ReLu 函数不满足需要，则尝试 Leaky-ReLu 或 Maxout 等变种；最后尝试 tanh、Sigmoid 这一类的函数。

最后，各个连接线上的权值，这就像前面几章讲到的算法模型的参数一样，需要通过训练来确定最优参数。同样的，也需要通过算法来最小化代价函数（Cost Function），从而拟合神经网络的参数。与逻辑回归中的代价函数类似，这个函数能够反映神经网络对样本特征的映射分类结果与样本的分类的差距，反映这个差距的函数还要能够较容易地找到一种通过调整权值使它最小化的算法。

假设神经网络输出层的节点数为 K，对应的 $h_{\boldsymbol{\Omega}}(\boldsymbol{x})\in\mathbf{R}^4$，代价函数反映神经网络预测结果和实际结果之间的差值，即

$$J(\boldsymbol{\Omega})=-\frac{1}{N}\left(\sum_{i=1}^{N}\sum_{k=1}^{K}\left(y_k^{(i)}\ln(h_{\boldsymbol{\Omega}}(\boldsymbol{x}^{(i)}))_k+(1-y_k^{(i)})\ln(1-(h_{\boldsymbol{\Omega}}(\boldsymbol{x}^{(i)}))_k)\right)\right) \tag{8.10}$$

式中，$\sum\limits_{k=1}^{K}$ 表示对应于每个样本点的实际结果和预测结果都是 K 个分量；$\sum\limits_{i=1}^{N}$ 表示样本集中所有样本的误差和。式（8.10）是逻辑回归的代价函数的一般化形式，近似于 K 个逻辑回归单元的输出的代价函数之和。当然，神经网络的代价函数并不是唯一的，一般会根据激活函数选择。

在实际应用中，为了防止过拟合，会在代价函数中加入正则化项。式（8.10）中，$h_{\Omega}(\boldsymbol{x})$ 是以权值 ω_{jm} 为变量的函数，加入正则化项的代价函数为式（8.11）。正则化项是对整个神经网络（所有层）中所有参数的一个求和处理，排除了每一层的偏移量。

$$J(\boldsymbol{\Omega})=-\frac{1}{N}\left(\sum_{i=1}^{N}\sum_{k=1}^{K}(y_k^{(i)}\ln(h_{\boldsymbol{\Omega}}(\boldsymbol{x}^{(i)}))_k+(1-y_k^{(i)})\ln(1-(h_{\boldsymbol{\Omega}}(\boldsymbol{x}^{(i)}))_k))\right)+\frac{\lambda}{2N}\sum_{l=0}^{L}\sum_{m=1}^{s_l}\sum_{j=1}^{s_{l+1}}\omega_{mj} \tag{8.11}$$

接下来的任务就是为神经网络的每一条连接找到合适的参数，使得 $J(\boldsymbol{\Omega})$ 取最小值。

8.3.4 反向传播算法

为了使 $J(\boldsymbol{\Omega})$ 最小，需要对其求偏导。为了计算这些偏导项，引入一种称为反向传播（Back Propagation，BP）的算法。BP 算法是由哈佛大学的 Paul Werbos 于 1974 年提出的，因为当时正处于神经网络研究的第一次低谷，所以并没有受到重视。直到 David Rumelhart 等学者在《平行分布处理：认知的微观结构探索》一书中完整地提出了 BP 算法，系统地解决了多层网络中隐藏层单元连接权值的学习问题，并在数学上给出了完整的推导。

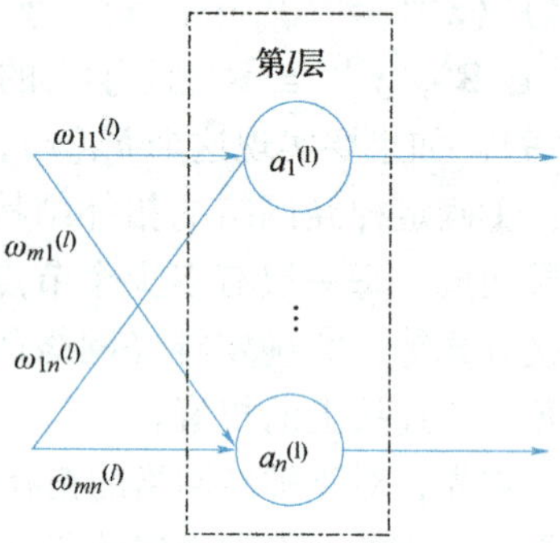

图 8-19 神经网络第 l 层的输入与输出

反向传播是相对于正向传播而言的，所谓正向传播（Forward Propagation），是指从输入层开始通过逐层运算得到输出层的输出。以神经网络的第 l 层为例，如图 8-19 所示，假设第 l 层上的输入为 $\boldsymbol{I}^{(l)}$、输出为 $\boldsymbol{O}^{(l)}$，则输出与输入的关系为

$$\boldsymbol{O}^{(l)}=f(\boldsymbol{I}^{(l)})=f(\boldsymbol{\Omega}^{(l)}\boldsymbol{O}^{(l-1)})=f(\boldsymbol{\Omega}^{(l)}f(\boldsymbol{\Omega}^{(l-1)}\boldsymbol{O}^{(l-2)})) \tag{8.12}$$

从输入层到第 1 层、第 2 层，再逐步向前，一直到输出层，得到神经网络的计算输出。正向传播的过程如图 8-20 所示。

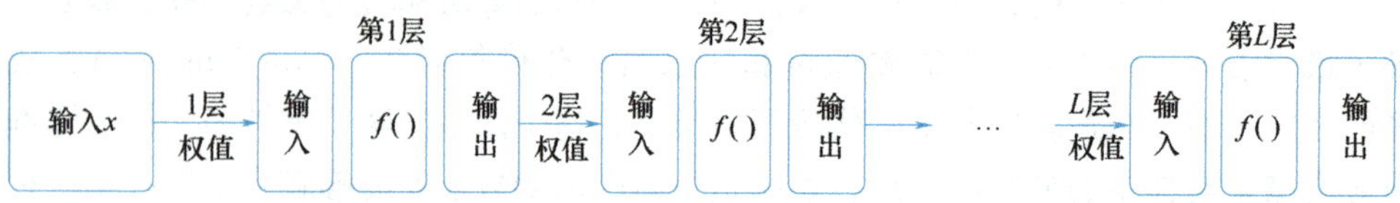

图 8-20 正向传播的过程

整个神经网络，只有到达网络的输出层，才能知道神经网络的计算值和实际值的接近程度，即代价函数的值，要根据最后的代价函数更新整个网络的参数。在起始阶段，为神经网络每个连接上的权值设置一个随机的初始值，利用梯度下降法，根据式（8.13）逐步更新权值，使代价函数取得最小值。

$$\boldsymbol{\Omega}^{(l)}\rightarrow\boldsymbol{\Omega}^{(l)}-\eta\frac{\partial J(\boldsymbol{\Omega})}{\partial\boldsymbol{\Omega}^{(l)}} \tag{8.13}$$

式（8.13）是第 l 层的权值迭代更新公式，其中，η 是学习率，是一个在算法初期定义的常数。式（8.13）求解的关键是损失函数对权值偏导的求解。

假设神经网络总共有 L 层，根据正向传播式（8.12），第 L 层（即神经网络的输出层）的输出 $\boldsymbol{O}^{(L)}$ 与第 $L-1$ 层输出 $\boldsymbol{O}^{(L-1)}$ 的之间的关系为

$$\boldsymbol{O}^{(L)}=f(\boldsymbol{\Omega}^{(L)}\boldsymbol{O}^{(L-1)}) \tag{8.14}$$

式中，$\boldsymbol{\Omega}^{(L)}\boldsymbol{O}^{(L-1)}$ 实际上就是第 L 层的输入，把它看成一个整体，记为 $\boldsymbol{I}^{(L)}$，则 $\boldsymbol{O}^{(L)}=f(\boldsymbol{I}^{(L)})$，根据链式求导法则，有

$$\frac{\partial J(\boldsymbol{\Omega})}{\partial \boldsymbol{\Omega}^{(L)}}=\frac{\partial J(\boldsymbol{\Omega})}{\partial \boldsymbol{I}^{(L)}}\frac{\partial \boldsymbol{I}^{(L)}}{\partial \boldsymbol{\Omega}^{(L)}} \tag{8.15}$$

式中，$\frac{\partial \boldsymbol{I}^{(L)}}{\partial \boldsymbol{\Omega}^{(L)}}=\frac{\partial(\boldsymbol{\Omega}^{(L)}\boldsymbol{O}^{(L-1)})}{\partial \boldsymbol{\Omega}^{(L)}}=(\boldsymbol{O}^{(L-1)})^{\mathrm{T}}$ 正好是上一层的输出，它是已知的。而式中的 $\frac{\partial J(\boldsymbol{\Omega})}{\partial \boldsymbol{I}^{(L)}}$ 是代价函数对于 L 层输入的偏导。为简单起见，假设代价函数为 $\frac{1}{2}\|\hat{\boldsymbol{y}}-\boldsymbol{y}\|^2$，则对应的 $\frac{\partial J(\boldsymbol{\Omega})}{\partial \boldsymbol{I}^{(L)}}$ 为

$$\frac{\partial J(\boldsymbol{\Omega})}{\partial \boldsymbol{I}^{(L)}}=(\hat{\boldsymbol{y}}-\boldsymbol{y})f'(\boldsymbol{I}^{(L)}) \tag{8.16}$$

式（8.16）中都是已知的量，这样对神经网络第 L 层的权值更新（式（8.13））就可以求出来了。也就是说，确定代价函数、激活函数以及初始化的权值矩阵后，根据正向传播公式计算出网络的输出，就可以算出第 L 层的权值更新。

对于第 $L-1$ 层，从第 L 层的输出反方向递推。$\hat{\boldsymbol{y}}=\boldsymbol{O}^{(L)}=f(\boldsymbol{I}^{(L)})$，$\boldsymbol{I}^{(L)}=\boldsymbol{\Omega}^{(L)}\boldsymbol{O}^{(L-1)}$，$\boldsymbol{O}^{(L-1)}=f(\boldsymbol{I}^{(L-1)})$，$\boldsymbol{I}^{(L-1)}=\boldsymbol{\Omega}^{(L-1)}\boldsymbol{O}^{(L-2)}$，再根据链式求导法则，$\frac{\partial J(\boldsymbol{\Omega})}{\partial \boldsymbol{\Omega}^{(L-1)}}$ 为

$$\frac{\partial J(\boldsymbol{\Omega})}{\partial \boldsymbol{\Omega}^{(L-1)}}=\frac{\partial J(\boldsymbol{\Omega})}{\partial \boldsymbol{I}^{(L)}}\frac{\partial \boldsymbol{I}^{(L)}}{\partial \boldsymbol{O}^{(L-1)}}\frac{\partial \boldsymbol{O}^{(L-1)}}{\partial \boldsymbol{\Omega}^{(L-1)}} \tag{8.17}$$

式（8.17）中，$\frac{\partial J(\boldsymbol{\Omega})}{\partial \boldsymbol{I}^{(L)}}$ 已经由式（8.16）求出，$\frac{\partial \boldsymbol{I}^{(L)}}{\partial \boldsymbol{O}^{(L-1)}}=\boldsymbol{\Omega}^{(L)}$ 是第 L 层的权值，$\frac{\partial \boldsymbol{O}^{(L-1)}}{\partial \boldsymbol{\Omega}^{(L-1)}}=f'(\boldsymbol{I}^{(L-1)})$。这样，第 $L-1$ 层的权值更新的值就可以根据第 L 层来求出，依次从输出层向输入层反向递推，就可以求出整个网络的权值更新值。

综上，一个多层神经网络的 BP 算法如算法 8-1。

算法 8-1　BP 算法

输入：训练集 $D=\{(x_i,y_i)\}_{i=1}^{N}$、学习率 η、激活函数、代价函数、网络的拓扑结构

输出：连接权值确定的多层神经网络

1）随机初始化网络的所有权值。

2）执行循环：

FOR (x_i,y_i) in D：

根据正向传播计算当前样本的输出 $\hat{y}_i$。

计算“输出层”的梯度。

根据反向传播计算各隐藏层的梯度。

更新权值。

若达到停止条件，跳出循环。

3）输出训练好的神经网络。

8.4 应用案例

本节通过一个案例说明神经网络的使用方法。

例 8.4.1 构建一个神经网络，实现手写体数字识别。

本例和第 4 章例 4.3.1 的需求一致，只是本例要求使用神经网络实现目标，实现的神经网络能够将输入的手写数字图片识别为正确的数字。

待识别图像的结果可能为 0~9 中的某个数字，因此这是一个多元分类（10 分类）问题，所以神经网络的输出层有 10 个节点，每个序号节点的输出都对应于待识别图片是这个数字序号的概率值。

输入层是对待识别图像的一种表示，与例 4.3.1 中一样，使用同样的训练集，假设图像是 32×32 的 0、1 矩阵，将图像转换为 1×1024 的列向量，那么输入层就有 1024 个节点，每个节点对应待识别图像的一个取值。

隐藏层设置为 3 层，每层的节点数分别为 512、256、128，结构如图 8-21 所示。

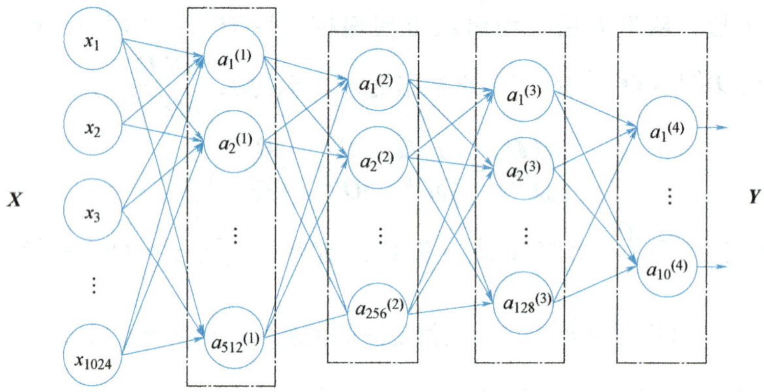

图 8-21 手写数字识别神经网络拓扑结构

将各连接上的权值初始化为一个在区间［0,1］上的随机数，选择 Sigmoid 函数作为激活函数，将输入层、各隐藏层、输出层的学习率都设置为 0.1。

将样本集按照 7∶3 分成训练集和测试集。

按照算法 8-1 所示的步骤训练神经网络，将权值更新循环的结束条件设置为满足以下条件中的一种：①最大循环次数为 500；②训练集上的正确识别率大于 95%；③权值更新后，训练集上的正确率提升，但测试集上的正确率下降。

8.5 本章小结

本章是神经网络算法的入门篇，介绍了神经元模型、多层网络模型以及 BP 算法。

人工神经元模型受生物神经元启发，能够解决一些简单的线性分类问题，掀起第一波人工神经网络研究的高潮，但受限于当时的算法和算力限制，无法将复杂的多层神经网络用于实际，随后人工神经网络的研究进入低谷期。

计算机硬件能力的提升及 BP 算法的提出掀起了人工神经网络研究的第二波高潮，多层神经网络在图像识别、语音识别、自然语言处理、智能驾驶、智慧医疗等领域有着广泛应用。

但是多层神经网络也存在训练耗时太长、容易陷入局部最优等缺点。另外，20 世纪 90 年代发明的支持向量机（Support Vector Machine，SVM）也可以解决线性不可分问题，而且具备训练速度更快、可以避免局部最优、无须调参、泛化能力强等优点，相比于当时的人工神经网络有明显优势，因此神经网络的研究进入第二次低谷。

8.6　习题

8.6.1　思考题

1. 神经元模型与逻辑回归模型有什么区别与联系？
2. 为什么神经元模型不能解决线性不可分的分类问题？
3. 人工神经网络能够解决线性不可分问题的意义是什么？
4. 对于图 8-22 所示的神经网络，若以 ReLu 函数为激活函数，试写出其正向传播方程。

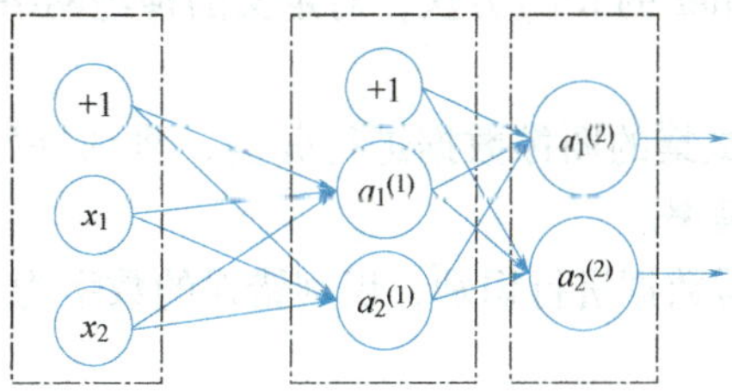

图 8-22　两层神经网络拓扑

5. 试推导图 8-22 所示神经网络的反向传播梯度，假设代价函数的形式为$\frac{1}{2}\|\hat{\boldsymbol{y}}-\boldsymbol{y}\|^2$。

8.6.2　实验练习

1. 实验目的

掌握神经网络用于分类的方法，使用 Python 语言及其 sklearn 包实现例 8.4.1。

2. 实验内容

1）将已经过预处理的手写数字图像加载到内存中，使用 matplotlib. pyplot 绘制二值图像。

2）学习使用 sklearn. neural_ network. MLPClassifier 构建神经网络分类器。

3. 实验方法与步骤

（1）加载训练数据

手写数字图像已经过二值化处理，每张处理后的图像都被存储在一个 . txt 文件中，. txt 文件中存储的是一个 32×32 的 0、1 矩阵。训练集包含 1934 个 . txt 文件，测试集包含 946 个 . txt 文件。数据集中 . txt 文件的命名

chap08

方式为数字加下画线加该数字手写体序号，如图 8-23 所示的手写“0”对应的 . txt 文件名为“0_0. txt”，表示手写数字“0”的第 0 张图像数据。

可以使用 matplotlib. pyplot. imshow( ) 方法将 . txt 中保存的二值化手写数字图像显示出来，如图 8-23 所示。

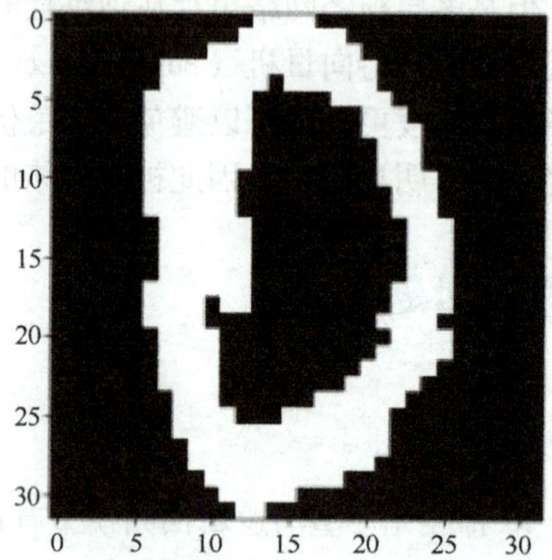

图 8-23　使用 matplotlib. pyplot. imshow( ) 方法显示二值化手写数字图像

将 . txt 保存的二维数组读入之后，还需要将其转换成长度为 1024 的一维数组才能作为神经网络的输入，同时每个数组对应的数字也要从文件名中解析出来。

因为待识别的手写数字的取值可能为 [0,9] 区间中的某一个，所以还需要对图像数组的取值标签进行 One-Hot 编码。

（2）训练神经网络

首先，定义 sklearn. neural_network. MLPClassifier 类的一个实例，通过设置它的初始化函数的参数值来配置网络的结构和激活函数等基本属性。

然后，以训练集和对应的经过 One-Hot 编码的标签作为参数调用 MLPClassifier 的 fit( ) 方法，对定义的神经网络进行训练。

（3）测试集评价

使用 predict( ) 方法对测试集的图像数据进行分类，将训练好的神经网络的分类结果与实际结果进行比较，得到正确率。

对测试集中的 946 个手写数据进行识别，识别错误的数字为 33 个，正确率为 96. 5%。

4. 总结与思考

1）尝试改变 MLPClassifier 构造函数的各个参数，查看对训练时长、测试集上识别准确率等的影响。

2）查看 MLPClassifier 的代码，尝试直接用 Python 代码实现多层神经网络。

第 9 章　卷积神经网络

本章目标

- 了解人类视觉系统对 CNN 的启发
- 理解 CNN 算法原理
- 了解 LeNet5、AlexNet、GoogleNet 等几种经典的 CNN 架构

第 8 章中使用普通的多层神经网络识别手写数字图像的例子有很多不合理的地方：①把图像直接展开为一维向量，会使图像在空间上的关联信息丢失，难以保存图像的原有特征；②直接展开会使得输入层节点过多，导致后续层级的权值过多，这样必然会使学习效率低下；③大量的权值参数使得过拟合风险增加。

卷积神经网络（Convolutional Neural Networks，CNN）的出现极大地缓解了这些问题。CNN 的处理方式更接近生物神经网络，它是特殊设计的多层神经网络，将卷积、池化运算与神经网络结合，可以充分利用待处理特征的内部关联信息。此外，CNN 算法实现中可以将涉及的大量矩阵运算交给 GPU 处理，大大提高了运算速度。CNN 的这些特性使得它在计算机视觉领域得到了广泛应用。

基本 CNN 结构包括输入层、卷积层、池化层、全连接层及输出层。本章首先详细介绍一般 CNN 算法框架及其各层级实现原理，然后给出几种较常用的 CNN 架构，最后通过一个案例演示 CNN 如何解决实际问题。

9.1　人类视觉系统的启发

从上一章的内容可知，增加神经网络的层数和节点数可以拟合更加复杂的函数，含多个隐藏层的神经网络被称为深度神经网络，深度学习就是在深度神经网络上发展而来的。而卷积神经网络又属于深度学习算法中的一种，卷积神经网络在实际应用中又有多种具体的类型。深度学习、卷积神经网络（CNN）在人工智能中的地位如图 9-1 所示。

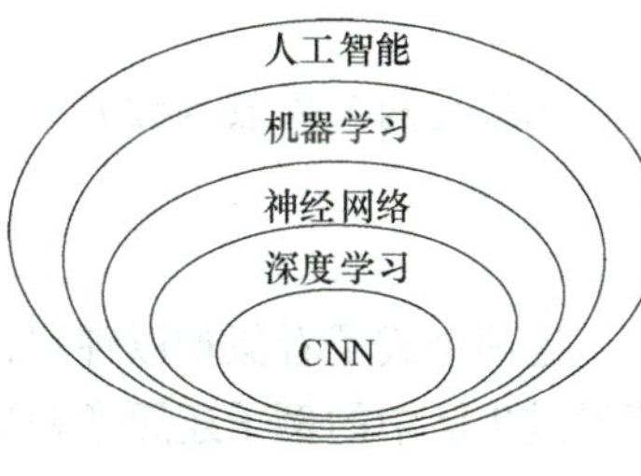

图 9-1　深度学习、CNN 在人工智能中的地位

相对于普通的多层网络，卷积神经网络在将待识别目标送到全连接网络之前，需要先经过卷积层和池化层的处理，而这个设计模拟了生物大脑皮层对视觉信号的处理过程。

9.1.1 人类视觉系统

早在 1962 年，David Hubel 和 Torsten Wiesel 就通过对猫的视觉皮层细胞的研究发现了视觉系统的分层级信息处理机制，并因此获得了 1981 年的诺贝尔医学奖。而灵长类动物（包括人类）的视觉系统更为复杂，其多层级、递进的视觉信号处理机制对卷积神经网络的发明有着重要启发作用。

作为人类获取信息的主要途径，人的视觉系统主要包括眼睛（主要指视网膜，Retina）、外侧膝状体（简称外膝体，Lateral Geniculate Nucleus，LGN）及视皮层（Cortex，包括初级视皮层和纹外皮层）3 部分。

视网膜是人类视觉系统获取外部光学信号的第一站，主要负责将光信号转换成电信号，进行简单预处理后传递给后方的脑区。外膝体是中转站，可将视网膜传过来的信号分门别类后传递给后面的视皮层（视觉系统的中央处理器）。视皮层主要包括初级视皮层（又称作纹状皮层或视觉第一区域，即 V1）和纹外皮层（如视觉第二、三、四、五区域等，即 V2、V3、V4、V5），各个区域提取视觉信息的侧重点不同，如方向、方位、颜色、空间频率等信息分别由不同的视皮层区域重点处理。

人类视觉系统进行信息识别提取的流程如图 9-2 所示。

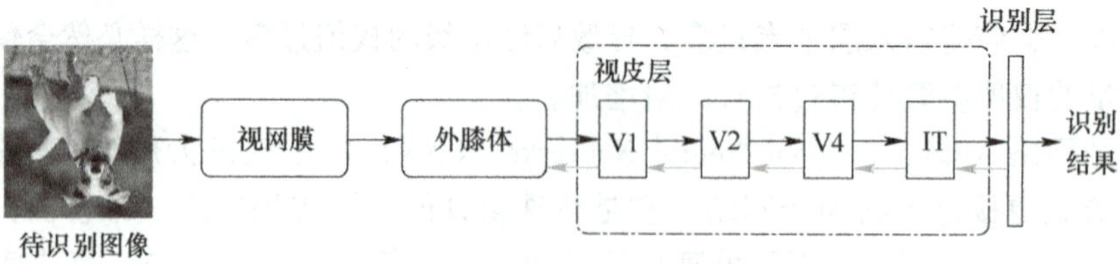

图 9-2　人类视觉系统进行信息识别提取的流程

在图 9-2 中，把视网膜上的细胞看作像素，外界的视觉刺激首先组成视网膜色谱图，经过 LGN 以后，依次来到大脑皮层的 V1、V2、V4、IT 区域；然后每个区域与视网膜形成不同的区域对应特性，对输入信号的表征空间也逐步发生变化，人们就是由此进行划分的，从而可以把视觉系统看作一个深度分层网络。另外，从 V1 层开始的视觉层都具有前馈和反馈功能。

9.1.2 卷积

卷积是一种数学运算。对于两个连续的可积函数 $f(x)$、$g(x)$，它们的卷积定义为

$$(f*g)(x)=\int_{-\infty}^{+\infty} f(\tau)g(x-\tau)\mathrm{d}\tau \tag{9.1}$$

如果是两个离散函数 $f(n)$、$g(n)$，则它们的卷积定义为

$$(f*g)(n)=\sum_{\tau=-\infty}^{+\infty} f(\tau)g(n-\tau) \tag{9.2}$$

这两个式子看似难以理解，那是因为它们是对生活、科研中一些现象的符号化抽象。若能通过生活中的例子还原卷积运算的过程，则更容易理解卷积运算的现实意义。

例 9.1.1　以记英语单词为例，假设一个学生每隔一段时间可以记住一个单词，随时间推移记住的单词会越来越多；但是，时间长了，单词会逐渐被忘记。那么一段时间内，这个

学生总共能记住多少个单词呢?

这个问题可以由卷积运算来表示。

如果没有遗忘，假设学生记住一个单词平均需要一个单位时间 τ，记忆密度函数假设为 $f(i)$（表示第 i 个单位时间记住的单词数），则记忆曲线如图 9-3 所示。

如果没有遗忘，经过 n 个单位时间后，这个学生记住的单词数量 $F(n)$ 为

$$F(n)=\sum_{i=1}^{n}f(i) \tag{9.3}$$

实际上，随着时间推移，单词会被遗忘掉，假设遗忘曲线如图 9-4 所示，遗忘公式记为 $g(i)$。$g(i)$ 的意思是，在 $t=0$ 时刻（即刚刚记住单词时）完全没有遗忘，经过 5 个单位时间后，单词会被完全遗忘，在 0~5 个单位时间内，只能记住一部分单词。

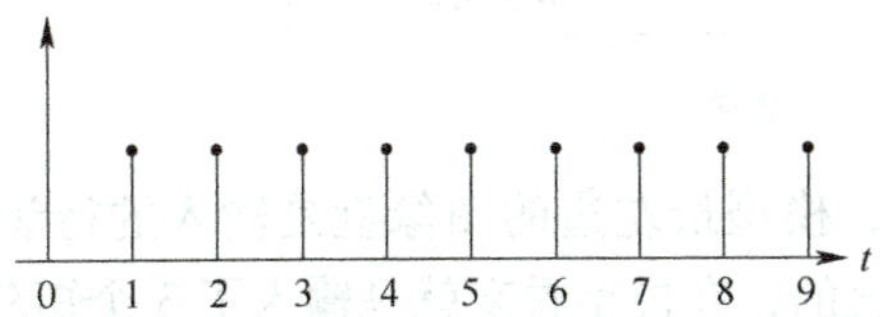

图 9-3　如果没有遗忘的记忆曲线

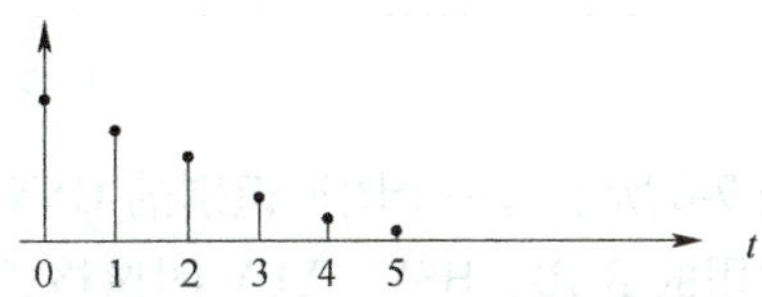

图 9-4　遗忘曲线

考虑学生对单词的遗忘程度，学生总共能记住的单词量 $F(n)$ 就是 $f(i)$ 和 $g(i)$ 卷积运算的结果，即

$$F(n)=(f*g)(n)=\sum_{\tau=-\infty}^{+\infty}f(\tau)g(n-\tau) \tag{9.4}$$

图 9-5 所示为卷积运算示意图。从图中可以看出，如果学生不复习，那么无论他再怎么努力，能记住的单词总数也是有限的。

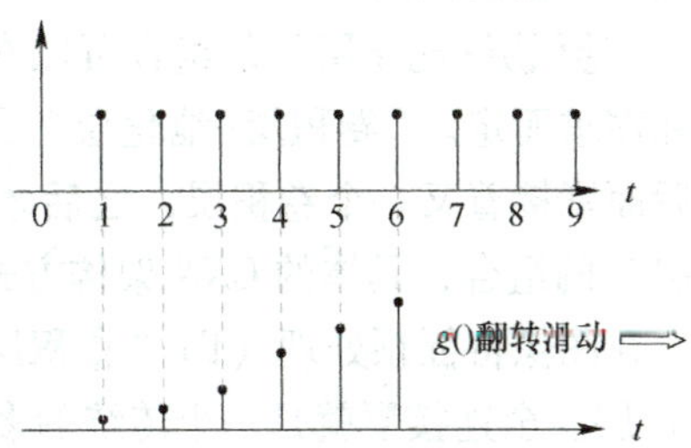

图 9-5　卷积运算示意图

由前面的例子可知，卷积是瞬时行为的持续性后果。而两个函数的卷积运算，其计算方法就是先将一个函数翻转，然后进行滑动叠加。

也可以将卷积运算理解为把两个函数变成一个函数的运算形式，实际上就是将二维转换为一维，实现了实质上的降维。CNN 在卷积层对图像的处理借鉴了卷积运算的原理，但有区别，具体将在 9.2 节介绍。

9.2　CNN 算法原理

受生物视觉系统实现机理的启发，科学家通过模拟生物大脑皮层对视觉信号的处理过程设计开发出 CNN。CNN 分为输入层、卷积层、池化层、全连接层等，又通过局部感受野、权重共享和降采样等策略降低网络模型的复杂度。本节将介绍 CNN 算法原理。

9.2.1　CNN 框架

CNN 属于多层神经网络的一种，从架构上可以分为输入层、输出层、隐藏层 3 部分。

对于一个典型的 CNN，它的隐藏层包括卷积层、池化层和全连接层等，如图 9-6 所示。

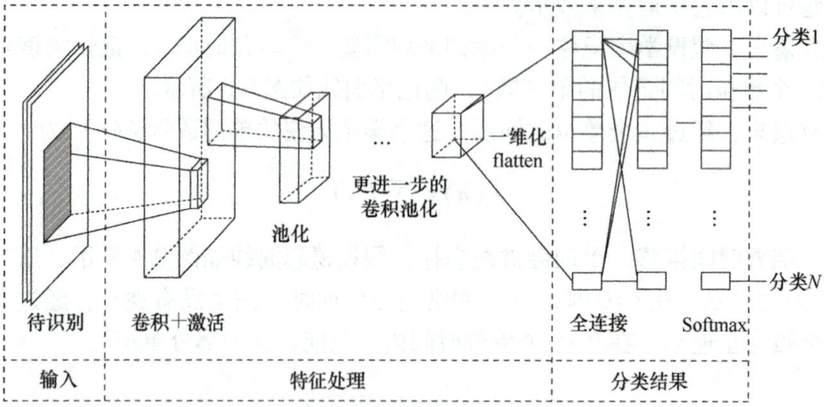

图 9-6　典型的 CNN 框架

图 9-6 所示为一个图形识别的 CNN 模型案例，模型最左边的图像就是输入的待识别图像，常用的 RGB、HSV、YUV 图像格式都是三通道的，在模型看来就是输入了 3 个矩阵。

与第 8 章案例中直接使用多层神经网络模型进行图像识别不同，CNN 先对图像的特征进行学习，然后通过池化层进行降维，最后才进行特征识别。图像的特征处理部分是 CNN 特有的，它先加入一个卷积层（Convolutional Layer），在卷积层中使用 ReLU 函数作为激活函数，$\mathrm{ReLU}(x)=\max(0,x)$，卷积层的任务是提取图像的局部特征，将在 9.2.2 节详细介绍。卷积层后面是池化层（Pooling Layer），也是 CNN 特有的，将在 9.2.3 节详细介绍，池化层没有激活函数。

“卷积层+池化层”的组合可以在特征处理部分多次使用，具体使用的次数根据模型的实际需求而定。“卷积层+池化层”的组合在构建模型时没有严格的先后限制，可以是卷积层后面紧接着又一个卷积层，之后才连接池化层。但最常见的 CNN 都是若干“卷积层+池化层”的组合，具体的 CNN 架构方式大多是实际应用中交叉验证测试的结果。

在图像特征预处理（即“卷积层+池化层”的组合）后面是全连接（Fully Connected，FC）层。全连接层就是一个传统的多层神经网络，这个多层网络的输出层使用 Softmax 激活函数来进行图像识别的分类。

Softmax 函数将输入它的向量的每个分量值都转到 $[0,1]$ 之间，而且限定转换后所有的分量和为 1，这样 CNN 就可以将最初的输入图像映射为各个识别结果的可能概率。例如，对陆上交通工具的图像进行识别，CNN 模型将每一张图像映射为一个分量在 $[0,1]$ 之间且总和为 1 的向量，向量的每个分量对应于被识别图像是一种交通工具的概率，简单示意图如图 9-7 所示。

假设一组向量 $\boldsymbol{Y}=[y_1,y_2,\cdots,y_N]^{\mathrm{T}}$，Softmax 函数对其第 i 个分量的转换公式为

$$S(y_i)=\frac{\mathrm{e}^{y_i}}{\sum_{j=1}^{N}\mathrm{e}^{y_j}} \tag{9.5}$$

综上，相对于普通多层神经网络，CNN 的主要特点是增加了卷积层和池化层。因此，学习 CNN 原理的关键是对卷积层、池化层原理的掌握。

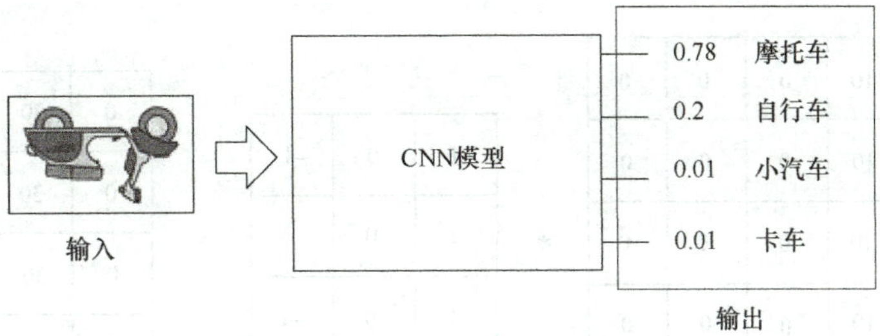

图 9-7　陆上交通工具图像 CNN 识别结果简单示意图

9.2.2　卷积层

图像的很多信息都隐藏在一些互有关联的小细节上，特别是其中的一些边界信息。也就是说，一幅图像上每个像素点所代表的信息量是不同的，而这个像素点的信息量大小和它周围相邻的像素点是相关的。如果它和周围的一些像素点构成了边界，那么它的信息量较大，反之，如果只是一片背景中的点，那么信息量就较小。CNN 的卷积层就是用卷积运算的形式将像素点的值根据其邻点值进行优化的，到底哪个方向上的邻点对这个点的值作用更大，需要由卷积核来决定。

将一个图像简化为 5×5 的矩阵，采用 3×3 的卷积核，则图像卷积运算的过程示意图如图 9-8 所示。

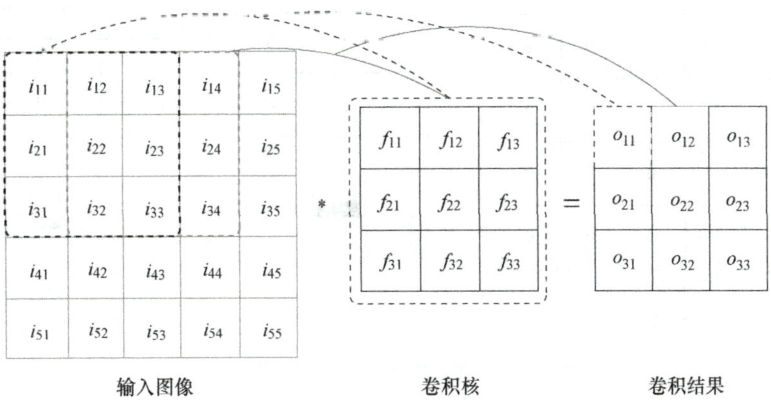

图 9-8　卷积运算过程示意图

图 9-8 所示的卷积运算，从图像矩阵的左上角选择和卷积核同样大小的矩阵，将它们对应位置上的数据相乘后求和，求和结果作为卷积结果矩阵上的第一个点；卷积结果矩阵上第二个点的求解与第一个点类似，分别为式（9.6）、式（9.7）。

$$o_{11}=i_{11}f_{11}+i_{12}f_{12}+i_{13}f_{13}+i_{21}f_{21}+i_{22}f_{22}+i_{23}f_{23}+i_{31}f_{31}+i_{32}f_{32}+i_{33}f_{33} \tag{9.6}$$

$$o_{12}=i_{12}f_{11}+i_{13}f_{12}+i_{14}f_{13}+i_{22}f_{21}+i_{23}f_{22}+i_{24}f_{23}+i_{32}f_{31}+i_{33}f_{32}+i_{34}f_{33} \tag{9.7}$$

从卷积算式可以看出，只要合理选择卷积核，就可以强化或弱化某个方向上的像素点差别，如图 9-9 所示。图中的卷积核是竖向敏感的，就是图像中竖向的边界点会被增强，而横向的边界点会被减弱。图 9-9 中，6×6 的图像矩阵的第 3 列和第 4 列是边界，与竖向敏感的卷积核求卷积运算得到的结果矩阵在这个位置上像素值增加了。

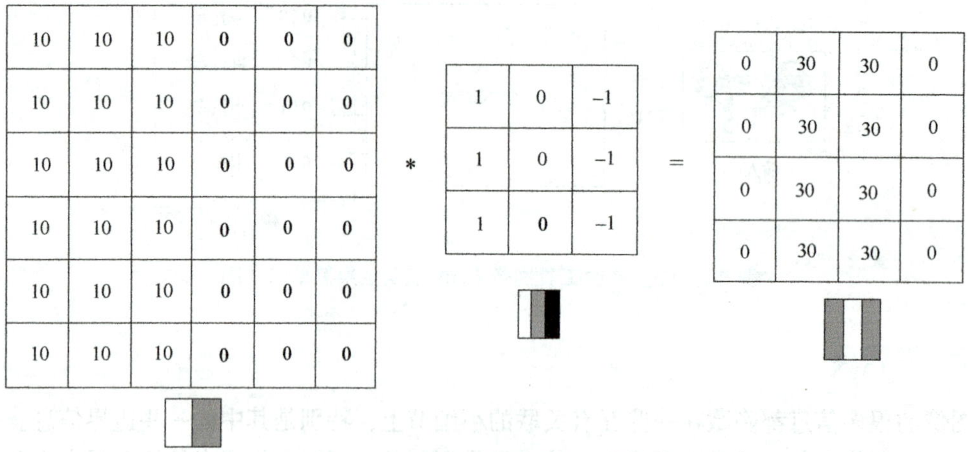

图 9-9　竖向敏感卷积核示意图

若将图 9-9 中的竖向敏感的卷积核替换为横向敏感的卷积核，那么经过卷积运算后图像矩阵的竖向边界就消失了，如图 9-10 所示。

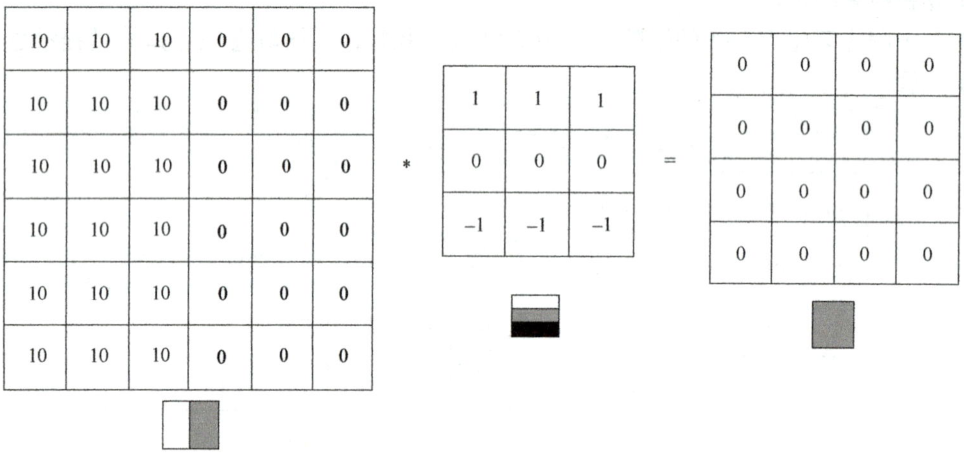

图 9-10　横向敏感的卷积核示意图

与之类似，还可以是对角线上敏感的卷积核，$\{-1,0,1\}$ 的 3 个数按照一定方向构成的矩阵，称为 Prewitt 核，如图 9-11 所示。

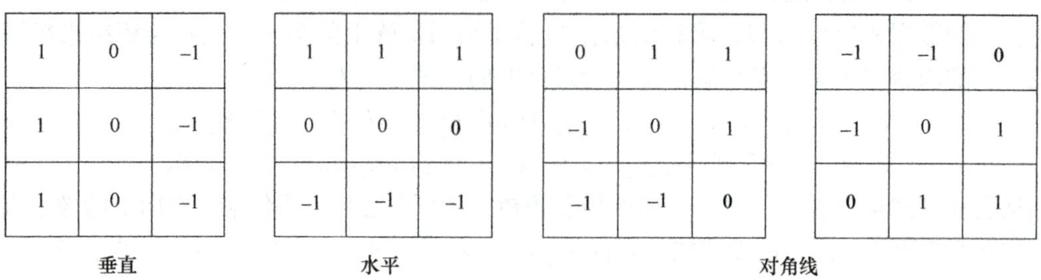

图 9-11　Prewitt 核

常用的还有 Sobel 核（见图 9-12），它在 Prewitt 核的基础上改进而来，在中心系数上使用权值 2。相比 Prewitt 核，Sobel 核能够较好地抑制（平滑）噪声。Prewitt 核、Sobel 核可以用来增强图像中的线型边界。

垂直

1	0	−1
2	0	−2
1	0	−1

水平

1	2	1
0	0	0
−1	−2	−1

对角线

0	1	2
−1	0	1
−2	−1	0

−2	−1	0
−1	0	1
0	1	2

图 9-12 Sobel 核

若想增强图像中的点，则可以使用 Laplace 核，如图 9-13 所示。

对图像上的边界突变进行检测，实际上可以通过对图像求微分实现，如前面的 Prewitt 核、Sobel 核又称为一阶微分算子，但一阶微分算子对噪声较敏感，所以有时会使用二阶微分核，如 Laplace 核、LoG 核、DoG 核等。卷积运算后，一些像素点的值变成了负数，所以在卷积层后面通常会加入 ReLu 激活函数。

例 9.2.1 分别使用 Sobel 垂直、水平、对角线核对图 9-14 进行卷积处理。

1	1	1
1	−8	1
1	1	1

图 9-13 Laplace 核

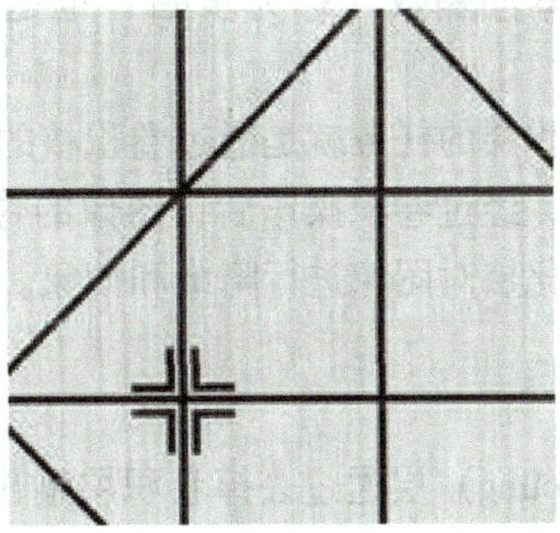

图 9-14 原始图像

分别使用图 9-12 所示的水平、垂直、对角线卷积核对原始图像进行卷积运算，结果如图 9-15 所示。

由图 9-15 可以看出，通过 Sobel 核对图像进行卷积运算后，相应方向上的边缘得到增强，可以实现轮廓提取的效果。经过卷积处理后的图像增强了轮廓特征，有利于后续层对图像进行分类。

实际应用中，图像在多个方向上的轮廓对最后的识别非常有意义，使用多个卷积核时，每个卷积核都代表一种图像模式，把本卷积层得到的所有卷积结果都给后续的层处理。此外，实际应用中，CNN 卷积核每个分量的具体值不是固定的，最优参数是根据样本集训练而得的。

此外，图 9-8 所示的卷积操作会使原始图像变小，可以根据卷积核大小对原始图像外围填充数据（如 0），使卷积结果矩阵维度不变。图 9-8 所示的卷积核对图像平移卷积运算时，

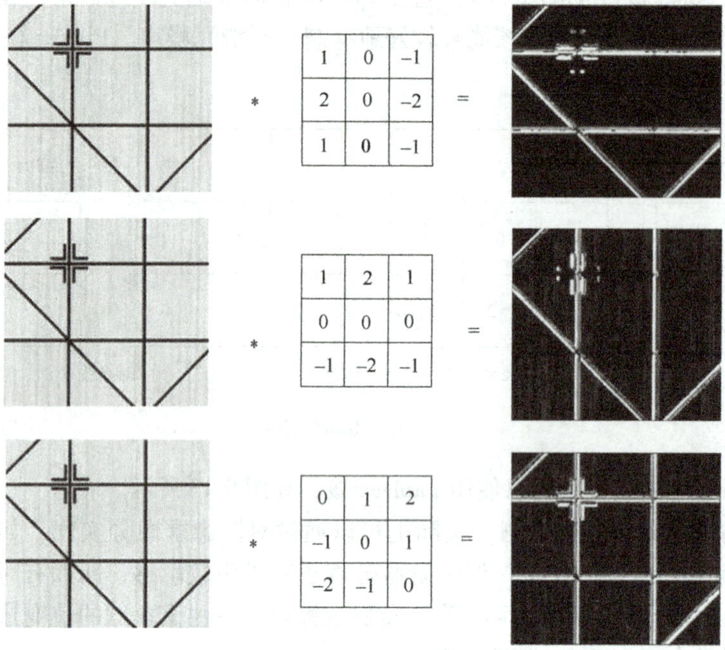

图 9-15　Sobel 核与图像卷积运算结果

每次移动的像素间隔数（称为步幅）也是可调的，显然步幅越大，卷积结果矩阵维度就越小。

综上，卷积层的任务就是通过卷积核的过滤提取图片的局部特征，类似于人类视觉的特征提取。但是，经过卷积操作后，图像的像素值并没有减少，CNN 模仿人类视觉系统在卷积层后加入池化层对图像进行降维和抽象。

9.2.3　池化层

池化（Pooling）层通过去掉卷积层输出的特征结果矩阵（Feature Map）中不重要的样本来减少后续层级需要处理的特征数量。池化层还可以在一定程度上防止过拟合。

如果输入是图像，那么池化层的最主要作用就是压缩图像。池化操作属于降采样的一种特殊形式，并且是一种比较简单的降采样算法。图像降采样的核心思想是，卷积后的图像矩阵维度依然太大时，使用一种算法让这个图像矩阵的维度降低，又不损失图像的重要信息，CNN 中采用池化层来实现这一目标。

池化操作简单易实现，一般的池化过程如图 9-16 所示。池化滤波器的长宽需要事先指定（常用 2×2），从被池化矩阵的左上角开始选择一个和池化滤波器形状相同的子集，选中的子集通过一定的规则转变成池化结果矩阵上的一个元素值，紧接着池化滤波器向右平移步长个单位以进行下一轮操作，直到池化完成。步长可以小于池化滤波器的宽，这时，相邻的两次池化会有重叠。

常用的池化运算规则有 3 种：①最大池化（Max Pooling），取池化子区域的最大值作为结果元素；②均值池化（Average Pooling），取平均值作为结果；③全局池化（Global Pooling），这里的全局是针对卷积层输出的特征结果矩阵（Feature Map）的，多个卷积核可以

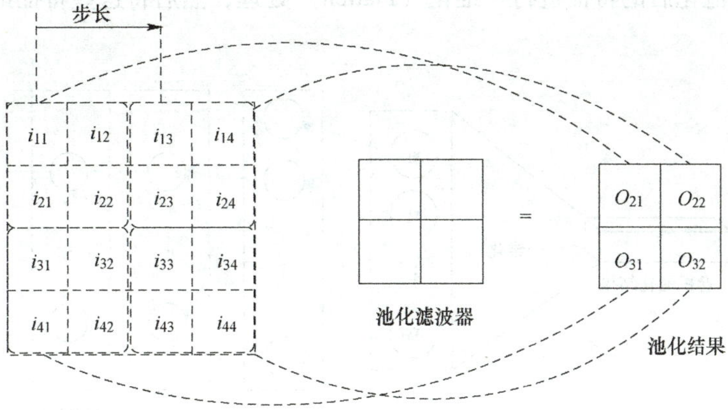

图 9-16　一般的池化过程

产生多个卷积结果矩阵，将每个结果矩阵池化为一个值，就称为全局池化，又分成全局最大池化、全局均值池化等。

例 9.2.2　对例 9.2.1 中的竖向 Sobel 核卷积结果进行池化操作。

尝试使用不同尺寸的池化滤波器对例 9.2.1 中的竖向 Sobel 核卷积结果图像进行最大值池化操作。

图 9-17 所示为分别采用 2×2 池化滤波器和 10×10 池化滤波器对图像进行池化的结果。由结果可以看出，采用 2×2 池化滤波器池化后，图像的长宽尺寸近似于原来的二分之一；采用 10×10 池化滤波器池化后，图像尺寸近似于原来的十分之一。池化后，图像的轮廓与原图近似，但是原图像中的一些细节信息在池化后消失了。

由此可见，池化操作在大大降低图像的尺寸的同时，又能较大程度地保存图像的轮廓信息。

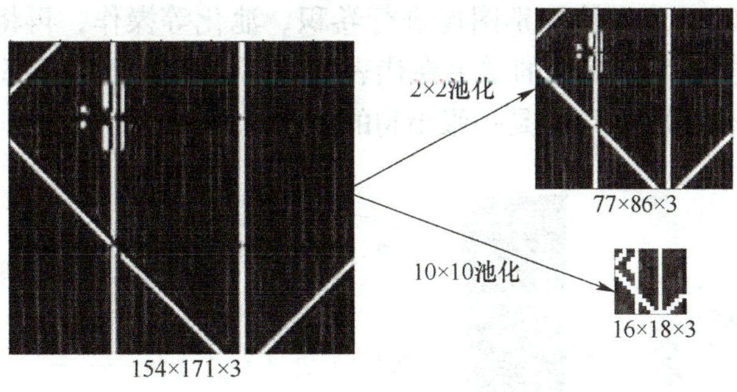

图 9-17　图像池化结果

池化层的本质是一个特征选择、降维的过程，这样可以提高整个 CNN 的运算效率，但池化操作也会损失一部分原图信息，是兼顾识别效果和算力的一种折中方案。

9.2.4　全连接层

全连接（Fully Connected，FC）层是 CNN 的最后一层，本层的输出结果就是 CNN 的输出结果，也是图像识别的最终结果。CNN 全连接层的结构如图 9-18 所示。全连接层首先将前面经过卷积、池化后的特征进行一维化（Flatten）处理，然后将这些特征最终识别为一组可能的分类值。

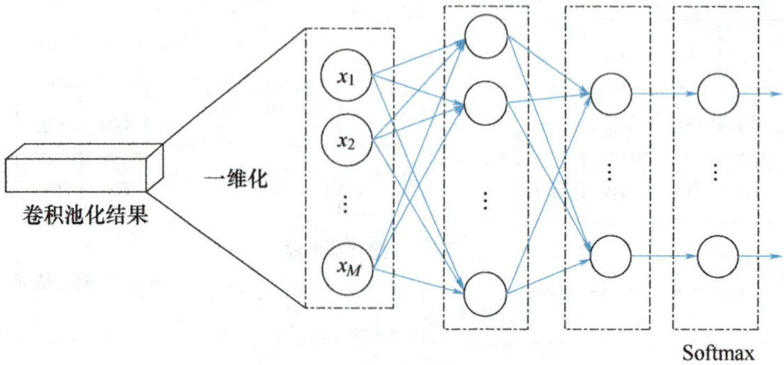

图 9-18　CNN 全连接层的结构

此处的全连接层就是第 8 章介绍的多层神经网络。CNN 的前半部分进行卷积、ReLu 激活、池化等一系列处理，然后将这些处理结果一维化（Flatten）后作为全连接层的输入，全连接层起到一个分类器的作用。

因此，整个 CNN 可以分成两部分：由卷积、池化等组成的特征预处理，由全连接层充当的分类器。多个卷积核对图像进行卷积运算时，可以按照感兴趣的纹理特征对图像进行滤波，而对应的池化操作可以在一定程度上防止过拟合并对卷积结果进行压缩，但每一个卷积核都只是提取图像的局部特征；而在全连接层，相当于将前面的这些强化、压缩后的局部特征又重新组合在一起了。因为此处的输入层用到了前面得到的所有局部特征，所以称为全连接层。

而最后的 Softmax 处理得到概率值向量，使得 CNN 的输出结果有较好的可解释性，也让后续取阈值等操作顺理成章。图 9-19 所示为一个训练好的宠物分类 CNN 对一张小狗图片进行分类的过程示意。CNN 先对待识别图像进行卷积、池化等操作，再将图像处理后的特征交由全连接层进行分类识别，识别的结果在代表狗的那个分量上的概率最高，所以 CNN 识别的结果是“这个图像 80%的可能是一张小狗的图像”。

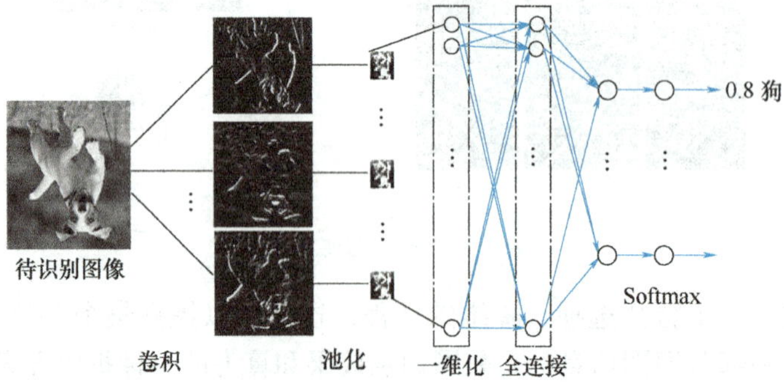

图 9-19　宠物分类过程

CNN 卷积核的权值、全连接层各神经元的权值等都是通过训练得到的，训练算法与多层神经网络类似，将在 9. 3. 4 小节的应用案例中介绍。

9.3　CNN 应用

了解了 CNN 的原理后，针对具体的应用场景，可以根据需要灵活设计具体的 CNN 架构。较出名的架构有 LeNet、AlexNet、GoogleNet 等，本节简单介绍这几种常见的 CNN 架构，然后通过一个案例演示 CNN 的训练过程。

9.3.1　LeNet5

LeNet 是最早的卷积神经网络之一，它的出现直接推动了深度学习领域的发展，因为前面经过了多次迭代优化，所以又被称为 LeNet5，主要用于手写图像的识别。

LeNet5 共有 7 层，每一层都有可训练参数，架构如图 9-20 所示。

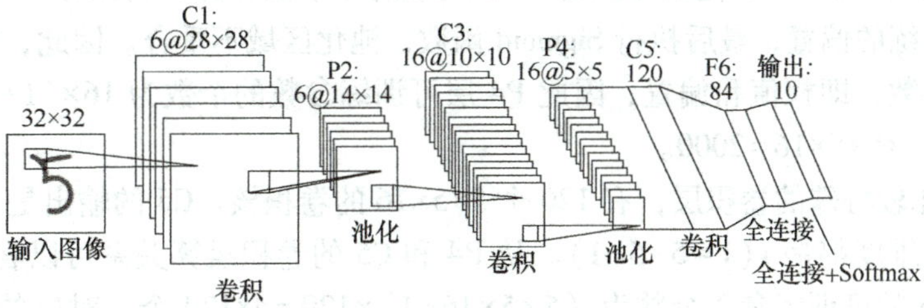

图 9-20　LeNet5 架构

C1 是卷积层，有 6 个 5×5 的卷积核，输入图像和每个卷积核做卷积运算都可以得到一个卷积结果，共 6 个卷积结果，又因为没对输入图像做填充，所以每个卷积后的结果大小为 28×28(28＝32－5+1)。卷积核的每个分量都是需要训练的参数，此外，每个卷积核都有一个偏置（Bias），所以 C1 层总共有（5×5+1）×6＝156 个需要训练的参数。连接数的个数为（28×28）×6×(5×5+1)＝122304，由于卷积层输出的每个像素点都对应 26 个连接，因此总共有 28×28×6 个像素点。

P2 是池化层，采用一个 2×2 的池化滤波器。池化方法是将池化矩阵中的分量相加，再乘以可训练系数（权重），然后加上可训练偏差（Bias），最后将得到的结果通过 S 形函数传递。池化过程中的感受域不重叠，所以 P2 中的特征图大小为 C1 中特征图的一半。C1 中的每个特征图对应 P2 中的 2 个池化参数，所以 P2 的总池化参数为 2×6＝12 个。P2 中特征图的每个像素点都对应 2×2 个连接，所以 P2 总的连接数为（2×2）×(14×14)×6＝4704。

C3 是卷积层，卷积核个数为 16，包括 6 个 5×5×3、9 个 5×5×4、1 个 5×5×6 的卷积核。C3 的各个（0~15）特征图是对 P2 层 6 个（0~5）池化输出进行卷积运算的结果，卷积关系见表 9-1。例如，C3 的第 0 个特征图是使用一个 5×5×3 的卷积核对 P2 的第 0~2 个输出进行卷积运算的结果，C3 的第 0 个特征图的每个像素都是 5×5×3 个乘积再加一个偏置的运算结果。所以，C3 层的训练参数共有（5×5×3+1）×6+(5×5×4+1)×9+(5×5×6+1)＝1516 个，而每个卷积参数都参与了 10×10 次（C3 输出特征图的大小）运算，因此 C3 层的连接数为 10×10×1516＝151600。

表 9-1　C3 层对 P2 层输出的卷积运算关系

P2	C3															
	0	1	2	3	4	5	6	7	8	9	10	11	12	13	14	15
0	×				×	×	×			×	×	×	×		×	×
1	×	×				×	×	×			×	×	×	×		×
2	×	×	×				×	×	×			×		×	×	×
3		×	×	×			×	×	×	×			×		×	×
4			×	×	×			×	×	×	×		×	×		×
5				×	×	×			×	×	×	×		×	×	×

P4 是池化层，对 C3 层的 16 个特征图分别进行池化，池化滤波器大小为 2×2，P4 的输出为 16 个 5×5 的特征图。池化的方式是 2×2 区域的 4 个值相加，再乘以一个可训练参数，然后加一个可训练的偏置，最后执行 Sigmoid 函数，池化区域不重合。因此，P4 层的每个特征图都有两个参数，即权值和偏置，因此 P4 层可训练参数的个数为 16×(1+1)= 32 个，连接数为（2×2+1）×5×5×16＝2000。

C5 是一个比较特殊的卷积层，有 120 个 5×5×16 的卷积核。C5 的输出是 120 个特征图，而每个特征图的维度都是 1(1＝5−5+1)。从 P4 和 C5 的卷积运算关系可以看出，它们之间是全连接的。C5 的可训练参数个数为（5×5×16+1）×120＝48120 个，对应的连接数与可训练参数的个数相同。

F6 是一个全连接层，完全连接到 C5，输出是一个 84 维的向量，而它的输入就是 C5 的输出，即 120 维的向量。它的可训练参数个数为（120+1）×84＝10164 个。

最后一层是输出层，是一个全连接+Softmax 激活。

从 LeNet5 层级架构设计可以看出，LeNet5 设计的出发点是图像的特征分布在整张图像上且像素点间不独立，带有可学习参数的卷积可在多个位置上提取图像的特征。LeNet5 在进行图像识别的过程中考虑到了图像的空间相关性。

LeNet5 是深度学习神经网络架构的起点，启发了很多卷积神经网络的发展。

9.3.2　AlexNet

AlexNet 在 2012 年的 ImageNet 竞赛中取得冠军，从此卷积神经网络开始吸引更多人的注意。因为第一作者是 Alex Krizhevsky，所以被称为 AlexNet，AlexNet 掀起了神经网络研究的又一次高潮，确立了深度学习（深度卷积网络）在机器视觉领域的统治地位，同时将深度学习拓展到了语音识别、自然语言处理等多个领域。

AlexNet 架构如图 9-21 所示。AlexNet 包含了 6 亿 3000 万个连接、6000 万个参数和 65 万个神经元，拥有 5 个卷积层，其中，3 个卷积层后面连接了池化层，最后还有 3 个全连接层。

如图 9-21 所示，AlexNet 的输入是 227×227 的图像，共有 8 个层级具有可训练参数。

第一层卷积层是可训练层。该层使用 96 个 11×11 的卷积核，滑动步长（Stride）为 4，输出为 96 个 55×55 的特征图。

第二层使用 5×5 卷积核，卷积产生 256 个特征图，并进行最大池化。

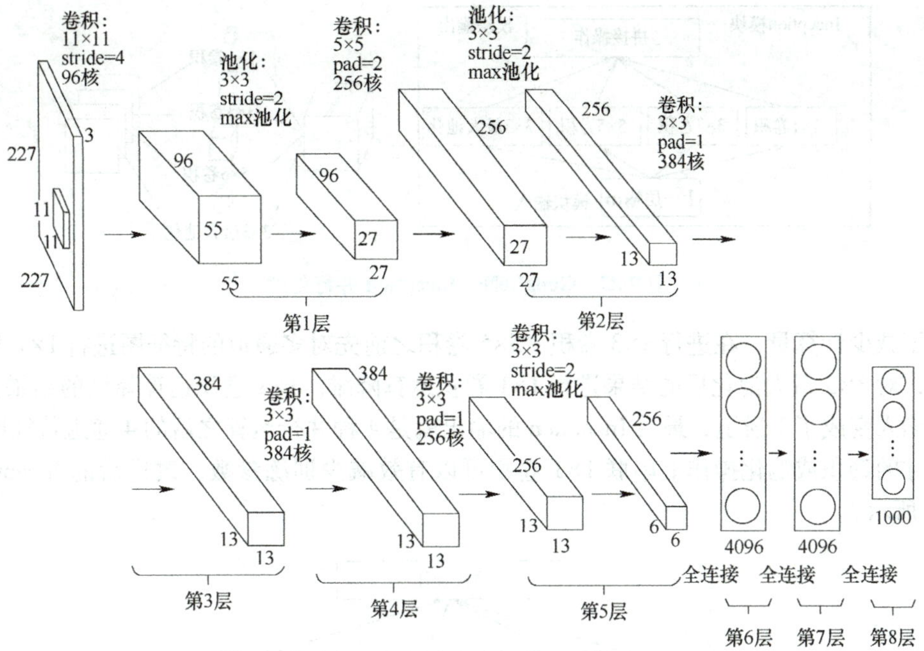

图 9-21　AlexNet 架构

第三、四层均使用 3×3 卷积核，输出 384 个特征图。

第五层使用 3×3 卷积层，输出 256 个特征图，并进行池化。

第六、七层为全连接层，各包含 4096 个神经元，输入的 227×227 的图像到全连接层后只剩 4096 个特征值。

第八层是有 1000 个输出的全连接+Softmax，得到最终的分类结果。

相对于 LeNet5，AlexNet 更深、更宽。AlexNet 有如个特点：①使用 ReLu 作为 CNN 的激活函数，经验证，其效果在较深的网络中优于 Sigmoid；②训练过程中使用 Dropout 机制，随机忽略一部分神经元，按照一定的概率将其暂时从网络中丢弃，对于随机梯度下降来说，由于是随机丢弃，故而每一个 mini-batch 都在训练不同的网络；③池化层中使用重叠的最大池化，避免平均池化的模糊化效果，池化移动步长（stride）比池化核的尺寸小，这样池化层的输出之间就会有重叠和覆盖，提升了特征的丰富性；④提出了 LRN 层，对局部神经元的活动创建竞争机制，使得其中响应比较大的值变得相对更大，并抑制其他反馈较小的神经元，增强了模型的泛化能力。

9.3.3　GoogLeNet

GoogLeNet 的第一个版本在 2014 年由 Google 团队提出，是一种全新的深度学习架构。相对于 LeNet5 和 AlexNet，GoogLeNet 使用更多层级的同时采用稀疏连接，因此更深层的参数反而比 AlexNet 更少，可训练参数的数量只有 500 万，是 2012 年 AlexNet 的十二分之一。

GoogLeNet 引入 Inception 模块构建网络，Inception 模块将串行处理改为并行处理，如图 9-22 所示。控制各种卷积、池化操作的填充（padding）和步长（stride）使得结果特征图的长、宽不变，然后从深度上将特征图进行拼接。

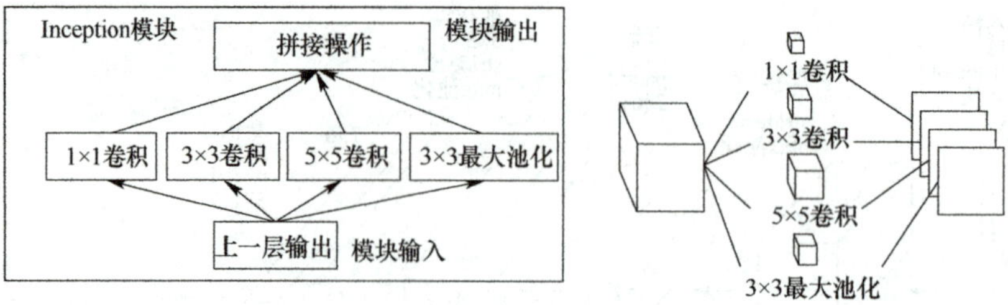

图 9-22 GoogLeNet Inception 并行处理

为了减少计算量，在进行3×3 卷积、5×5 卷积之前先对多通道的特征图进行 1×1 卷积运算降维，对 3×3 最大池化后的结果进行 1×1 卷积运算降维。1×1 卷积运算降维的结果是将 n 通道的输入变成了 1 通道，最后 Inception 的输出就是 4 种并行运算之后的 4 通道特征图。在不同尺寸的卷积或池化操作上串联 1×1 卷积可以有效减少训练参数，改进后的 Inception 如图 9-23 所示。

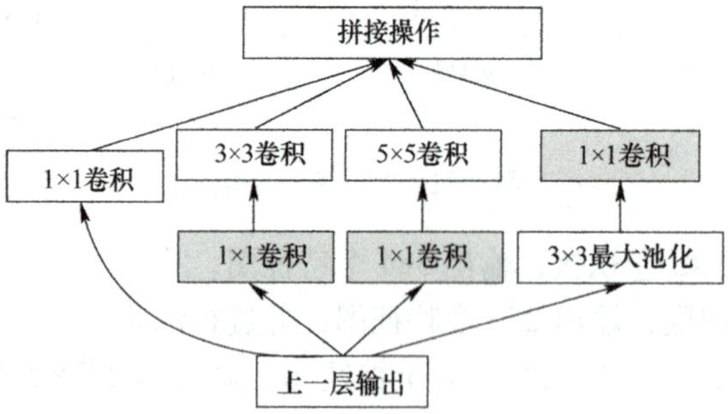

图 9-23 加入 1×1 卷积降维处理的 Inception

GoogLeNet 就是由常规的卷积、池化层和若干 Inception 模块组成的。输入是 224×224×3 的图像；前几层是普通的卷积、池化层；从第 5 层开始是若干个 Inception 串联，中间几处偶尔穿插最大池化；接着通过平均池化（替代全连接层）、Dropout 抽象图像的全局特征，相对于其他 CNN 在最后使用全连接层，这样做可以在降维的同时防止过拟合。

GoogLeNet 在 2014 年的 ImageNet 竞赛的分类任务中获得第一名，后来又经过几次改进，在图像识别、语音识别等领域已具有广泛应用。

9.3.4 应用案例

例 9.3.1 训练一个卷积神经网络，实现手写体数字识别。

问题分析：首先将用户在手机或计算机屏幕上输入的数字转换成图片，然后将图片输入给 CNN，最后 CNN 将输入的手写数字图像归类为 0~9 中的一个。CNN 需要在此之前就已经训练好，需要大量的已经标注了数字类别的手写数字图像对 CNN 网络进行训练。

解决思路：通过以上分析可知，问题解决大致分为以下步骤：①设计一个 CNN；②构建训练库训练 CNN；③通过测试库对训练好的 CNN 进行测试，通过测试进行下一步，不能通过测试回到步骤①；④保存训练好的模型以用于手写数字图像识别。

CNN 架构如图 9-24 所示。使用 Python 语言编码实现，调用第三方库 PyTorch。创建模型的流程是：①根据设计架构创建模型，在模型的第一层指定输入图像的维度和通道数；②编译模型，需要指定优化方法 optimizer、损失函数 loss、评价函数 metrics，各个参数的选择对模型训练的收敛速度影响较大；③指定训练集和测试集对模型进行训练。

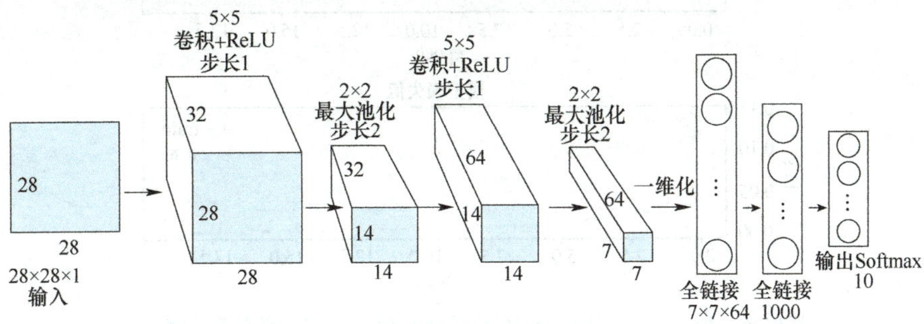

图 9-24　手写数字识别 CNN 架构

训练集和测试集使用 MNIST（Mixed National Institute of Standards and Technology）数据集。MNIST 数据集是美国国家标准与技术研究院收集整理的大型手写数字数据库，包含 60000 个示例的训练集以及 10000 个示例的测试集。MNIST 数据集中，以数字图像和对应的标签存储，随机抽取 9 个显示，如图 9-25 所示。

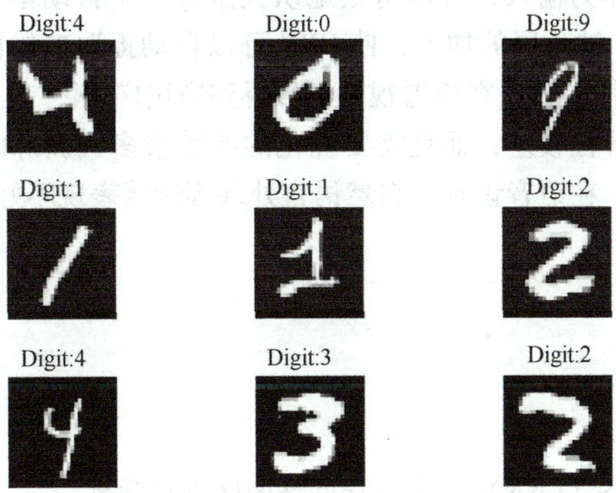

图 9-25　MNIST 数据集中的 9 个手写数字图像

模型训练时要指定训练库，包括作为输入 $\boldsymbol{X}$ 的图像集已经对应的标签输出集。由于 MNIST 的标签 y 是十进制数，所以需要先将 y 处理成 CNN 输出，如 $y=3$ 转换成 $\boldsymbol{y}=[0,0,0,1,0,0,0,0,0,0]^{\mathrm{T}}$。

由于训练集较大，在训练时会受计算机内存的限制，且使用所有样本平均梯度下降容易陷入局部最优，所以在实际模型训练时将全部训练集分成几块（块大小为 batch_size）对模型进行训练。

另外，还需要多次训练使模型参数更优，训练时需要设置训练次数 epochs 值。

图 9-26 所示为随着模型训练轮数增加时的模型的准确度、损失值的变化情况。由图可知，经过训练模型，测试集上的准确度可以达到 98% 以上。

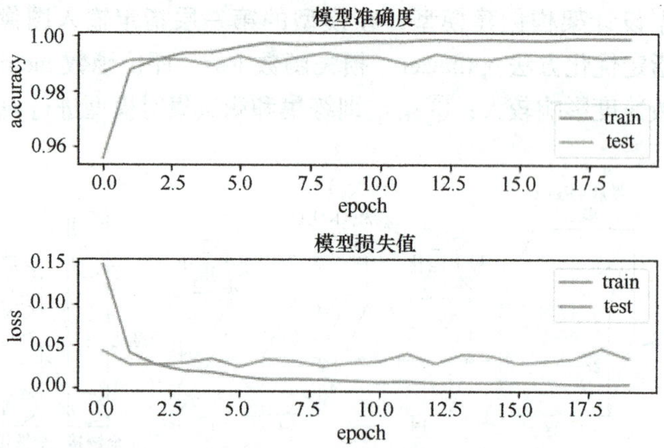

图 9-26 模型训练轮数增加时的模型准确度、损失值的变化情况

9.4 本章小结

卷积神经网络（CNN）是受研究生物视觉系统工作原理启发而来的，它是深度神经网络的代表。本章内容包括普通的卷积运算、CNN 架构原理、常用的 CNN 架构。

CNN 采用原始图像作为输入，可以有效地从大量样本中自动学习到特征，避免了复杂的特征提取过程。卷积、池化层的加入，使 CNN 可以自动提取二维图像的特征，几乎不需要人工干预。这一优点使得 CNN 在机器视觉领域得到应用广泛。

但是，CNN 的可解释性较差，而且需要优化的参数很多，训练时需要大量的运算。另外，CNN 没有记忆功能，在语音识别、自然语言处理等领域表现不好。

9.5 习题

9.5.1 思考题

1. 简述卷积神经网络（CNN）与全连接网络的区别与联系。
2. 简述卷积运算的物理意义。
3. 在人类视觉系统中，外膝体的作用是什么？
4. 简述 AlexNet 和 LeNet5 的区别与联系。
5. 计算 AlexNet 各层级的可训练参数个数及其连接数。
6. GoogLeNet 的架构是怎样的？

9.5.2 实验练习

1. 实验目的

如例 9.3.1 中，使用 PyTorch 实现一个卷积神经网络进行手写数字的识别。

2. 实验内容

1）学习从 torchvision 中导入 datasets 并下载 MNIST 数据集到指定路径的方法。

2）学习按照 batch_size 准备 CNN 训练数据的方法。

3）学习使用 PyTorch 构建、训练、评价 CNN 的方法。

chap09

3. 实验方法与步骤

（1）安装 PyTorch

使用 pip 或 conda 安装 torch、torchvision 包。如果想要安装显卡版的 PyTorch，则需要先安装显卡驱动、显卡开发套件，然后根据安装的 cuda 版本号在 PyTorch 官方网站选择合适的 pip 或 conda 安装命令。

（2）准备数据

首先，加载 torchvision. datasets 中的 MNIST 数据集。加载 MNIST 数据集之前，可以使用 torchvision 中的 transforms. Compose( ) 将数据转换、数据归一化的操作整合，然后分别下载 MNIST 中的训练集和测试集。加载 MNIST 数据集后，可以获得含 60000 张图像的训练集、含 10000 张图像的测试集。测试集和训练集都包含图片和对应的标签，图片是 28×28 像素的，标签为 0~9 之间的数字。

然后，按照 batch_size（即一次训练所抓取的数据样本数量）将训练集和测试集中的数据随机组合成若干批。例如，如果取 batch_size = 64，则 60000 张训练集图片在一轮的训练中可以分成 938 批次进行处理。图 9-27 所示为一个批次（batch_size = 64）的图像及其对应的标签。

（3）配置 CNN

首先，创建一个 torch. nn. Module 的子类，在子类的构造函数__ init __( )、前向传播方式的函数 forward( ) 中设置要创建的 CNN 的结构和前向传播方式。

然后，构造一个前面刚刚创建的 torch. nn. Module 子类的实例，得到一个 CNN。随后，定义这个 CNN 的损失函数和优化函数。接下来，就可以对这个 CNN 进行训练了。模型训练完毕，可以将训练好的模型保存到适当位置等待测试。

通过统计 CNN 对测试集中的手写数字图像正确识别的比例，验证前面训练得到的 CNN 的效果。

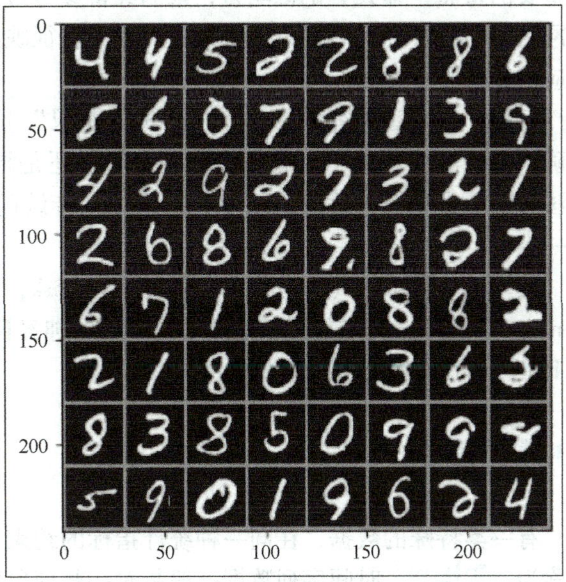

图 9-27　batch_size = 64 时一个批次的图像及其对应的标签

4. 总结与思考

修改本书附带的实验代码，实现例 9. 3. 1 中的 CNN，然后通过调整训练次数等查看 CNN 对手写数字图像的识别效果。

第 10 章　用于处理时间序列的网络

本章目标

- 理解序列的概念
- 掌握循环神经网络的结构和特点
- 理解长短时记忆网络的结构特点并掌握用法

前面两章讲的神经网络是受人类神经系统的启发而设计出来的，但人类大脑还有一个非常重要的特点，即具有记忆能力，人们经常参考过去的经验来理解现在。而前面讲的多层神经网络、卷积神经网络都只是将某一时刻的特征映射为一组输出，这种网络在一些具有累积效应的场景并不适用。

例如，一个智能客服收到客户针对“苹果”这个商品的投诉后，需要根据“上下文”来确认此处的“苹果”到底是指一种水果，还是指一种电子产品。因此，在使用神经网络算法时，历史记录对后面的结果也很重要。传统的神经网络在处理序列数据时并没有考虑这一点。

循环神经网络（Recurrent Neural Network，RNN）、长短时记忆（Long Short-Term Memory，LSTM）网络是用于处理序列数据的神经网络，能很好地解决这一问题。本章将介绍 RNN、LSTM 网络的原理与应用。

10.1　序列

有一类特殊的数据，在同一种统计指标的约束下按照时间先后顺序排列，这样得到的序列称为时间序列。时间序列数据一般是对一些现象依照时间先后顺序按一定间隔进行采样的结果，如某地区的每季度平均降水量数据、股票交易数据、某人一天的血氧浓度变化数据、语音信号等。对时间序列进行科学分析，可以根据历史预测未来。

在数据挖掘领域，很多任务和时间序列有关。以图 10-1 所示的自然语言处理任务为例，客户想要购买的飞机票的出发地和目的地分别是哪里呢？很显然，这个问题的答案和客户在两个时间点上发出的消息有关，从

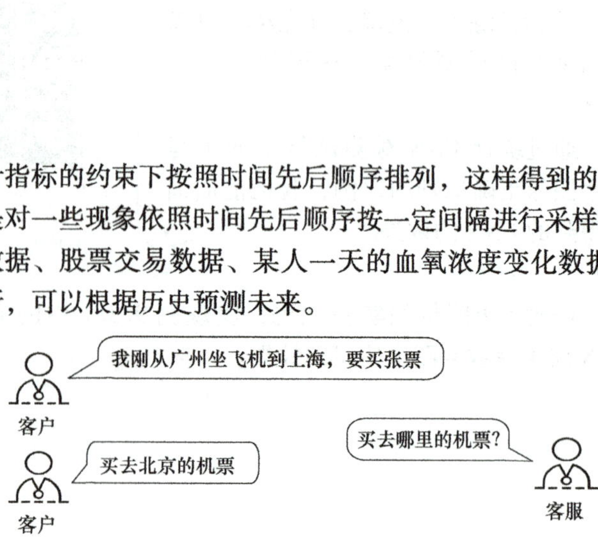

图 10-1　自然语言处理任务

第一句消息可以提取出出发地信息，从第二句消息可以提取出目的地信息。

10.1.1 时间序列

时间序列实质上是时间相关的一些现象或属性的数据序列化表示，对这类数据的挖掘任务主要就是对时间序列的预测。此外，我们所研究的时间序列默认会有前后的关联性，即当前时刻的数值和历史数值存在关联。

离散的时间序列可以表示为一个数值集合 $X=\{x_1,x_2,\cdots,x_n\}$，该集合表示在 n 个采样周期内对某一对象进行 n 次采样的结果。集合 X 是一组随机变量，这样一组随机变量具有传统意义上的统计学特征，如最大值、最小值、中位数、期望 $E(X)$、方差 $D(X)$ 等。期望、方差分别为

$$E(X)=\frac{1}{n}\sum_{i=1}^{n}x_i \tag{10.1}$$

$$D(X)=E(X-E(X))^2 \tag{10.2}$$

因为在时间维度上对某个对象进行数据采样，若对象的规律未知，则需要采集尽量多维度上的特征。另外，在采样过程中极可能会混入各种噪声干扰，所以时间序列信号具有高维度、复杂多变、高噪声干扰等特性。时间序列信号又广泛存在于商业、军事、自然科学、社会科学等数据集中，有效的时间序列数据挖掘算法能使人类的经济、军事、教育等活动更加高效运转。因此，时间序列数据的重要性和复杂性使得时间序列数据挖掘一直都是最有吸引力和挑战性的研究课题之一。

概括地讲，时间序列数据挖掘的任务包括：①时间序列数据变换；②时间序列相似性搜索；③时间序列聚类；④时间序列分类；⑤时间序列相关规则提取与模式分析；⑥海量时间序列可视化；⑦时间序列预测。

时间序列数据变换的目的是通过变换抑制混杂在数据中的噪声信号。常见的变换方法包括傅里叶变换、小波变换、奇异值分解等。

时间序列相似性搜索的研究目的是信息查询，如根据一段语音信号搜索歌曲或说话人等。一般的研究思路是先定义不同时间序列数据相似性的数值度量方法，然后根据相似性度量算法进行相似性搜索。

时间序列的聚类、分类算法是指根据采集到的一段时间内的序列数据进行聚类或分类，如根据语音信号判断说话人、语音内容识别等。机器学习算法在这一类任务中有着广泛应用，是近年研究的热点。

时间序列的规则提取、模式分析、可视化处理等也是为了人类能够更好地认识时间序列信号所做的一些处理，而这些处理很大程度上是为时间序列预测服务的。

对应于上述时间序列数据挖掘任务的算法大致分为两类：①传统的时间序列分析方法，包括 ARMA、ARIMA 等；②基于机器学习的时间序列分析方法，包括支持向量机、深度学习等。

10.1.2 序列学习

所谓序列学习，就是专门用于处理时间序列的机器学习算法。序列学习算法可以帮助人们预测被研究对象在一段时间后发生某件特定事件的可能性，如预测手机用户进行了某些操

作后接下来的可能动作，然后预加载所需要的数据，这样可以提升用户的使用体验。

以时间序列分类任务为例，要求算法能够将时间序列正确地识别为某一个类。对于序列学习算法，还需要一组训练集。M 个样本点的训练集可以记为 $D=\{(\boldsymbol{X}_1,\boldsymbol{Y}_1),(\boldsymbol{X}_2,\boldsymbol{Y}_2),\cdots,(\boldsymbol{X}_M,\boldsymbol{Y}_M)\}$。对于每个样本点，都是在 N 个采样周期上得到的一个序列 $\boldsymbol{X}_i$ 以及与之对应的分类向量 $\boldsymbol{Y}_i$。时间序列 $\boldsymbol{X}_i$ 又是由按时间顺序排列的 N 个向量构成的，每个向量都对应那个采样时间点上被研究对象的所有维度上的特征向量；而 $\boldsymbol{Y}_i$ 表示 One-Hot 编码（一位有效编码）的分类向量，若总共可能的分类个数是 K，则 $\boldsymbol{Y}_i$ 是维度为 K、各维度取值为 0 或 1 的向量。

以声纹识别应用为例，希望算法可以根据声音的特点识别一段声音信号的说话人。为使问题简化，假设总共只有 4 个说话人（分别记为 A、B、C、D），对每个人都采样若干段语音数据。如果使用多个拾音器同时采样，则每段语音又会有多个分量。那么，每一语音序列数据都会对应一个分类向量 $\boldsymbol{Y}_i=\{isA,isB,isC,isD\}^{\mathrm{T}}$，若这段语音的说话人是 D，则 $\boldsymbol{Y}_i=\{0,0,0,1\}^{\mathrm{T}}$。声纹识别过程如图 10-2 所示。

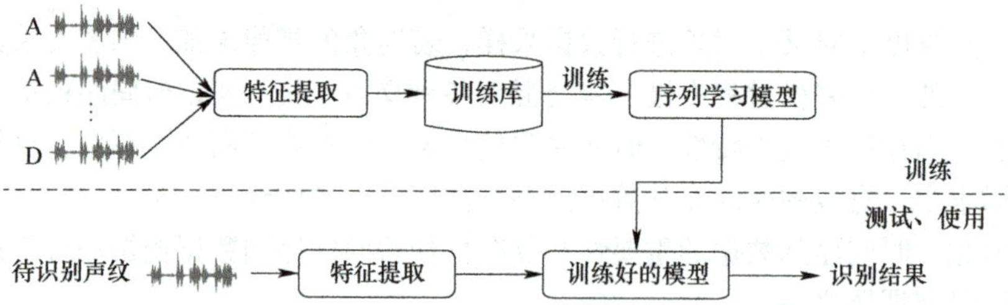

图 10-2　声纹识别过程

对于时间序列的机器学习任务，传统的多层全连接网络、卷积网络都较难完成。因此催生了各种不同的循环神经网络，最具代表性的是长短时记忆网络。

10.2　循环神经网络

相对于普通的全连接网络，RNN 的神经元在某时刻的输出可作为下一时刻的输入再次输入神经元。RNN 的发展可以追溯到 20 世纪七八十年代的循环反馈系统（Recurrent Feedback System）。1982 年，John Hopfield 提出了具有结合存储能力的神经网络，即 Hopfield 神经网络，这是一种递归神经网络，因为实现较为困难，所以没有得到广泛应用。1990 年，Jeffrey Elman 提出了第一个全连接的简单循环神经网络，Elman 网络是一种局部循环网络，属于带反馈的 BP 网络，具有短期记忆能力。1991 年，Sepp Hochreiter 发现了 RNN 的长期依赖问题，即对长序列进行学习时，RNN 会出现梯度消失和梯度爆炸现象，当前的状态还可能受很长之前的历史状态影响。Jurgen Schmidhuber 及其合作者在 1992 年和 1997 年提出的神经历史压缩器和长短时记忆网络可以解决长期依赖问题。但是因为当时的 SVM 算法更流行，且当时的计算机算力不足，导致循环神经网络并没有流行起来。

到 21 世纪，随着深度学习理论的出现和数值计算能力的提升，多种改进型 RNN 被成功应用于自然语言处理等时间序列数据分析中，使得 RNN 成为重要的数据挖掘算法，吸引了更多人的注意。

10.2.1 结构

RNN 与传统神经网络的区别如图 10-3 所示，图中对两种网络的输入层、隐藏层和输出层都进行了简化，图中的上角标表示 t 时刻的输入或输出。

图 10-3 中，传统神经网络、RNN 的各个层都可以由多个节点构成，且隐藏层也可以有多层。而 RNN 和传统神经网络的区别在于，RNN 在隐藏层上引出了一个到它自身的圈，这个圈是 RNN 设计的核心，它的意思是上一时刻的隐藏层和当前时刻的隐藏层共同影响当前时刻的输出，而当前时刻的隐藏层又会影响下一时刻的输出。按时间先后顺序将图 10-3 中的 RNN 展开，如图 10-4 所示。

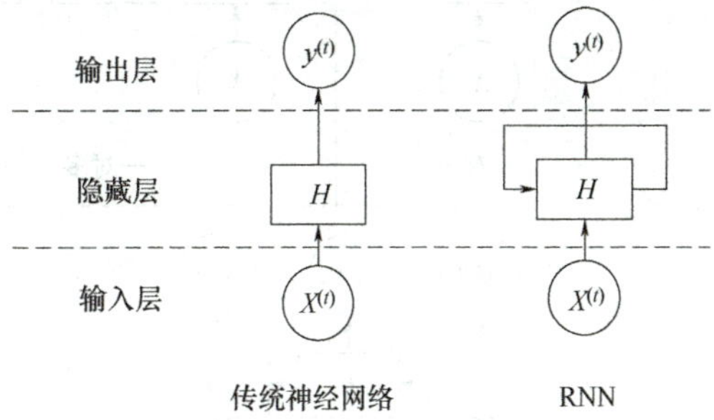

图 10-3 RNN 与传统神经网络的区别

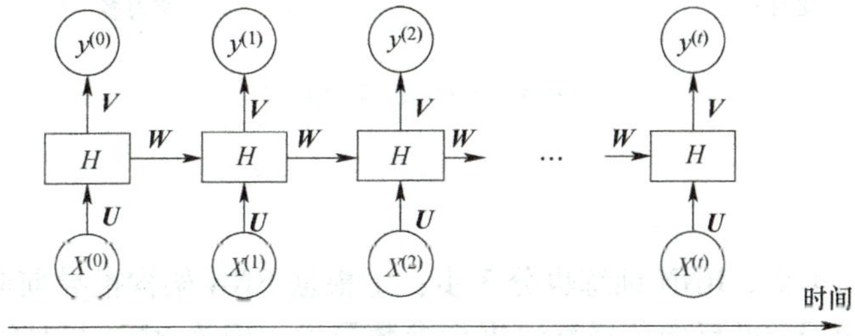

图 10-4 按时间展开后的 RNN

由图 10-4 可知，t 时刻的输出 $y^{(t)}$ 和 $t-1$，$t-2$，…，0 时刻的隐藏层有关，而各时刻的隐藏层又与对应时刻的输入有关，所以图中所示的 RNN 的输出 $y^{(t)}$ 与所有的历史输入都有关。

在具体应用时，图 10-4 中，RNN 在单个时刻上的模块代指的是具体的网络。图 10-5 所示为一个简单的 RNN，它的输入层有 2 个节点，1 个隐藏层包含 3 个节点，1 个单节点的输出层。

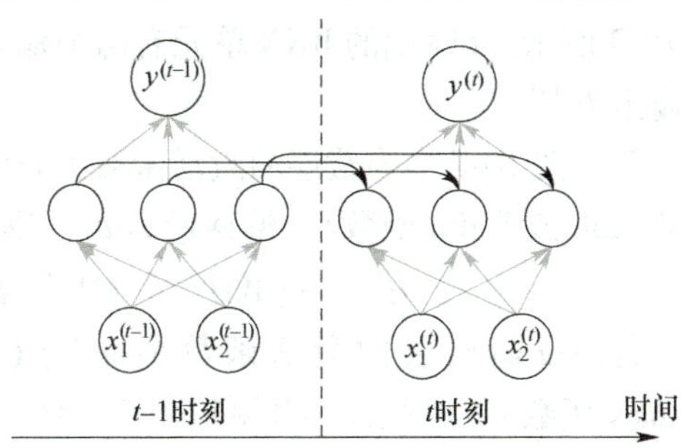

图 10-5 简单 RNN 示例

图 10-5 中，每条有向线段上都要乘以一个权重，而各时刻的权值是共享的，即 $t-1$ 时刻和 t 时刻的权值是相同的。此外，RNN 的输入与输出在时间的对应关系上是可以偏移的，概括起来有图 10-6 所示的几种。

根据输入向量和输出向量在时刻上的对应关系，可分为一对一、一对多、多对一、多对多几种 RNN 类型。图 10-6 中的“一对一”RNN 就是普通的传统神经网络，不同的 RNN 类型适用于不同的场景，如音乐自动创作、机器翻译、情感分类、语音识别等。

RNN 的训练和传统神经网络类似，先求递推公式，然后利用 BP 算法进行参数训练，只是 RNN 需要训练的参数比传统网络更多。

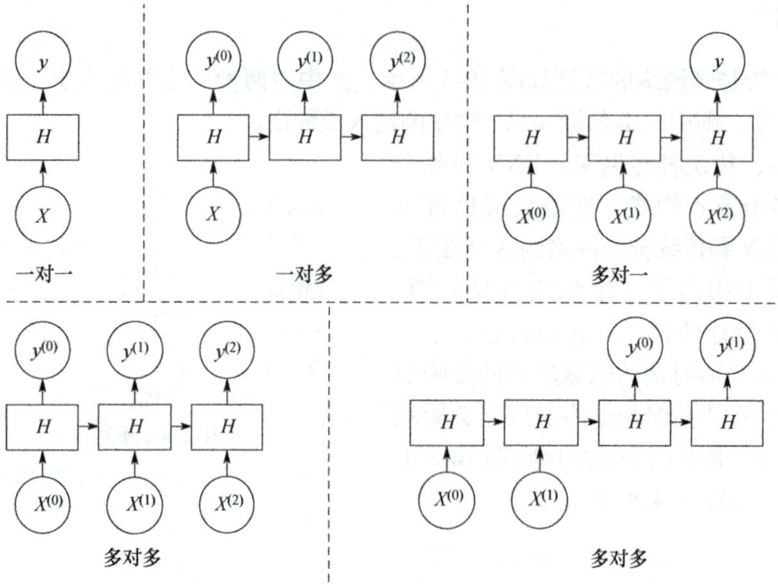

图 10-6　RNN 的各种类型

10.2.2　训练

与传统神经网络类似，RNN 训练也分 3 步：①根据 RNN 架构推导前向传播算法；②定义误差函数；③利用误差的反向传播算法进行参数寻优。因为 RNN 与时间有关，所以 RNN 的训练算法又被称为基于时间的反向传播（Back Propagation Through Time，BPTT）算法。

首先来看 RNN 的前向传播算法。RNN 是按时间展开的一个链式结构，整个链由若干架构相同的单元组成，为减少训练量，这些单元的参数是相同的，只是每个单元的输入不同，这种机制被称为参数共享，是深度学习算法中的常用技巧。t 时刻 RNN 单元的输入与输出如图 10-7 所示。t 时刻的 RNN 单元有两个输入：当前时刻的样本输入 $X^{(t)}$ 以及上一时刻的隐藏层输出 $H^{(t-1)}$。

假设图 10-7 中隐藏层的激活函数为 $\sigma()$（一般选用双曲正切函数 tanh 或 ReLu 函数），偏移量为 $\boldsymbol{b}_h$，则隐藏层的输出为

$$H^{(t)}=\sigma(\boldsymbol{W}H^{(t-1)}+\boldsymbol{U}X^{(t)}+\boldsymbol{b}_h) \tag{10.3}$$

若假设输出层的激活函数为 $\varphi()$（一般选用 Sigmoid 或 Softmax 函数），则最终的预测输出 $\hat{y}^{(t)}$ 为

$$\hat{y}^{(t)}=\varphi(\boldsymbol{V}H^{(t)}+\boldsymbol{b}_o) \tag{10.4}$$

对于二分类问题，激活函数 $\varphi()$ 一般选用 Sigmoid 函数；对于多分类问题，激活函数一般选用 Softmax 函数。

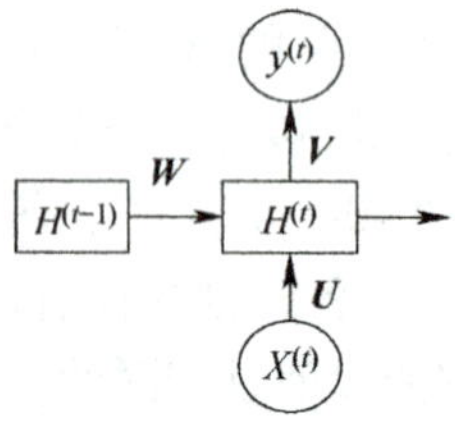

图 10-7　t 时刻 RNN 单元的输入与输出

接下来定义损失函数 $L^{(t)}$。对于分类任务，实际输出 $\boldsymbol{y}^{(t)}$ 是 One-Hot 编码的向量，假设其维度为 C，采用交叉熵损失函数 $L^{(t)}$ 来定量描述预测输出与实际输出的差别，有

$$L^{(t)}=-\sum_{i}^{C}y_i^{(t)}\ln(\hat{y}_i^{(t)}) \tag{10.5}$$

对于特定的第 k 个分类，将式（10.5）展开，可得

$$L^{(t)}=-y_k^{(t)}\ln(\hat{y}_i^{(t)})+\sum_{i\neq k}^{C}y_i^{(t)}\ln(\hat{y}_i^{(t)}) \tag{10.6}$$

在整个 RNN 链上，每一个单元都会有损失，所以总的损失函数 $L=\sum_{t=1}^{T}L^{(t)}$。

最后使用反向传播算法进行参数寻优。需要训练的参数包括矩阵 $\boldsymbol{U}$、$\boldsymbol{V}$、$\boldsymbol{W}$ 和偏移向量 $\boldsymbol{b}_h$、$\boldsymbol{b}_o$。RNN 反向传播算法的思路和传统神经网络一样，通过梯度下降法逐步迭代，得到合适的 RNN 模型参数 $\boldsymbol{U}$、$\boldsymbol{W}$、$\boldsymbol{V}$ 以及对应的偏移量。因此，要计算损失函数对于这些参数的偏导数。

以 Softmax 作为输出层激活函数的 RNN 为例，其 t 时刻、t+1 时刻的 RNN 单元如图 10-8 所示。

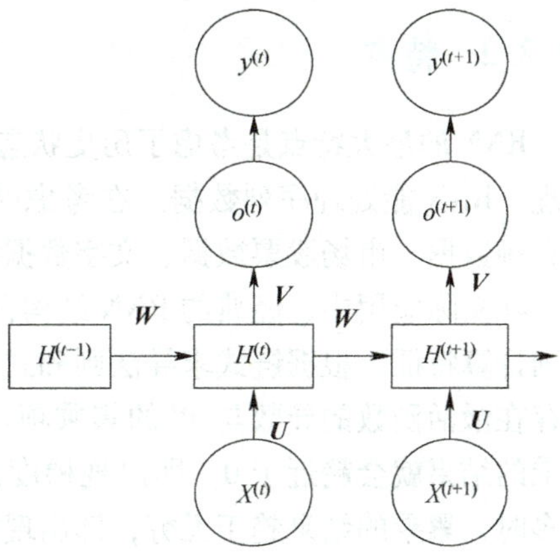

图 10-8　t 时刻、t+1 时刻的 RNN 单元

根据链式求导法则，因为 t 时刻的 $\boldsymbol{b}_o$、$\boldsymbol{V}$ 仅影响本时刻的输出 $\hat{\boldsymbol{y}}^{(t)}$，所以根据链式求导法则，损失函数 L 相对于 $\boldsymbol{b}_o$、$\boldsymbol{V}$ 的偏导分别为

$$\frac{\partial L}{\partial \boldsymbol{b}_o}=\sum\frac{\partial L^{(t)}}{\partial \boldsymbol{b}_o}=\sum\frac{\partial L^{(t)}}{\partial \hat{\boldsymbol{y}}^{(t)}}\frac{\partial \hat{\boldsymbol{y}}^{(t)}}{\partial o^{(t)}}\frac{\partial o^{(t)}}{\partial \boldsymbol{b}_o}=\sum(\hat{\boldsymbol{y}}^{(t)}-\boldsymbol{y}) \tag{10.7}$$

$$\frac{\partial L}{\partial \boldsymbol{V}}=\sum\frac{\partial L^{(t)}}{\partial \boldsymbol{V}}=\sum\frac{\partial L^{(t)}}{\partial \hat{\boldsymbol{y}}^{(t)}}\frac{\partial \hat{\boldsymbol{y}}^{(t)}}{\partial o^{(t)}}\frac{\partial o^{(t)}}{\partial \boldsymbol{V}}=\sum(\hat{\boldsymbol{y}}^{(t)}-\boldsymbol{y})(h^{(t)})^{\mathrm{T}} \tag{10.8}$$

而由图 10-8 可以看出，t 时刻的 $\boldsymbol{W}$、$\boldsymbol{U}$、$\boldsymbol{b}_h$ 既影响了 t 时刻的输出，还影响了 t+1 时刻的输出，因此这 3 个参数矩阵（向量）的梯度损失应该由 t 时刻以及之后的时刻共同决定，计算起来要更复杂。以 $\boldsymbol{W}$ 为例，计算它在 t 时刻的梯度损失，需要考虑从 t 时刻到序列最后的 T 时刻的状态，通过损失函数 L 对各时刻隐藏层的链式求导得到。

将 t 时刻隐藏层的梯度记为 $\delta^{(t)}$，则有

$$\delta^{(t)}=\frac{\partial L}{\partial h^{(t)}} \tag{10.9}$$

用 $\delta^{(t+1)}$ 递推 $\delta^{(t)}$，由 $\delta^{(t+1)}$ 可以得出 $\delta^{(t)}$，如式（10.10）。

当 $t=T$，即到达序列的最后一个时刻时，式（10.10）的第二项不存在，即 $\delta^{(t)}$ 为式（10.11）。

$$\begin{aligned}\delta^{(t)}&=\left(\frac{\partial o^{(t)}}{\partial h^{(t)}}\right)^{\mathrm{T}}\frac{\partial L}{\partial o^{(t)}}+\left(\frac{\partial h^{(t+1)}}{\partial h^{(t)}}\right)^{\mathrm{T}}\frac{\partial L}{\partial h^{(t+1)}}\\&=V^{\mathrm{T}}(\hat{\boldsymbol{y}}^{(t)}-\boldsymbol{y}^{(t)})+\boldsymbol{W}^{\mathrm{T}}\mathrm{diag}(1-(h^{(t+1)})^2)\delta^{(t+1)}\end{aligned} \tag{10.10}$$

$$\delta^{(T)}=\left(\frac{\partial o^{(T)}}{\partial h^{(T)}}\right)^{\mathrm{T}}\frac{\partial L}{\partial o^{(T)}}=V^{\mathrm{T}}(\hat{\boldsymbol{y}}^{(T)}-\boldsymbol{y}^{(T)}) \tag{10.11}$$

由此，可以得到 $\boldsymbol{W}$、$\boldsymbol{U}$、$\boldsymbol{b}_h$ 的梯度计算公式为式（10.12）~式（10.14）。

$$\frac{\partial L}{\partial \boldsymbol{W}}=\sum_{t=1}^{T}\mathrm{diag}(1-(h^{(t)})^2)\delta^{(t)}(h^{(t-1)})^{\mathrm{T}} \tag{10.12}$$

$$\frac{\partial L}{\partial \boldsymbol{U}}=\sum_{t=1}^{T}\text{diag}(1-(h^{(t)})^2)\delta^{(t)}(x^{(t)})^{\mathrm{T}} \tag{10.13}$$

$$\frac{\partial L}{\partial \boldsymbol{b}_h}=\sum_{t=1}^{T}\text{diag}(1-(h^{(t)})^2)\delta^{(t)} \tag{10.14}$$

有了梯度计算公式，RNN 的 BP 算法与传统多层网络的类似。

10.2.3 特点

RNN 的最大特点是考虑了历史状态（时间序列）对结果的影响。得益于这一特殊运行原理，RNN 能处理序列数据。在考虑时间序列的实际数据挖掘任务中，RNN 有重要应用，如音频数据、市场股票数据、文字数据等。

在实际应用中，经典的 RNN 结构存在致命缺点，即梯度消失或梯度爆炸。因为 RNN 的序列计算特征，根据链式求导法则和式（10.9）~式（10.14），损失函数对于 $\boldsymbol{W}$、$\boldsymbol{U}$ 求偏导时存在激活函数的导数与 $\boldsymbol{W}$ 的累乘项。若激活函数的导数小于 1，则当 RNN 层数较多时，累乘的结果就会趋近于 0，即出现梯度消失问题；若累乘项中的 $\boldsymbol{W}$ 大于 1，则当 RNN 层数较多时，累乘的结果趋于无穷，即出现梯度爆炸问题。

而在实际运用中，RNN 层级往往比较深，使得梯度爆炸或者梯度消失问题比较明显。梯度消失会导致神经网络中前面层的网络权重无法得到更新，也就停止了学习；梯度爆炸会导致网络不稳定，使得网络无法从训练数据中得到很好的学习。

另外，基本的 RNN 模型还存在长距离依赖问题。如果对句子“这个辣椒真__?__”的缺失词预测，则较容易得出“辣”这个结果。但如果问题变成“他吃了一口菜，被辣得流出了眼泪，满脸通红。旁边的人赶紧给他倒了一杯凉水，他咕咚咕咚喝了两口，才逐渐恢复正常。他气愤地说道：‘这个菜味道真__?__。’”，RNN 就较难预测了。也就是说，当相关信息与需要参考的信息距离较远时，就出现了长距离依赖问题。幸运的是，长短时记忆网络可以解决这些问题。

10.3 长短时记忆网络

长短时记忆（Long Short-Term Memory，LSTM）网络是 RNN 的一种变体，最早由 Hochreiter 和 Schmidhuber 提出。传统的 RNN 由于梯度消失的原因只能有短期记忆，而 LSTM 通过引入门结构（Gate）和一个明确定义的记忆单元（Memory Cell）来克服梯度消失或梯度爆炸的问题。本节将重点讲述 LSTM 的结构与实现原理。

10.3.1 网络结构及其前向计算

从 LSTM 的英文全名可以看出，它是一个长的短时记忆网络，具体怎么回事呢？LSTM 对图 10-4 所示的普通 RNN 结构进行了改进，图 10-9 所示为 LSTM 的一个单元，单元中加入了 3 个门结构：输入门、输出门、遗忘门。每个门又都对应有控制信号。基础 RNN 虽然具备记忆功能，但它仅仅是把前面时刻的隐藏层内容接收进来，而改进后的 LSTM 单元加入了门控，使得整个 LSTM 网络可以有选择地对历史数据进行取舍。

图 10-9 所示的 LSTM 的一个单元处在序列数据的一个时刻，处理该时刻要记住的内容（包括上一时刻的输入和该时刻的输入）、要忘记的内容以及如何使用门来更新存储器。展开后的 LSTM 网络结构如图 10-10 所示，LSTM 单元之间有两种信号传递，即单元状态 C_t 和隐藏状态 h_t，分别表示长期记忆和短期记忆。另外，LSTM 单元还有该时刻的输入信号 X_t。

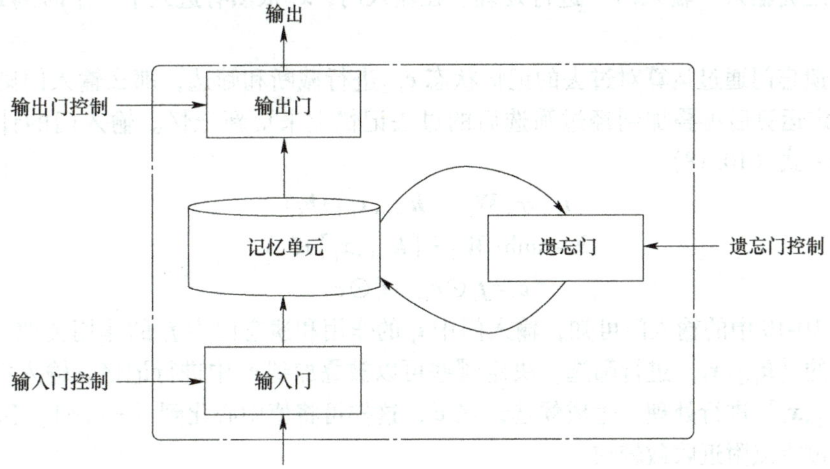

图 10-9　LSTM 的一个单元

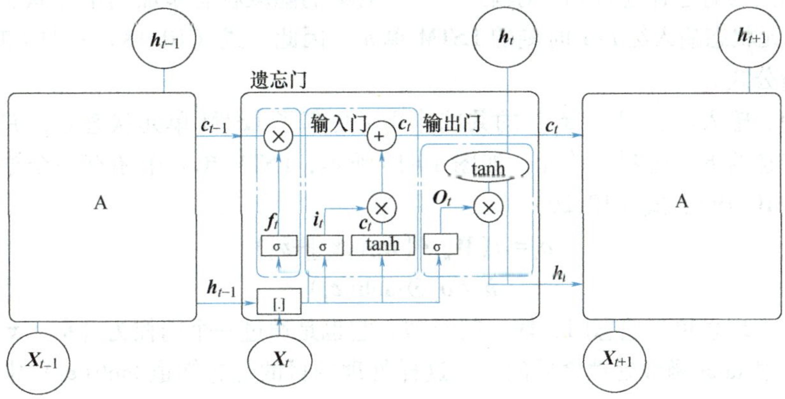

图 10-10　展开后的 LSTM 网络结构

LSTM 中的门是一种让信息选择性通过的方法，由 Sigmoid 神经网络和按位乘操作（两个向量相同位置上的元素相乘得到结果向量）组成，如图 10-11 所示。Sigmoid 网络的输出是一个元素数值在［0,1］区间的向量，向量维度与 $\boldsymbol{c}_t$ 相同，通过 Sigmoid 网络和按位乘就可以控制 $\boldsymbol{c}_t$ 有多大程度通过这个门。

下面分别看 LSTM 中 3 个门的工作原理。

遗忘门决定了单元状态 $\boldsymbol{c}_t$ 中的哪些信息将被遗忘，它的作用就是用来“忘记”信息的。遗忘门中 Sigmoid 网络的输出 $\boldsymbol{f}_t$ 为

$$\boldsymbol{f}_t=\sigma(\boldsymbol{W}_f\cdot[\boldsymbol{h}_{t-1},\boldsymbol{x}_t]+\boldsymbol{b}_f) \tag{10.15}$$

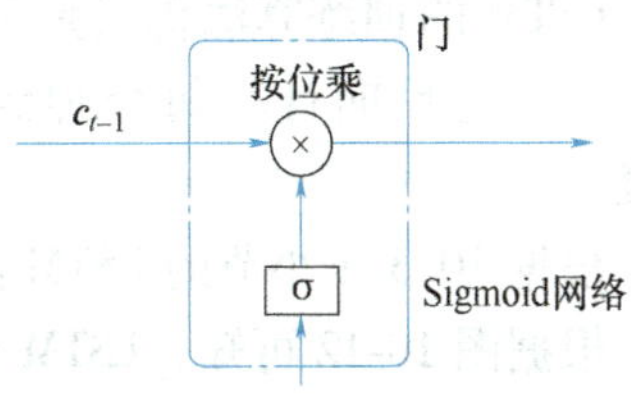

图 10-11　LSTM 的门

遗忘门公式（式（10.15））中，首先将本时刻的输入 $\boldsymbol{x}_t$ 与上一时刻的隐藏状态 $\boldsymbol{h}_{t-1}$ 进行拼接，得到 $[\boldsymbol{h}_{t-1},\boldsymbol{x}_t]$，然后通过矩阵 $\boldsymbol{W}_f$ 调整维度，最后加上 $\boldsymbol{b}_f$，经过 Sigmoid 网络变成一个对过去的单元状态进行筛选的向量，与上一时刻的单元状态进行按位乘。那么为什么要将本时刻的输入和上一时刻的隐藏信息整合后引入遗忘门的 Sigmoid 网络呢？因为本时刻输入的信息可能没有长期记忆的必要，所以将 $[\boldsymbol{h}_{t-1},\boldsymbol{x}_t]$ 整合之后再判断。当然，$\boldsymbol{x}_t$ 不会简单消失，它还会输入“输入门”进行处理。在输入门，$\boldsymbol{x}_t$ 依然有进入下一个时刻 LSTM 单元的机会。

如果说遗忘门通过运算对过去的记忆状态 $\boldsymbol{c}_{t-1}$ 进行截断和筛选，那么输入门则将 $[\boldsymbol{h}_{t-1},\boldsymbol{x}_t]$ 进行一定运算后再叠加到经过筛选后的过去记忆上来更新记忆。输入门的计算公式为式（10.16）~式（10.18）。

$$\boldsymbol{i}_t=\sigma(\boldsymbol{W}_i\cdot[\boldsymbol{h}_{t-1},\boldsymbol{x}_t]+\boldsymbol{b}_i) \tag{10.16}$$

$$\tilde{\boldsymbol{c}}_t=\tanh(\boldsymbol{W}_C\cdot[\boldsymbol{h}_{t-1},\boldsymbol{x}_t]+\boldsymbol{b}_c) \tag{10.17}$$

$$\boldsymbol{c}_t=\boldsymbol{f}_t\odot\boldsymbol{c}_{t-1}+\boldsymbol{i}_t\odot\tilde{\boldsymbol{c}}_t \tag{10.18}$$

查看图 10-10 中的输入门可知，输入门中 $\boldsymbol{i}_t$ 的作用和遗忘门中 $\boldsymbol{f}_t$ 的作用类似，$\boldsymbol{i}_t$ 对经过 tanh 网络后的 $[\boldsymbol{h}_{t-1},\boldsymbol{x}_t]$ 进行筛选，决定哪些可以被叠加到 $\boldsymbol{c}_t$ 中进行记忆。输入门中的 tanh 网络对 $[\boldsymbol{h}_{t-1},\boldsymbol{x}_t]$ 进行处理，生成候选记忆 $\tilde{\boldsymbol{c}}_t$，这样可将值中心化到 $[-1,+1]$ 区间上，且 tanh 函数在过零点附近收敛较快。

所以，遗忘门和输入门的作用是相反的，遗忘门是有选择地丢弃单元状态中原来的信息；而输入门则是有选择地将 t 时刻输入和 $t-1$ 时刻的隐藏状态添加到单元状态中，作为当前 t 时刻的单元状态输入给 $t+1$ 时刻的 LSTM 单元。因此，式（10.18）就是 t 时刻的 LSTM 单元状态更新公式。

在遗忘门、输入门、$[\boldsymbol{h}_{t-1},\boldsymbol{x}_t]$ 的共同作用下更新了 LSTM 单元状态 $\boldsymbol{c}_t$，并将它作为长期记忆直接传递给下一时刻的单元。如图 10-10 所示，LSTM 单元中还有一个输出门，其计算公式为式（10.19）、式（10.20）。

$$\boldsymbol{o}_t=\sigma(\boldsymbol{W}_o\cdot[\boldsymbol{h}_{t-1},\boldsymbol{x}_t]+\boldsymbol{b}_o) \tag{10.19}$$

$$\boldsymbol{h}_t=\boldsymbol{o}_t\odot\tanh(\boldsymbol{c}_t) \tag{10.20}$$

输出门的实现思想与遗忘门、输入门类似，它也是通过一个门控为 $[\boldsymbol{h}_{t-1},\boldsymbol{x}_t]$ 的门输出 $\boldsymbol{o}_t$ 来按位乘经过 tanh 函数处理之后的 $\boldsymbol{c}_t$，这样处理的目的是想知道 $\tanh(\boldsymbol{c}_t)$ 中有多少信息是值得输出的。需要注意的是，输出门使用的是 tanh 函数，而不是 tanh 网络。

至此，已经根据 LSTM 网络的结构整理出了一个 LSTM 单元的前向传播计算公式。若是序列上的多个单元的组合，也可以使用类似方法得出前向传播公式。

10.3.2 反向传播

LSTM 的训练算法仍然是反向传播算法，主要有 3 个步骤：①前向计算每个神经元的输出值；②反向计算每个神经元的误差项值；③根据相应的误差项，计算每个权重的梯度。

根据 10.3.1 小节的 LSTM 前向计算分析，将 LSTM 单元进一步分解，如图 10-12 所示。

根据图 10-12 可知，LSTM 单元的 3 个门控神经网络的输出分别是 $\boldsymbol{f}_t$、$\boldsymbol{i}_t$、$\boldsymbol{o}_t$，再加上单元状态 $\boldsymbol{c}_t$ 和当前时刻输出值 $\boldsymbol{h}_t$，总共 5 种向量。这 5 个向量的计算公式已经在 10.3.1 小节给

出。一个 LSTM 单元，需要学习的参数有 8 组：①遗忘门权重矩阵 $\boldsymbol{W}_f$ 和偏置项 $\boldsymbol{b}_f$；②输入门权重矩阵 $\boldsymbol{W}_i$ 和偏置项 $\boldsymbol{b}_i$；③计算单元状态的权重矩阵 $\boldsymbol{W}_c$ 和偏置项 $\boldsymbol{b}_c$；④输出门权重矩阵 $\boldsymbol{W}_o$ 和偏置项 $\boldsymbol{b}_o$。

LSTM 训练过程中要学习的参数很多，看似较复杂，但其本质还是 BPTT 算法。因为 LSTM 单元中有 4 个网络的加权输入，而在计算时向上一层只传递一个误差项会更容易，所以将 t 时刻的误差项（假设误差为 L）定义为

$$\delta_t \overset{\text{def}}{=\!=} \frac{\partial L}{\partial \boldsymbol{h}_t} \tag{10.21}$$

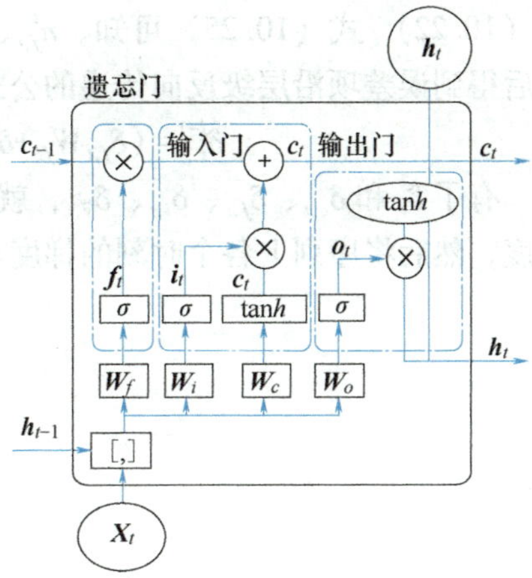

图 10-12　将 LSTM 单元进一步分解

而对应的 4 个网络加权输入分别为

$$n_{f,t} = \boldsymbol{W}_f[\boldsymbol{h}_{t-1}, \boldsymbol{x}_t] + \boldsymbol{b}_f = \boldsymbol{W}_{fh}\boldsymbol{h}_{t-1} + \boldsymbol{W}_{fx}\boldsymbol{x}_t + \boldsymbol{b}_f \tag{10.22}$$

$$n_{i,t} = \boldsymbol{W}_i[\boldsymbol{h}_{t-1}, \boldsymbol{x}_t] + \boldsymbol{b}_i = \boldsymbol{W}_{ih}\boldsymbol{h}_{t-1} + \boldsymbol{W}_{ix}\boldsymbol{x}_t + \boldsymbol{b}_i \tag{10.23}$$

$$n_{\tilde{c},t} = \boldsymbol{W}_c[\boldsymbol{h}_{t-1}, \boldsymbol{x}_t] + \boldsymbol{b}_c = \boldsymbol{W}_{ch}\boldsymbol{h}_{t-1} + \boldsymbol{W}_{cx}\boldsymbol{x}_t + \boldsymbol{b}_c \tag{10.24}$$

$$n_{o,t} = \boldsymbol{W}_o[\boldsymbol{h}_{t-1}, \boldsymbol{x}_t] + \boldsymbol{b}_o = \boldsymbol{W}_{oh}\boldsymbol{h}_{t-1} + \boldsymbol{W}_{ox}\boldsymbol{x}_t + \boldsymbol{b}_o \tag{10.25}$$

相应地，也可以将加权输入表示为 $\delta_{f,t} \overset{\text{def}}{=\!=} \dfrac{\partial L}{\partial net_{f,t}}$ 的形式。

首先沿时间反向上的误差项传递，即误差 L 在 $t-1$ 时刻的误差项 δ_{t-1} 为

$$\delta_{t-1} = \frac{\partial L}{\partial \boldsymbol{h}_{t-1}} = \frac{\partial L}{\partial \boldsymbol{h}_t}\frac{\partial \boldsymbol{h}_t}{\partial \boldsymbol{h}_{t-1}} = \delta_t \frac{\partial \boldsymbol{h}_t}{\partial \boldsymbol{h}_{t-1}} \tag{10.26}$$

由式（10.15）~式（10.20）可知，$\boldsymbol{h}_t$ 是由 $\boldsymbol{i}_t$、$\boldsymbol{f}_t$、$\tilde{\boldsymbol{c}}_t$、$\boldsymbol{o}_t$ 求出的，而它们都是 $\boldsymbol{h}_{t-1}$ 的函数，因此有

$$\frac{\partial \boldsymbol{h}_t}{\partial \boldsymbol{h}_{t-1}} = \frac{\partial \boldsymbol{h}_t}{\partial \boldsymbol{o}_t}\frac{\partial \boldsymbol{o}_t}{\partial n_{o,t}}\frac{\partial n_{o,t}}{\partial \boldsymbol{h}_{t-1}} + \frac{\partial \boldsymbol{h}_t}{\partial \boldsymbol{c}_t}\frac{\partial \boldsymbol{c}_t}{\partial \boldsymbol{f}_t}\frac{\partial \boldsymbol{f}_t}{\partial n_{f,t}}\frac{\partial n_{f,t}}{\partial \boldsymbol{h}_{t-1}} + \frac{\partial \boldsymbol{h}_t}{\partial \boldsymbol{c}_t}\frac{\partial \boldsymbol{c}_t}{\partial \boldsymbol{i}_t}\frac{\partial \boldsymbol{i}_t}{\partial n_{i,t}}\frac{\partial n_{i,t}}{\partial \boldsymbol{h}_{t-1}} \tag{10.27}$$

由式（10.26）、式（10.27）可得

$$\begin{aligned}\delta_{t-1} &= \delta_{o,t}\frac{\partial n_{o,t}}{\partial \boldsymbol{h}_{t-1}} + \delta_{f,t}\frac{\partial n_{f,t}}{\partial \boldsymbol{h}_{t-1}} + \delta_{\tilde{c},t}\frac{\partial n_{\tilde{c},t}}{\partial \boldsymbol{h}_{t-1}} \\ &= \delta_{o,t}\boldsymbol{W}_{oh} + \delta_{f,t}\boldsymbol{W}_{fh} + \delta_{i,t}\boldsymbol{W}_{ih} + \delta_{\tilde{c},t}\boldsymbol{W}_{ch}\end{aligned} \tag{10.28}$$

结合前向计算公式，式（10.28）中的所有偏导都可求出。而从 t 时刻向前传递到 k 时刻的误差项公式也可以求出，即

$$\delta_k = \prod_{j=k}^{t-1}(\delta_{o,j}\boldsymbol{W}_{oh} + \delta_{f,j}\boldsymbol{W}_{fh} + \delta_{i,j}\boldsymbol{W}_{ih} + \delta_{\tilde{c},j}\boldsymbol{W}_{ch}) \tag{10.29}$$

式中，$\delta_{o,t}$、$\delta_{f,t}$、$\delta_{i,t}$、$\delta_{\tilde{c},t}$ 可以由定义求出。

接下来看沿层级反向上的误差项传递。假设当前为 l 层，将 $l-1$ 层的误差项定义为误差函数 L 对 $l-1$ 层加权输入 n_t^{l-1} 的偏导，即

$$\delta_t^{l-1} \overset{\text{def}}{=\!=} \frac{\partial L}{\partial n_t^{l-1}} \tag{10.30}$$

$l-1$ 层的激活函数记为 f^{l-1}，则 l 层的输入为 $l-1$ 层的输出，即 $x_t^l = f^{l-1}(\text{net}_t^{l-1})$。由

式（10.22）~式（10.25）可知，$n_{f,t}^{l}$、$n_{i,t}^{l}$、$n_{\tilde{c},t}^{l}$、$n_{o,t}^{l}$都是 x_t 的函数，而 x_t 又是 n_t^{l-1} 的函数，最后得到误差项沿层级反向传递的公式为

$$\delta_t^{l-1}=(\delta_{f,t}\boldsymbol{W}_{fx}+\delta_{i,t}\boldsymbol{W}_{ix}+\delta_{\tilde{c},t}\boldsymbol{W}_{\tilde{c}x}+\delta_{o,t}\boldsymbol{W}_{ox})\odot f'(n_t^{l-1}) \tag{10.31}$$

有了 δ_t 和 $\delta_{o,t}$、$\delta_{f,t}$、$\delta_{i,t}$、$\delta_{\tilde{c},t}$，就可以得出 t 时刻误差函数对于 $\boldsymbol{W}_{fh}$、$\boldsymbol{W}_{ih}$、$\boldsymbol{W}_{ch}$、$\boldsymbol{W}_{oh}$ 的梯度，然后将序列上各个时刻的梯度求和，就可以得到它们的权重梯度，分别为

$$\frac{\partial L}{\partial \boldsymbol{W}_{oh}}=\sum_{j=1}^{t}\delta_{o,j}\boldsymbol{h}_{j-1}^{\mathrm{T}} \tag{10.32}$$

$$\frac{\partial L}{\partial \boldsymbol{W}_{fh}}=\sum_{j=1}^{t}\delta_{f,j}\boldsymbol{h}_{j-1}^{\mathrm{T}} \tag{10.33}$$

$$\frac{\partial L}{\partial \boldsymbol{W}_{ih}}=\sum_{j=1}^{t}\delta_{i,j}\boldsymbol{h}_{j-1}^{\mathrm{T}} \tag{10.34}$$

$$\frac{\partial L}{\partial \boldsymbol{W}_{ch}}=\sum_{j=1}^{t}\delta_{\tilde{c},j}\boldsymbol{h}_{j-1}^{\mathrm{T}} \tag{10.35}$$

偏置项 $\boldsymbol{b}_f$、$\boldsymbol{b}_i$、$\boldsymbol{b}_c$、$\boldsymbol{b}_o$ 在时间反向上的梯度计算类似，分别为

$$\frac{\partial L}{\partial \boldsymbol{b}_o}=\sum_{j=1}^{t}\delta_{o,j} \tag{10.36}$$

$$\frac{\partial L}{\partial \boldsymbol{b}_f}=\sum_{j=1}^{t}\delta_{f,j} \tag{10.37}$$

$$\frac{\partial L}{\partial \boldsymbol{b}_i}=\sum_{j=1}^{t}\delta_{i,j} \tag{10.38}$$

$$\frac{\partial L}{\partial \boldsymbol{b}_c}=\sum_{j=1}^{t}\delta_{\tilde{c},j} \tag{10.39}$$

而层级反向上的权重梯度 $\boldsymbol{W}_{fx}$、$\boldsymbol{W}_{ix}$、$\boldsymbol{W}_{cx}$、$\boldsymbol{W}_{ox}$ 的计算相对简单，可以直接由误差项计算，分别为

$$\frac{\partial L}{\partial \boldsymbol{W}_{ox}}=\frac{\partial L}{\partial n_{o,t}}\frac{\partial n_{o,t}}{\partial \boldsymbol{W}_{ox}}=\delta_{o,t}\boldsymbol{x}_t^{\mathrm{T}} \tag{10.40}$$

$$\frac{\partial L}{\partial \boldsymbol{W}_{fx}}=\frac{\partial L}{\partial n_{f,t}}\frac{\partial n_{f,t}}{\partial \boldsymbol{W}_{fx}}=\delta_{f,t}\boldsymbol{x}_t^{\mathrm{T}} \tag{10.41}$$

$$\frac{\partial L}{\partial \boldsymbol{W}_{ix}}=\frac{\partial L}{\partial n_{i,t}}\frac{\partial n_{i,t}}{\partial \boldsymbol{W}_{ix}}=\delta_{i,t}\boldsymbol{x}_t^{\mathrm{T}} \tag{10.42}$$

$$\frac{\partial L}{\partial \boldsymbol{W}_{cx}}=\frac{\partial L}{\partial n_{\tilde{c},t}}\frac{\partial n_{\tilde{c},t}}{\partial \boldsymbol{W}_{cx}}=\delta_{\tilde{c},t}\boldsymbol{x}_t^{\mathrm{T}} \tag{10.43}$$

由上面的分析可知，由于 LSTM 的各个门控信号都是通过相似的 Sigmoid 网络以［$\boldsymbol{h}_t$，$\boldsymbol{x}_t$］作为输入得到的，所以在计算各种梯度时也是相似的。

不同于基本 RNN，LSTM 门结构的存在可以改善梯度消失问题。LSTM 的遗忘门值可选择在［0,1］之间，让 LSTM 来改善梯度消失的情况；也可以选择接近 1，让遗忘门饱和，此时较长时间之前的信息梯度不会消失；也可以选择接近 0，此时模型是故意阻断梯度流，遗忘之前的信息。

10.3.3　应用案例

本小节以一个时间序列数据预测的例子来演示 LSTM 的实际应用流程。

例 10.3.1　构建一个空气污染程度的预测模型。

chap10

以 PM2.5 浓度代表空气污染程度，然后采集相关气象数据。假设在产生 PM2.5 的条件不变的前提下，气象条件的变化决定 PM2.5 的消散快慢，并进一步决定 PM2.5 浓度。相关的传感器每隔一小时采集一次数据，共采集 5 年数据来训练和测试模型，采集到的部分数据见表 10-1。完整数据在本书配套的电子资源中。

表 10-1　某市空气污染相关的部分监测数据

年	月	日	时	PM2.5μg/m^3	露点/℃	温度/℃	气压/hPa	风向	风速/(m/s)	雪量/mm	雨量/mm
2010	1	2	0	129	−16	−4	1020	东南风	1.79	0	0
2010	1	2	1	148	−15	−4	1020	东南风	2.68	0	0
2010	1	2	2	159	−11	−5	1021	东南风	3.57	0	0
2010	1	2	3	181	−7	−5	1022	东南风	5.36	1	0
2010	1	2	4	138	−7	−5	1022	东南风	6.25	2	0
2010	1	2	5	109	−7	−6	1022	东南风	7.14	3	0
2010	1	2	6	105	−7	−6	1023	东南风	8.93	4	0
2010	1	2	7	124	−7	−5	1024	东南风	10.72	0	0
2010	1	2	8	120	−8	−6	1024	东南风	12.51	0	0
2010	1	2	9	132	−7	−5	1025	东南风	14.3	0	0
2010	1	2	10	140	−7	−5	1026	东南风	17.43	1	0
2010	1	2	11	152	−8	−5	1026	东南风	20.56	0	0

表 10-1 中的数据是从各种传感器中采集到的原始数据，有 12 列，包括时间、PM2.5、露点、温度等，在用它们训练模型之前要进行预处理。数据处理、模型训练的源码可以在配套的电子资源中获得，此处仅介绍处理流程。

图 10-13 所示为截取某相邻 30 天（720 条记录）的数据绘制结果，从图中大致可以看出，PM2.5 与风速、气压、露点等有一定的相关性。

根据需求，我们希望通过当前的风速、风向、气压等气象数据预测下一时刻的 PM2.5 浓度，而实际采集到的历史数据表中的一行是同一时刻的 PM2.5 和各气象数据的值。因此，需要将整个表格中的气象数据和 PM2.5 浓度的值进行一次偏移，使得一条记录中 $t-1$ 时刻的气象数据（LSTM 网络的输入特征值）和 t 时刻的 PM2.5 浓度（LSTM 网络的输出值）相对应，这样处理后的数据才可以作为模型的训练数据和测试数据，通过这样的处理，我们可以将时间序列问题转换为监督学习问题。处理后的部分结果如图 10-14 所示。

将处理好的数据集拆分成训练集和测试集两部分，此处将最前面一年的数据作为训练集，将剩下的数据作为测试集。

数据准备好了，接下来创建并训练 LSTM 网络。使用 Python 语言，借助 PyTorch 工具包可快速构建深度神经网络模型。本例中，将 LSTM 各子网隐藏层的个数设置为 50，即图 10-12 中遗忘门的 σ、输入门的 σ、tan$h$，以及输出门的 σ 这几个神经网络的神经元个数都设置为 50；只用前一个时刻的输入预测当前的 PM2.5，所以将 timestep 设置为 1；在一个时刻输入

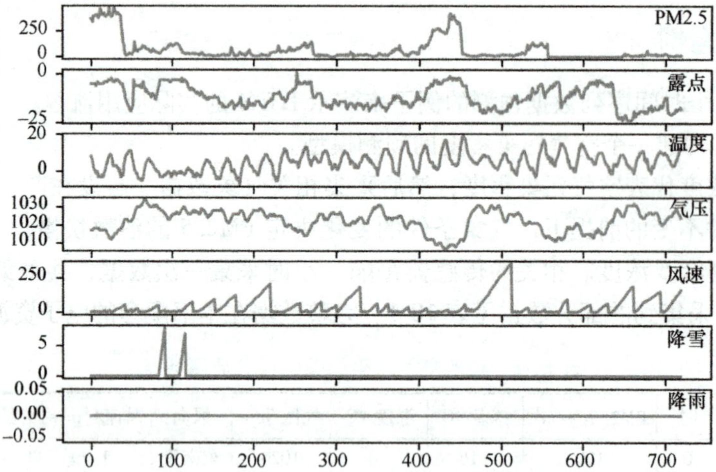

图 10-13　某相邻 30 天的数据绘制结果

Index	var1(t-1)	var2(t-1)	var3(t-1)	var4(t-1)	var5(t-1)	var6(t-1)	var7(t-1)	var8(t-1)	y1(t)
[illegible]	[illegible]	[illegible]	[illegible]	[illegible]	[illegible]	[illegible]	[illegible]	[illegible]	[illegible]
3594	0.099…	0.764…	0.721…	0.399…	0.666…	0.011…	0.0	0.0	0.09…
3595	0.092…	0.764…	0.721…	0.399…	0.666…	0.018…	0.0	0.0	0.07…
3596	0.079…	0.764…	0.704…	0.418…	0.666…	0.025…	0.0	0.0	0.06…
3597	0.061…	0.794…	0.672…	0.436…	1.0	0.000…	0.0	0.027…	0.06…
3598	0.060…	0.823…	0.655…	0.454…	0.666…	0.007…	0.0	0.0	0.13…
3599	0.132…	0.808…	0.639…	0.454…	0.666…	0.016…	0.0	0.0	0.18…

图 10-14　将数据转换为可监督学习问题的部分结果

给 LSTM 单元的输入向量的维度为 8。

接着训练模型，训练完成后训练集和测试集的损失如图 10-15 所示。

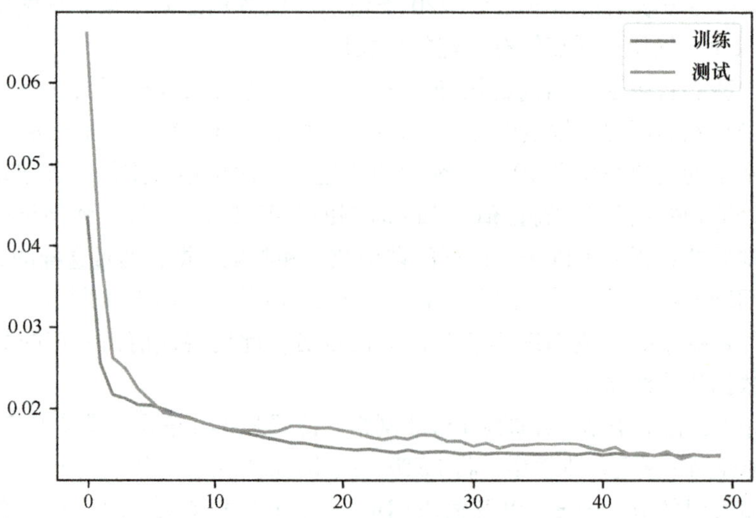

图 10-15　训练完成后训练集和测试集的损失

10.4　本章小结

RNN 的思想非常有趣，它让神经网络有了记忆功能。RNN 可以看成在时间维度上权值共享的神经网络，即 RNN 中不同时刻的 RNN 单元参数是相同的。而 RNN 单元、LSTM 单元的概念和人工神经元有很大的不同，RNN 单元和 LSTM 单元是指在序列上处理一个时刻的输入向量的神经网络单元，它可能是包含多个隐藏层（由多个神经元构成）的复杂神经网络。

RNN 可以用于解决基于序列数据的分类、预测、回归等各种问题。而简单 RNN 存在的梯度消失、长期依赖等问题可以通过构建 LSTM 网络来避免。

在实际使用 LSTM 时，使用者往往会对 LSTM 进行进一步的改进，常见的 LSTM 变体包括 BiLSTM、GRU、Tree-LSTM、LSTM-CNN 等。理解并使用好各种 RNN 变体的基础是对 RNN、LSTM 基本思想的深刻理解。

10.5　习题

10.5.1　思考题

1. RNN 是如何实现记忆功能的？
2. BPTT 算法和 BP 算法有什么异同点？
3. 为什么 LSTM 可以克服简单 RNN 的长度依赖问题？
4. LSTM 单元中的门的实现原理是怎样的？
5. 查找资料简述 GRU 的工作原理。
6. 在例 10.3.1 中，如何使用训练得到的模型进行预测？

10.5.2　实验练习

1. 实验目的

使用 Keras 实现例 10.3.1 中预测环境污染的 LSTM 模型。

2. 实验内容

1）学习 TensorFlow、Keras 的安装与使用。

2）学习将时间序列数据集处理为可以输入 LSTM 模型的训练集的方法。

3）学习 Keras 构造、训练 LSTM 模型的方法。

3. 实验方法与步骤

（1）数据导入

原始数据存放在 .csv 文件中，每列之间以逗号隔开，且时间部分的年、月、日、时是分列存放的。调用 pandas. read_csv( ) 方法读取原始数据，通过将该方法中的 parse_date、date_paser 参数设置为合适的值将 .csv 中分列的时间数据整合，将 index_col 参数的值设置为时间列可以指定索引列，将数据表变成时间序列的表。最后，将原始数据中英文缩写的列头改为中文，处理后数据的前 5 行如图 10-16 所示。

提取数据表中连续 30 天的数据，将每一列都绘制成曲线，如图 10-13 所示。

	PM2.5	露点	温度	气压	风向	风速	降雪	降雨
时间								
2010-01-02 00:00:00	129.0	-16	-4.0	1020.0	SE	1.79	0	0
2010-01-02 01:00:00	148.0	-15	-4.0	1020.0	SE	2.68	0	0
2010-01-02 02:00:00	159.0	-11	-5.0	1021.0	SE	3.57	0	0
2010-01-02 03:00:00	181.0	-7	-5.0	1022.0	SE	5.36	1	0
2010-01-02 04:00:00	138.0	-7	-5.0	1022.0	SE	6.25	2	0

图 10-16　数据的前 5 行

(2) 数据变换

首先，将数据集中缺失的数据进行处理，可以使用所在列的平均值进行插值，也可以直接将所在行丢弃。

然后，对时间数据进行处理。本次实验，想用 3 个小时的数据预测第 4 个小时的数据，需要对数据集进行处理，使得处理后的数据能够作为 LSTM 模型的训练集。处理结果如图 10-14 所示。

接下来需要对属性中的风向进行数值化编码，对其他的属性值进行归一化处理。

最后，按照一定比例将数据集拆分成训练集和测试集。

(3) 构造 LSTM 模型并训练使用

首先，使用 pip 安装 TensorFlow、Keras。

然后，构造一个 keras. models. Sequential 类的对象，将 LSTM 和全连接层加入，通过 compile( )方法配置损失函数和优化器类型。

设置训练集、验证集（本实验以测试集作为验证集）、训练批次（batch_ size）、训练周期（epochs）等参数，并调用 fit( )方法对模型进行训练，将训练结果存入一个 keras. callbacks. History 类对象中。

评估模型在测试集上的表现，计算模型预测值与真实值的均方根误差（RMSE）。

4. 总结与思考

1）对比使用 Keras 和 PyTorch 构建深度学习模型的区别。

2）将数据集分成训练集、验证集、测试集，然后观察 LSTM 在测试集上的表现。

参考文献

REFERENCE

[1] 周志华. 机器学习 [M]. 北京：清华大学出版社，2016.

[2] 王松桂，陈敏，陈丽萍. 线性统计模型：线性回归与方差分析 [M]. 北京：高等教育出版社，1999.

[3] 李航. 统计学习方法 [M]. 2 版. 北京：清华大学出版社，2019.

[4] 董晓花，王欣，陈利. 柯布-道格拉斯生产函数理论研究综述 [J]. 生产力研究，2008 (3)：148-150.

[5] 马立平. 回归分析 [M]. 北京：机械工业出版社，2014.

[6] 王松桂，史建红，尹素菊，等. 线性模型引论 [M]. 北京：科学出版社，2004.

[7] 陈希孺. 广义线性模型：一 [J]. 数理统计与管理，2002 (5)：54-61.

[8] 陈振洲，李磊，姚正安. 基于 SVM 的特征加权 KNN 算法 [J]. 中山大学学报（自然科学版），2005，44 (1)：17-20.

[9] 张继国，辛格. 信息熵：理论与应用 [M]. 北京：北京水利水电出版社，2012.

[10] 李道国，苗夺谦，俞冰. 决策树剪枝算法的研究与改进 [J]. 计算机工程，2005，31 (8)：19-21.

[11] 魏红宁. 决策树剪枝方法的比较 [J]. 西南交通大学学报，2005，40 (1)：44-48.

[12] CHEN G，CHEN T，GUESTRIN C. Xgboost：A scalable tree boosting system [C]. //Proceedings of the 22nd acm sigkdd international conference on knowledge discovery and data mining. New York：ACM，2016：785-794.

[13] 邬春明，任继红. 基于 XGBoost-EE 的电力系统暂态稳定评估方法 [J]. 电力自动化设备，2021，41 (2)：138-43+52.

[14] CORTES C，VAPNIK V. Support-vector networks [J]. Machine Learning，1995，20 (3)：273-97.

[15] PLATT J C. Advances in kernel methods：Support vector learning [M]. Cambrige：MIT Press，1998.

[16] 王国胜. 核函数的性质及其构造方法 [J]. 计算机科学，2006 (6)：172-4+8.

[17] 王国胜. 支持向量机的理论与算法研究 [D]. 北京：北京邮电大学，2008.

[18] HERNANDEZ-ORALLO J. Beyond the Turing test [J]. Journal of Logic，Language and Information，2000，9：447-466.

[19] 成素梅，郝中华. BP 神经网络的哲学思考 [J]. 科学技术与辩证法，2008，25 (4)：20-25.

[20] NIELSEN M A. Neural Networks and Deep Learning [M]. San Francisco：Determination Press，2018.

[21] GOODFELLOW I，BENGIO Y，COURVILLE A. Deep Learning [M]. Cambrige：MIT Press，2016.

[22] 周飞燕，金林鹏，董军. 卷积神经网络研究综述 [J]. 计算机学报，2017，40 (6)：1229-51.

[23] 常亮，邓小明，周明全，等. 图像理解中的卷积神经网络 [J]. 自动化学报，2016，42 (9)：1300-1312.

[24] 原继东，王志海. 时间序列的表示与分类算法综述 [J]. 计算机科学，2015，42 (3)：1-7.

[25] 杨海民，潘志松，白玮. 时间序列预测方法综述 [J]. 计算机科学，2019，46 (1)：21-8.

[26] MIKOLOV T，KOMBRINK S，BURGET L，et al. Extensions of recurrent neural network language model [C]. //2011 IEEE international conference on acoustics，speech and signal processing (ICASSP). Piscat-

away：IEEE Press，2011：5528-5531.

[27] GRAVES A，SCHMIDHUBER J. Framewise phoneme classification with bidirectional LSTM networks [C]. //ProCeedings. 2005 IEEE International Joint Conference on Neural Networks，2005. Piscataway：IEEE Press，2005，4：2047-2052.

[28] 陈凯. 深度学习模型的高效训练算法研究 [D]. 合肥：中国科学技术大学，2016.

[29] 杨丽，吴雨茜，王俊丽，等. 循环神经网络研究综述 [J]. 计算机应用，2018，38（S2）：1-6+26.

[30] 张孝慈. 递归神经网络模型的若干关键问题研究 [D]. 合肥：中国科学技术大学，2019.